烟草种质资源图鉴（续编）

云南省烟草农业科学研究院 编著

科学出版社

北京

内 容 简 介

本书介绍了 673 份近十余年来云南新收集引进的国内外烟草种质资源的特征特性、抗病性、外观质量、化学成分等。每份种质均附有植株、叶片、花序等图片。

本书内容全面、丰富，资料翔实，图文并茂，是烟草种质资源领域重要的工具书，可供从事烟草农业科研、教学，特别是育种工作者参考。本书的出版，将有利于烟草种质资源的创新利用，充分挖掘其潜在的社会经济效益并促进烟草种质资源研究的发展。

图书在版编目（CIP）数据

烟草种质资源图鉴：续编 / 云南省烟草农业科学研究院编著. -- 北京：科学出版社，2024. 10. -- ISBN 978-7-03-079835-0

Ⅰ . S572.024-64

中国国家版本馆 CIP 数据核字第 2024DV0053 号

责任编辑：马　俊　李　迪　高璐佳 / 责任校对：郑金红
责任印制：肖　兴 / 封面设计：无极书装

科 学 出 版 社 出版
北京东黄城根北街16号
邮政编码：100717
http://www.sciencep.com
北京九天鸿程印刷有限责任公司印刷
科学出版社发行　各地新华书店经销
*
2024年10月第 一 版　开本：889×1194　1/16
2024年10月第一次印刷　印张：23 1/4
字数：764 000
定价：380.00 元
（如有印装质量问题，我社负责调换）

编委名单

主　编

许美玲

副主编

冯智宇　陈学军　吴兴富　焦芳婵

编写者

（按姓氏笔画排序）

王丙武　方敦煌　冯智宇　刘　勇　许美玲

吴兴富　陈学军　贺晓辉　高玉龙　焦芳婵

编写说明

一、本书由云南省烟草农业科学研究院的科技人员，根据烤烟、晒烟、白肋烟、香料烟、其他晾烟及黄花烟等烟草种质资源多年多点的田间性状数据，以及拍摄的各种质资源特性照片，并参阅相关科技资料加工整理编写而成。

二、本书编入的是从国内外收集引进的各类烟草种质资源673份，包含新审（认）定品种、国内地方品种、选育品（种）系、国外引进种质等。通过图文并茂的形式，较系统地介绍了每份种质资源的特征特性、抗病性、外观质量、化学成分等。每份种质均附有植株、叶片、花序等图片。

三、在排列顺序上先按类型排列，依次为烤烟、晒烟、白肋烟、香料烟、其他晾烟、黄花烟。同一类中的排列依次为审（认）定品种、国内种质和国外种质。各类种质再按中文的汉语拼音字母和英文字母及数字的先后顺序排列。

四、书中对各类资源材料特征特性的描述及其相关数据是作者分别在云南玉溪夏秋季（烤烟、白肋烟、黄花烟）、德宏冬春季（晒烟、香料烟、其他晾烟）等不同类型的烟草适宜种植区调查的结果，化学成分分别由云南省烟草农业科学研究院、中国农业科学院烟草研究所、云南三标农林科技有限公司测试中心等单位分析鉴定。

五、书中编入的烟草种质资源已全部由云南省烟草农业科学研究院繁殖种子并妥善保存。

六、为方便读者研究和利用各类烟草种质资源，书中编入了全国统一编号（与国家种质库编号一致），部分没有统一编号的是近年新收集、引进和育成的种质，尚未列入中国烟草品种资源目录。

七、书中编入的数据是田间观察资料的平均值，所以，如叶片数等并不一定是整数，若有多年试验资料的，还有一定的数据变幅（同一种质在玉溪夏秋季和德宏冬春季观察值差异会更大）。

八、书末附有烟草种质资源调查记载标准（遵循国标编写）、各类烟草种质资源检索目录。

前　言

烟草种质资源是烟草品种选育的物质基础和育种发展的源泉，也是烟叶生产、生物技术研究和分子育种的重要物质基础。烟草育种的突破性进展通常是发现、筛选并创制、利用特异的种质资源所取得的。烟草育种的成效大小，在很大程度上取决于人们所掌握的烟草种质资源的数量和质量，以及人们对其性状研究的广度和挖掘的深度。掌握的资源数量越多，研究越深入，人们对资源的利用效率就越高，选育出新品种的可能性也越大。因此，广泛收集、整理编目、鉴定评价和入库保存是烟草种质资源研究的重要方面。

世界各国均重视烟草种质资源的收集、整理编目、鉴定评价和入库保存工作。美国收集保存了各类烟草种质资源2100余份，并且在美国种质资源信息网（http://www.ars-grin.gov）信息系统中可查询到PI号（number of plant identity）（植物识别标识号）、知识产权情况、是否可以对外共享、评注、历史渊源、系谱等信息。日本在广泛收集其国内烟草种质资源的同时，也派人到南美洲等地实地考察收集了90多份野生烟草资源，并编写出版了《烟草品种图谱》（1971年）及タバコ属植物図鑑（*The Genus Nicotiana Illustrated*）（1994年）。编入《烟草品种图谱》的红花烟草栽培种资源中，含有日本的44份晒烟资源，1238份自美国引进的烤烟资源，548份自朝鲜、中国、印度及泰国引进的资源；黄花烟资源28份；野生种63份。编入タバコ属植物図鑑（*The Genus Nicotiana Illustrated*）中的野生烟草资源63份，含有原生地植株图片、花序、染色体等基础信息。

我国于20世纪50年代初期开始对烟草地方资源进行大规模的收集，目前国家烟草种质资源库已编目保存5000余份烟草种质资源。云南于1940年开始引进烤烟品种大金元进行试种，之后开展了省内烤烟、地方晒烟资源的广泛收集和国外烟草种质资源的引进。经过几代烟草种质资源工作者的辛勤劳动和努力，目前已编目保存各类烟草种质资源3300余份。近几年，国内以图文并茂的形式出版了《中国烟草核心种质资源图谱》、《烟草种质资源图鉴》（上、下册）、《广东烟草种质资源》（第1卷）、《贵州烟草品种资源》（卷一、卷二）等相关专著，但是，这些书籍编入的烟草种质资源数量（剔除重复）仅占国家烟草种质资源中期库和各省种质资源库种质资源的30%以内，对烟草种质资源的利用远远不够充分。

本书是在继2009年《烟草种质资源图鉴》（上、下册）编著出版之后编写的，编入2009年以后收集鉴定的烟草种质资源，是在玉溪、德宏等地开展多年、多点试验所获较为系统的资料的基础上编写的。书中编入的烟草种质资源有烤烟、晒烟、白肋烟、香料烟、其他晾烟及黄花烟等类型，并较系统地介绍了各个烟草种质资源的来源、特征特性、抗病性、烟叶外观质量、内在化学成分等。本书内容丰富、资料翔实、图文并茂，是长期烟草种质资源研究工作的结晶，科学性、实用性较强。本书的出版，对烟草种质资源的深入挖掘、精准鉴定和充分应用等方面均起到重要的积极作用。

本书编写历时10余年，其间得到了中国烟草总公司云南省公司科技处、云南省烟草农业科学研究院、云南香料烟有限责任公司的领导和其他同志的关心帮助与大力支持。其中香料烟、其他晾烟、黄花烟田间鉴定和照片拍摄得到了云南香料烟有限责任公司宋玉川、周思源、樊有云等同志的支持；抗病性鉴定得到于海芹、李梅云、夏振远等同志的大力支持，在此致以诚挚的感谢！本书还参考了国内外大量的文献，由于篇幅有限，不能一一列出，在此一并致谢。由于时间仓促，作者水平有限，书中难免会有不少疏漏之处，恳请读者批评指正。

编著者

2023 年 5 月

目　录

一、烤烟种质资源

（一）烤烟审（认）定品种及国内种质资源

001 云烟97

云烟97由云南省烟草农业科学研究院用云烟85×CV87杂交，经系谱法选育而成。2009年通过全国烟草品种审定委员会审定。

特征特性　株式塔形，腰叶长椭圆形，叶色深绿色，叶面皱，叶尖钝尖，叶缘皱折，主脉中等，叶耳中等，茎叶角度较大，花序集中，花色淡粉红色。自然株高168.3cm，打顶株高115.0cm，自然叶数24.5片，有效叶数20.4片，茎围9.7cm，节距5.7cm，腰叶长73.8cm、宽30.3cm。移栽至现蕾48天，移栽至中心花开放52天，大田生育期125天。

抗病性　中抗黑胫病和根结线虫病，中感马铃薯Y病毒（PVY），感烟草花叶病毒（TMV）、黄瓜花叶病毒（CMV）、赤星病。

外观质量　原烟颜色橘黄色，身份适中，油分多，叶片结构疏松，光泽强。

化学成分　总糖26.47%，还原糖22.59%，两糖差3.88%，总氮1.86%，烟碱2.50%，糖碱比10.59，氮碱比0.74，钾2.22%。

002

云烟98

云烟98由云南省烟草农业科学研究院用SpeightG-70×CV89杂交，经系谱法选育而成。2007年通过全国烟草品种审定委员会审定。

特征特性　株式塔形，腰叶长椭圆形，叶色绿色，叶面较皱，叶缘皱折，叶尖渐尖，主脉中等，叶耳中等，茎叶角度中等，花序集中，花色淡红色。自然株高163.2cm，打顶株高105.0cm，自然叶数25.6片，有效叶数21.0片，茎围9.6cm，节距4.5cm，腰叶长65.9cm、宽26.9cm。移栽至现蕾58天，移栽至中心花开放67天，大田生育期125天。

抗病性　中抗黑胫病、青枯病，感根结线虫病、PVY、TMV和赤星病。

外观质量　原烟颜色橘黄色，身份适中，油分有，叶片结构疏松，光泽较强。

化学成分　总糖25.88%，还原糖21.72%，两糖差4.16%，总氮1.90%，烟碱2.50%，糖碱比10.35，氮碱比0.76，钾2.00%。

003

云烟99

云烟99由云南省烟草农业科学研究院用云烟85×9147杂交，经系谱法选育而成。2011年通过全国烟草品种审定委员会审定。

特征特性　株式塔形，腰叶长椭圆形，叶色绿色，叶面较平，叶缘皱折，叶尖急尖，叶耳较大，主脉细，茎叶角度中等，花序集中，花色红色。自然株高176.2cm，打顶株高125.0cm，自然叶数26.7片，有效叶数20.3片，茎围11.0cm，节距6.4cm，腰叶长75.0cm、宽35.0cm。移栽至现蕾60天，移栽至中心花开放65天，大田生育期120天。

抗病性　中抗黑胫病和赤星病，感TMV和根结线虫病。

外观质量　原烟颜色金黄色，油分较多，身份适中，结构疏松，光泽强。

化学成分　总糖30.90%，还原糖25.80%，两糖差5.10%，总氮2.00%，烟碱2.20%，糖碱比14.05，氮碱比0.91，钾1.90%。

004 云烟100

云烟100由云南省烟草农业科学研究院用云烟87×KX14杂交，经系谱法选育而成。2009年通过全国烟草品种审定委员会审定。

特征特性　株式塔形，腰叶长椭圆形，叶色浅绿色，叶面较皱，叶尖渐尖，叶缘波浪，叶耳较小，主脉细，花序集中，花色红色。自然株高154.8cm，打顶株高111.0cm，自然叶数26.2片，有效叶数20.3片，茎围10.0cm，节距5.2cm，腰叶长74.1cm、宽31.3cm。移栽至现蕾61天，移栽至中心花开放68天，大田生育期125天。

抗病性　中抗赤星病、根结线虫病，感黑胫病、PVY、TMV、CMV。

外观质量　原烟颜色柠檬黄和橘黄色，身份适中，油分较多，叶片结构疏松，光泽强。

化学成分　总糖28.01%，还原糖24.05%，两糖差3.96%，总氮1.84%，烟碱2.13%，糖碱比13.15，氮碱比0.86，钾1.85%。

005 云烟105

云烟105由云南省烟草农业科学研究院用云烟87×CF965杂交，经系谱法选育而成。2012年通过全国烟草品种审定委员会审定。

特征特性　株式塔形，腰叶长椭圆形，叶色绿色，叶面较皱，叶缘波浪，叶尖急尖，叶耳较大，茎叶角度较小，花序分散，花色淡红色。自然株高172.6cm，打顶株高119.0cm，自然叶数26.7片，有效叶数22.0片，茎围9.9cm，节距4.8cm，腰叶长70.9cm、宽29.5cm。移栽至现蕾61天，移栽至中心花开放69天，大田生育期128天。

抗 病 性　中抗黑胫病、赤星病和青枯病，感根结线虫病、TMV和PVY。

外观质量　原烟颜色金黄色，油分有，身份适中，光泽强，叶片结构多疏松。

化学成分　总糖28.60%，还原糖24.00%，两糖差4.60%，总氮1.90%，烟碱2.20%，糖碱比13.0，氮碱比0.86，钾2.00%。

006

云烟110

云烟110由云南省烟草农业科学研究院用KX14×115-31杂交，经系谱法选育而成。2015年通过全国烟草品种审定委员会审定。

特征特性 株式塔形，腰叶椭圆形，叶色浅绿色，叶面较皱，叶缘波浪，叶尖急尖，叶耳中等，主脉细，茎叶角度中等，花序分散，花色淡红色。自然株高178.5cm，打顶株高120.0cm，自然叶数27.3片，有效叶数22.0片，茎围10.5cm，节距5.4cm，腰叶长67.2cm、宽31.8cm。移栽至现蕾58天，移栽至中心花开放64天，大田生育期126天。

抗病性 中抗黑胫病、赤星病，中感根结线虫病，感TMV。

外观质量 原烟颜色金黄色，油分有，身份适中，光泽强，叶片结构疏松。

化学成分 总糖24.71%，还原糖20.72%，两糖差3.99%，总氮1.70%，烟碱1.74%，糖碱比14.20，氮碱比0.98，钾2.41%。

007

云烟116

云烟116由云南省烟草农业科学研究院用8610-711×单育2号杂交，经系谱法选育而成。2016年通过全国烟草品种审定委员会审定。

特征特性　株式塔形，腰叶长椭圆形，叶色绿色，叶面较皱，叶缘波浪，叶尖渐尖，叶耳中等，主脉中等，茎叶角度小，花序集中，花色淡红色。自然株高161.7cm，打顶株高122.6cm，自然叶数25.1片，有效叶数20.6片，茎围10.2cm，节距5.3cm，腰叶长74.5cm、宽28.3cm。移栽至现蕾72天，移栽至中心花开放78天，大田生育期127天。

抗病性　抗南方根结线虫病1号和3号小种，中抗黑胫病0号小种，感黑胫病1号小种，感PVY和TMV。

外观质量　原烟颜色金黄色，光泽强，正反面色差小，叶片结构疏松。

化学成分　总糖39.34%，还原糖26.65%，两糖差12.69%，总氮1.93%，烟碱2.30%，糖碱比17.10，氮碱比0.84，钾1.74%。

008

云烟119

云烟119由云南省烟草农业科学研究院用云烟87×77089杂交，经系谱法选育而成。2018年通过全国烟草品种审定委员会审定。

特征特性　株式塔形，腰叶长椭圆形，叶色绿色，叶面较皱，叶缘波浪，叶尖渐尖，叶耳较大，主脉细，茎叶角度中等，花序集中，花色淡红色。自然株高172.8cm，打顶株高119.0cm，自然叶数27.2片，有效叶数22.0片，茎围9.9cm，节距4.8cm，腰叶长70.9cm、宽29.5cm。移栽至现蕾54天，移栽至中心花开放60天，大田生育期128天。

抗病性　中抗黑胫病、赤星病和青枯病，感根结线虫病、TMV和PVY。

外观质量　原烟颜色金黄色，油分有，身份适中，光泽强，叶片结构多疏松。

化学成分　总糖28.60%，还原糖24.00%，两糖差4.60%，总氮1.90%，烟碱2.20%，糖碱比13.00，氮碱比0.86，钾2.00%。

009

云烟121

云烟121由云南省烟草农业科学研究院用云烟97×RY5杂交，利用隐性抗PVY基因*eif4e-1*的分子标记辅助选择，经系谱法选育而成。2020年通过全国烟草品种审定委员会审定。

特征特性　株式塔形，腰叶长椭圆形，叶色绿色，叶面稍平，叶缘波浪，叶尖渐尖，叶耳小，主脉中等，叶片厚度中等，茎叶角度中等，花序集中，花色淡红色。自然株高175.7cm，打顶株高124.4cm，自然叶数26.2片，有效叶数20.3片，茎围10.5cm，节距5.5cm，腰叶长77.5cm、宽29.9cm。移栽至现蕾52天，移栽至中心花开放58天，大田生育期122天。

抗病性　抗PVY，中抗黑胫病，中感青枯病、根结线虫病、赤星病、TMV和CMV。

外观质量　原烟颜色金黄至正黄色，身份适中，油分有，叶片结构疏松，光泽强。

化学成分　总糖31.52%～33.00%，还原糖21.82%～29.21%，两糖差3.79%～9.70%，总氮1.53%～1.90%，烟碱2.10%～3.10%，氯0.48%～0.61%，糖碱比10.61～11.01，氮碱比0.61～0.72，钾1.18%～2.15%。

010

云烟300

云烟300由云南省烟草农业科学研究院以红花大金元为母本、抗黑胫病烟草种质RBST为父本杂交，杂交后代与红花大金元品种回交，经连续回交四代后自交，结合抗黑胫病连锁标记前景选择、全基因组范围分子标记背景选择等技术选育而成。2018年通过全国烟草品种审定委员会审定。

特征特性　株式塔形，腰叶长椭圆形，叶色绿色，叶面稍皱，叶缘波浪，叶尖渐尖，叶耳中等，主脉中等，叶片厚度中等，茎叶角度中等，花序集中，花色红色。自然株高165.6cm，打顶株高113.8m，自然叶数22.5片，有效叶数17.7片，茎围11.6cm，节距5.9cm，腰叶长74.6cm、宽34.1cm。移栽至现蕾51天，移栽至中心花开放58天，大田生育期132天。

抗病性　抗黑胫病、TMV，感赤星病。

外观质量　原烟颜色金黄色，身份适中，油分有，叶片结构疏松，光泽强。

化学成分　总糖29.82%，还原糖21.75%，两糖差8.07%，总氮1.88%，烟碱2.07%，氯0.81%，糖碱比14.41，氮碱比0.91，钾2.10%。

011

云烟301

云烟301是由云南省烟草农业科学研究院以云烟87为母本、Y85×RY2/F2为父本（携带 *eif4e1*）杂交，通过连续回交、分子标记辅助选择、全基因组基因芯片背景检测等技术选育而成的抗PVY云烟87新品种。2019年通过全国烟草品种审定委员会审定。

特征特性　株式塔形，腰叶长椭圆形，叶色绿色，叶面稍平，叶缘波浪，叶尖渐尖，叶耳小，主脉中等，叶片厚度中等，茎叶角度中等，花序集中，花色淡红色。自然株高180.3cm，打顶株高129.6cm，自然叶数24.6片，有效叶数21.0片，茎围10.7cm，节距4.9cm，腰叶长79.2cm、宽34.3cm。移栽至现蕾50天，移栽至中心花开放56天，大田生育期122天。

抗病性　抗PVY，中抗黑胫病、青枯病、根结线虫病，中感赤星病和TMV。

外观质量　原烟颜色橘黄色，身份适中，油分有，叶片结构疏松，光泽强。

化学成分　总糖27.52%～36.99%，还原糖19.63%～30.47%，两糖差6.52%～7.89%，总氮1.29%～1.98%，烟碱1.59%～2.00%，氯0.18%～0.26%，糖碱比17.30～18.49，氮碱比0.81～0.99，钾1.88%～1.90%。

012 云烟302

云烟302是由云南省烟草农业科学研究院以云烟87低镉EMS突变体*hma2-2h23*为供体亲本，以云烟87为轮回亲本，经多代回交、自交，结合分子标记辅助选择、全基因组基因芯片背景检测等技术选育而成的低镉云烟87新品种。2020年通过全国烟草品种审定委员会审定。

特征特性　株式塔形，腰叶长椭圆形，叶色绿色，叶面稍皱，叶尖渐尖，叶缘微波，主脉细，叶片厚度中等，茎叶角度中等，花序集中，花色淡红色。自然株高186.6cm，打顶株高124.6cm，自然叶数25.5片，有效叶数20.1片，茎围9.6cm，节距5.2cm，腰叶长72.6cm、宽29.6cm。移栽至现蕾60.5天，移栽至中心花开放66天，大田生育期128天。

抗病性　中抗黑胫病和根结线虫病，中感赤星病和TMV。

外观质量　原烟颜色金黄色，身份适中，油分有，叶片结构疏松，光泽强。

化学成分　总糖34.00%～35.29%，还原糖21.65%～24.14%，两糖差11.15%～12.35%，总氮1.44%～1.88%，烟碱1.86%～3.35%，氯0.17%～0.51%，糖碱比10.43～10.51，钾1.98%～2.07%。

013 安选1号　全国统一编号1384

安选1号由安徽省农业科学院烟草研究所用大平板×多叶烟杂交选育而成。

特征特性　株式塔形，腰叶椭圆形，叶面较平，叶尖渐尖，叶色浅绿色，叶缘波浪，叶耳中等，主脉中等，茎叶角度较大，花序集中，花色淡红色。自然株高161.6cm，打顶株高118.8cm，自然叶数24.8片，有效叶数19.2片，茎围10.5cm，节距3.6cm，腰叶长69.4cm、宽34.6cm。移栽至现蕾58天，移栽至中心花开放67天，大田生育期114天。

抗病性　感赤星病。

外观质量　原烟颜色柠檬黄、青黄和灰杂色，油分有，身份适中，光泽较强，叶片结构稍紧。

化学成分　总糖38.25%，还原糖35.31%，两糖差2.94%，总氮1.79%，烟碱2.51%，氯1.57%，糖碱比15.24，氮碱比0.71，钾1.36%。

014　安选2号　全国统一编号1385

安选2号由安徽省农业科学院烟草研究所从歪尾巴中系统选育而成。

特征特性　株式筒形，腰叶长椭圆形，叶面较平，叶尖渐尖，叶色深绿色，叶缘波浪，叶耳中等，主脉中等，茎叶角度较大，花序集中，花色淡红色。自然株高120.8cm，打顶株高83.6cm，自然叶数15.8片，有效叶数13.3片，茎围8.1cm，节距4.4cm，腰叶长72.3cm、宽34.8cm。移栽至现蕾37天，移栽至中心花开放43天，大田生育期114天。

抗病性　感赤星病。

外观质量　原烟颜色金黄色，油分多，身份适中，光泽强，叶片结构疏松。

化学成分　总糖32.11%，还原糖30.95%，两糖差1.16%，总氮1.67%，烟碱3.40%，氯0.80%，糖碱比9.44，氮碱比0.49，钾0.96%。

015　白骨烟　全国统一编号1861

白骨烟是由广东省农业科学院经济作物研究所从广东省化州市收集的地方品种。

特征特性　株式筒形，腰叶椭圆形，叶面较平，叶尖渐尖，叶色浅绿色，叶缘波浪，叶耳较大，主脉中等，茎叶角度中等，花序集中，花色淡红色。自然株高121.3cm，打顶株高87.5cm，自然叶数22.0片，有效叶数18片，茎围7.6cm，节距4.2cm，腰叶长61.8cm、宽23.0cm。移栽至现蕾62天，移栽至中心花开放70天，大田生育期123天。

抗病性　中抗根结线虫病，中感青枯病，感黑胫病。

外观质量　原烟颜色金黄色，油分多，身份适中，光泽强，叶片结构疏松。

化学成分　总糖29.91%，还原糖27.30%，两糖差2.61%，总氮1.49%，烟碱1.53%，氯0.75%，糖碱比19.60，氮碱比0.97，钾1.96%。

016 白花Subsample of Tl80

白花Subsample of Tl80是云南省烟草农业科学研究院由Subsample of Tl80的变异株系统选育而成。

特征特性　株式橄榄形，腰叶椭圆形，叶尖急尖，叶面平，叶缘波浪，叶色绿色，叶耳大，主脉细，叶片厚度中等，茎叶角度大，花序分散，花色白色。自然株高125.2cm，打顶株高76.8cm，自然叶数16.0片，有效叶数13.8片，茎围7.2cm，节距5.8cm，腰叶长42.3cm、宽25.4cm。移栽至现蕾42天，移栽至中心花开放47天，大田生育期133天。

抗 病 性　中抗靶斑病，中感TMV和赤星病，感黑胫病和PVY。

外观质量　原烟颜色微带青黄色，油分少，身份薄，光泽较强，叶片结构较紧密。

化学成分　总糖29.07%，还原糖26.92%，两糖差2.15%，总氮1.45%，烟碱1.59%，氯2.17%，糖碱比18.28，氮碱比0.91，钾1.42%。

017 白花云烟87

白花云烟87是福建省烟草专卖局烟草科学研究所由云烟87的变异株系统选育而成。

特征特性　株式橄榄形，腰叶长椭圆形，叶面皱，叶尖渐尖，叶缘波浪，叶色绿色，叶耳大，主脉粗，叶片厚度中等，茎叶角度中等，花序集中，花色白色。自然株高162.3cm，打顶株高127.0cm，自然叶数25.2片，有效叶数21.7片，茎围10.4cm，节距4.4cm，腰叶长72.0cm、宽26.0cm。移栽至现蕾70天，移栽至中心花开放78天，大田生育期139天。

抗 病 性　中感黑胫病，感PVY、TMV。

外观质量　原烟颜色橘黄色，油分较多，身份适中，光泽强，叶片结构较疏松。

化学成分　总糖10.39%～28.31%，还原糖8.00%～17.53%，两糖差2.39%～10.78%，总氮2.10%～2.59%，烟碱2.17%～4.21%，氯0.18%～0.44%，糖碱比2.47～4.79，氮碱比0.49～0.62，钾1.80%～2.52%。

018 白尖糙2488　全国统一编号380

白尖糙2488是由河南省农业科学院烟草研究所从河南省许昌市大徐庄收集的地方品种。

特征特性　株式筒形，腰叶长椭圆形，叶面较皱，叶尖渐尖，叶色绿色，叶缘微波，叶耳较大，主脉细，茎叶角度中等，花序集中，花色淡红色。自然株高122.6cm，打顶株高87.0cm，自然叶数22.6片，有效叶数18.4片，茎围8.6cm，节距3.2cm，腰叶长61.5cm、宽22.2cm。移栽至现蕾55天，移栽至中心花开放62天，大田生育期114天。

抗 病 性　感白粉病和赤星病。

外观质量　原烟颜色金黄色，油分多，身份适中，光泽强，叶片结构疏松。

化学成分　总糖44.34%，还原糖41.29%，两糖差3.05%，总氮1.71%，烟碱1.79%，氯1.18%，糖碱比24.77，氮碱比0.96，钾1.59%。

019 白尖糙2489

白尖糙2489是由河南省农业科学院烟草研究所从河南省许昌市大徐庄收集的地方品种。

特征特性　株式塔形，腰叶长椭圆形，叶面较皱，叶尖渐尖，叶缘波浪，叶色绿色，叶耳大，主脉粗，叶片较厚，茎叶角度较大，花序分散，花色淡红色。自然株高160.0cm，打顶株高90.0cm，自然叶数26.2片，有效叶数20.0片，茎围11.4cm，节距3.1cm，腰叶长70.5cm、宽24.9cm。移栽至现蕾59天，移栽至中心花开放65天，大田生育期141天。

抗 病 性　感PVY，中感TMV、黑胫病。

外观质量　原烟颜色橘黄色，油分多，身份适中至稍厚，光泽强，叶片结构疏松。

化学成分　总糖26.86%，还原糖21.97%，两糖差4.89%，总氮2.03%，烟碱1.82%，氯0.21%，糖碱比14.76，氮碱比1.12，钾2.05%。

020　白筋2501　全国统一编号382

白筋2501是由河南省农业科学院烟草研究所从河南省郏县农场收集的地方品种。

特征特性　株式塔形，腰叶长椭圆形，叶面较皱，叶尖渐尖，叶色浅绿色，叶缘波浪，叶耳较大，主脉中等，茎叶角度中等，花序集中，花色淡红色。自然株高128.4cm，打顶株高91.4cm，自然叶数23.4片，有效叶数17.6片，茎围8.3cm，节距3.9cm，腰叶长61.1cm、宽25.8cm。移栽至现蕾63天，移栽至中心花开放71天，大田生育期110天。

抗 病 性　中感黑胫病和赤星病。

外观质量　原烟颜色金黄色，油分多，身份适中，光泽强，叶片结构疏松。

化学成分　总糖5.67%，还原糖4.78%，两糖差0.89%，总氮3.83%，烟碱4.06%，氯2.02%，糖碱比1.40，氮碱比0.94，钾2.58%。

021　白筋2513　全国统一编号394

白筋2513是由河南省农业科学院烟草研究所从河南省宝丰县闹店收集的地方品种。

特征特性　株式筒形，腰叶长椭圆形，叶面较皱，叶尖渐尖，叶色绿色，叶缘波浪，叶耳较大，主脉中等，茎叶角度中等，花序集中，花色淡红色。自然株高135.8cm，打顶株高95.8cm，自然叶数21.6片，有效叶数16.6片，茎围9.3cm，节距3.4cm，腰叶长62.2cm、宽21.0cm。移栽至现蕾45天，移栽至中心花开放53天，大田生育期120天。

抗 病 性　感黑胫病。

外观质量　原烟颜色金黄色，油分多，身份适中，光泽强，叶片结构疏松。

化学成分　总糖31.39%，还原糖25.87%，两糖差5.52%，总氮2.19%，烟碱3.30%，氯1.00%，糖碱比9.51，氮碱比0.66，钾1.27%。

022　白筋2520　全国统一编号401

白筋2520是由河南省农业科学院烟草研究所从河南省鲁山县收集的地方品种。

特征特性　株式塔形，腰叶长椭圆形，叶面较皱，叶色深绿色，叶缘平滑，主脉细，叶耳较大，茎叶角度较大，花序集中，花色淡红色。自然株高119.6cm，打顶株高77.4cm，自然叶数15.0片，有效叶数10.2片，茎围7.3cm，节距4.3cm，腰叶长51.9cm、宽16.2cm。移栽至现蕾43天，移栽至中心花开放47天，大田生育期114天。

抗病性　中感黑胫病，感白粉病和赤星病。

外观质量　原烟颜色金黄色，油分多，身份适中，光泽强，叶片结构疏松。

化学成分　总糖31.96%，还原糖30.36%，两糖差1.60%，总氮1.93%，烟碱3.74%，氯0.88%，糖碱比8.55，氮碱比0.52，钾0.96%。

023　白筋烟2504　全国统一编号385

白筋烟2504是由河南省农业科学院烟草研究所从河南省郏县冢头收集的地方品种。

特征特性　株式筒形，腰叶长椭圆形，叶色浅绿色，叶面较皱，叶尖尾尖，叶缘微波，叶耳中等，主脉粗，茎叶角度大，花序集中，花色淡红色。自然株高137.0cm，打顶株高100.4cm，自然叶数15.4片，有效叶数11.2片，茎围8.4cm，节距4.7cm，腰叶长61.4cm、宽26.6cm。移栽至现蕾42天，移栽至中心花开放49天，大田生育期114天。

抗病性　中感黑胫病，感白粉病和赤星病。

外观质量　原烟颜色青黄、杂色，油分多，身份厚，光泽较暗，叶片结构较松。

化学成分　总糖42.22%，还原糖39.56%，两糖差2.66%，总氮1.71%，烟碱1.45%，氯1.98%，糖碱比29.12，氮碱比1.18，钾1.05%。

024　白筋烟2508　全国统一编号389

白筋烟2508是由河南省农业科学院烟草研究所从河南省郏县王集收集的地方品种。

特征特性　株式筒形，腰叶长椭圆形，叶色深绿色，叶面较皱，叶尖渐尖，叶缘波浪，叶耳较大，主脉中等，茎叶角度大，花序集中，花色淡红色。自然株高128.8cm，打顶株高87.4cm，自然叶数15.0片，有效叶数11.0片，茎围7.3cm，节距4.3cm，腰叶长63.5cm、宽20.7cm。移栽至现蕾42天，移栽至中心花开放50天，大田生育期114天。

抗病性　感黑胫病和赤星病。

外观质量　原烟颜色柠檬黄、棕褐和灰色，油分较多，身份适中，光泽暗，叶片结构疏松。

化学成分　总糖35.95%，还原糖34.27%，两糖差1.68%，总氮1.92%，烟碱1.39%，氯1.53%，糖碱比25.86，氮碱比1.38，钾1.77%。

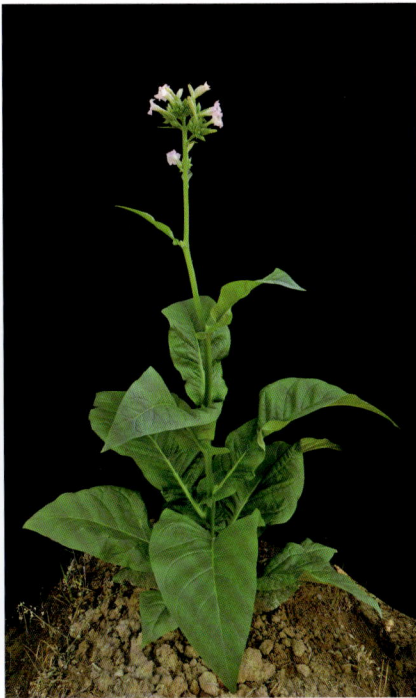

025　白筋烟2521　全国统一编号402

白筋烟2521是由河南省农业科学院烟草研究所从河南省鲁山县马楼收集的地方品种。

特征特性　株式筒形，腰叶长椭圆形，叶色深绿色，叶尖尾尖，叶面较皱，叶缘微波，叶耳中等，主脉细，茎叶角度中等，花序集中，花色淡红色。自然株高128.0cm，打顶株高86.8cm，自然叶数15.4片，有效叶数11.2片，茎围7.8cm，节距3.7cm，腰叶长57.0cm、宽18.0cm。移栽至现蕾43天，移栽至中心花开放50天，大田生育期116天。

抗病性　感黑胫病。

外观质量　原烟颜色金黄色，油分多，身份适中，光泽强，叶片结构疏松。

化学成分　总糖42.84%，还原糖40.44%，两糖差2.40%，总氮1.69%，烟碱1.59%，氯1.92%，糖碱比26.94，氮碱比1.06，钾1.57%。

026　保险黄0764　全国统一编号51

保险黄0764是由中国农业科学院烟草研究所从山东省收集的地方品种。

特征特性　株式塔形，腰叶椭圆形，叶面较平，叶尖渐尖，叶色浅绿色，叶缘平滑，叶耳较大，主脉细，茎叶角度大，花序集中，花色淡红色。自然株高143.4cm，打顶株高109.4cm，自然叶数22.0片，有效叶数18.0片，茎围7.3cm，节距4.8cm，腰叶长49.7cm、宽25.8cm。移栽至现蕾54天，移栽至中心花开放62天，大田生育期126天。

抗 病 性　中感根结线虫病，感黑胫病和青枯病。

外观质量　原烟颜色金黄色，油分多，身份适中，光泽强，叶片结构疏松。

化学成分　总糖44.08%，还原糖38.36%，两糖差5.72%，总氮1.48%，烟碱1.26%，氯0.67%，糖碱比34.98，氮碱比1.17，钾1.31%。

027　保险烟2424　全国统一编号321

保险烟2424是由河南省农业科学院烟草研究所从河南省宝丰县大石桥收集的地方品种。

特征特性　株式筒形，腰叶长椭圆形，叶面较平，叶尖渐尖，叶色浅绿色，叶缘微波，叶耳较大，主脉细，茎叶角度较大，花序集中，花色淡红色。自然株高126.2cm，打顶株高86.2cm，自然叶数16.4片，有效叶数12.2片，茎围7.6cm，节距6.7cm，腰叶长46.4cm、宽20.5cm。移栽至现蕾35天，移栽至中心花开放43天，大田生育期120天。

抗 病 性　感黑胫病。

外观质量　原烟颜色金黄色，油分多，身份适中，光泽强，叶片结构疏松。

化学成分　总糖39.46%，还原糖37.18%，两糖差2.28%，总氮1.46%，烟碱1.37%，氯1.09%，糖碱比28.81，氮碱比1.07，钾1.36%。

028 保险烟2425 全国统一编号322

保险烟2425是由河南省农业科学院烟草研究所从河南省宝丰县闹店收集的地方品种。

特征特性 株式塔形，腰叶长椭圆形，叶色绿色，叶面较皱，叶尖急尖，叶缘波浪，叶耳较大，主脉细，茎叶角度较大，花序集中，花色淡红色。自然株高125.0cm，打顶株高80.2cm，自然叶数16.4片，有效叶数12.2片，茎围8.3cm，节距4.3cm，腰叶长43.2cm、宽15.1cm。移栽至现蕾41天，移栽至中心花开放48天，大田生育期120天。

抗 病 性 感黑胫病。

外观质量 原烟颜色金黄色，油分多，身份适中，光泽强，叶片结构疏松。

化学成分 总糖24.69%，还原糖20.51%，两糖差4.18%，总氮2.40%，烟碱2.56%，氯1.02%，糖碱比9.64，氮碱比0.94，钾1.17%。

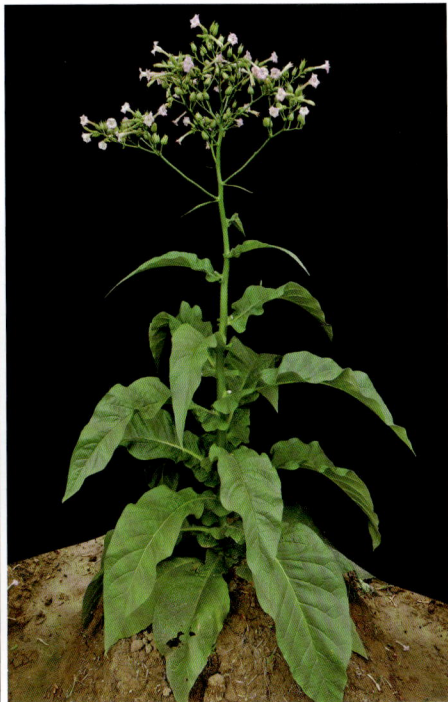

029 北流2号 全国统一编号116

北流2号是由中国农业科学院烟草研究所从广西壮族自治区玉林市农业综合试验站收集的地方品种。

特征特性 株式筒形，腰叶椭圆形，叶面较皱，叶尖渐尖，叶色浅绿色，叶缘波浪，主脉细，叶耳较大，茎叶角度中等，花序集中，花色淡红色。自然株高113.8cm，打顶株高81.8cm，自然叶数18.0片，有效叶数15.0片，茎围6.3cm，节距4.1cm，腰叶长64.8cm、宽34.4cm。移栽至现蕾47天，移栽至中心花开放55天，大田生育期110天。

抗 病 性 中抗根结线虫病，感黑胫病和青枯病。

外观质量 原烟颜色金黄色，油分多，身份适中，光泽强，叶片结构疏松。

化学成分 总糖39.46%，还原糖37.18%，两糖差2.28%，总氮1.46%，烟碱1.37%，氯1.09%，糖碱比28.80，氮碱比1.07，钾1.36%。

030　扁黄金　全国统一编号62

扁黄金是由中国农业科学院烟草研究所从山东省青州市收集的地方品种。

特征特性　株式筒形，腰叶长椭圆形，叶面较平，叶尖渐尖，叶色浅绿色，叶缘波浪，主脉粗，叶耳较大，茎叶角度中等，花序集中，花色淡红色。自然株高149.8cm，打顶株高101.4cm，自然叶数27.8片，有效叶数22.0片，茎围8.0cm，节距4.1cm，腰叶长63.6cm、宽23.9cm。移栽至现蕾51天，移栽至中心花开放59天，大田生育期122天。

抗病性　抗黑胫病，中感根结线虫病，感青枯病、白粉病和赤星病。

外观质量　原烟颜色金黄色，油分多，身份适中，光泽强，叶片结构疏松。

化学成分　总糖46.51%，还原糖45.17%，两糖差1.34%，总氮1.48%，烟碱0.70%，氯1.52%，糖碱比66.44，氮碱比2.11，钾1.53%。

031　变异红花大金元

变异红花大金元由云南省烟草公司昆明市公司从红花大金元变异株中系统选育而成。

特征特性　株式筒形，腰叶长椭圆形，叶尖渐尖，叶面平，叶缘皱折，叶色绿色，叶耳中等，主脉粗，叶片较厚，茎叶角度小，花序集中，花色淡红色。自然株高175.8cm，打顶株高105.6cm，自然叶数43.2片，有效叶数21.3片，茎围11.0cm，节距3.9cm，腰叶长52.4cm、宽15.8cm。移栽至现蕾101天，移栽至中心花开放110天，大田生育期153天。

抗病性　中感PVY，感TMV。

外观质量　原烟颜色金黄色，油分多，身份适中，光泽强，叶片结构疏松。

化学成分　总糖23.88%，还原糖14.54%，两糖差9.34%，总氮2.16%，烟碱1.77%，氯0.15%，糖碱比13.49，氮碱比1.22，钾2.27%。

032 变异K326

变异K326由云南省烟草公司昆明市公司从K326变异株中系统选育而成。

特征特性　株式塔形，腰叶椭圆形，叶面皱，叶尖急尖，叶缘皱折，叶色绿色，主脉细，叶片厚度中等，叶耳小，茎叶角度小，花序集中，花色淡红色。自然株高169.4cm，打顶株高102.0cm，自然叶数48.2片，有效叶数23.4片，茎围12.6cm，节距4.4cm，腰叶长67.8cm、宽30.4cm。移栽至现蕾61天，移栽至中心花开放69天，大田生育期146天。

抗病性　中感黑胫病、PVY。

外观质量　原烟颜色橘黄色，油分多，身份适中，光泽强，叶片结构疏松。

化学成分　总糖31.01%～31.93%，还原糖19.59%～28.36%，两糖差3.57%～11.42%，总氮1.65%～1.83%，烟碱1.17%～2.12%，氯0.16%～0.36%，糖碱比15.06～26.50，氮碱比0.86～1.41，钾2.12%～2.14%。

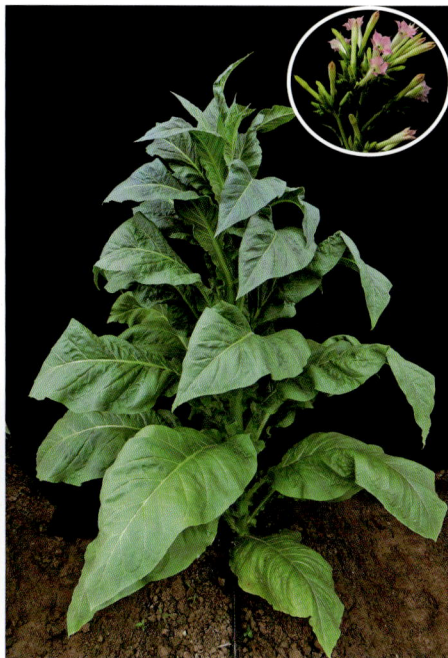

033 变异云烟97

变异云烟97由云南省烟草农业科学研究院从云南省丽江市的云烟97变异株系统选育而成。

特征特性　株式筒形，腰叶长椭圆形，叶尖渐尖，叶面皱，叶缘平，叶色绿色，叶耳大，主脉粗，叶片较厚，茎叶角度较小，花序集中，花色淡红色。自然株高182.6cm，打顶株高115.7cm，自然叶数51.6片，有效叶数22.1片，茎围11.0cm，节距4.3cm，腰叶长65.0cm、宽23.8cm。移栽至现蕾95天，移栽至中心花开放105天，大田生育期153天。

抗病性　中感PVY。

外观质量　原烟颜色金黄色，油分多，身份适中，光泽强，叶片结构疏松。

化学成分　总糖24.91%，还原糖14.82%，两糖差10.09%，总氮2.02%，烟碱1.61%，氯0.16%，糖碱比15.47，氮碱比1.25，钾2.09%。

034　卜城柳　全国统一编号11

卜城柳是由安徽省农业科学院烟草研究所从安徽省固镇县收集的地方品种。

特征特性　株式筒形，腰叶椭圆形，叶面较皱，叶尖渐尖，叶色深绿色，叶缘波浪，主脉细，叶耳较大，茎叶角度较大，花序集中，花色淡红色。自然株高143.0cm，打顶株高107.6cm，自然叶数20.0片，有效叶数15.8片，茎围8.5cm，节距4.7cm，腰叶长56.6cm、宽27.2cm。移栽至现蕾38天，移栽至中心花开放51天，大田生育期114天。

抗病性　感白粉病、赤星病。

外观质量　原烟欠熟，油分有，身份厚，颜色青黄、杂，光泽暗，叶片结构紧密。

化学成分　总糖36.28%，还原糖34.86%，两糖差1.42%，总氮1.87%，烟碱3.19%，氯1.50%，糖碱比11.37，氮碱比0.59，钾0.82%。

035　糙烟叶　全国统一编号350

糙烟叶是由河南省农业科学院烟草研究所从河南省尉氏县收集的地方品种。

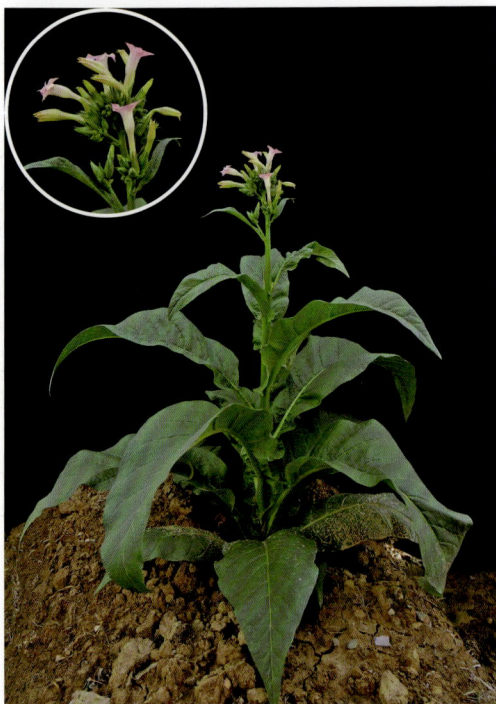

特征特性　株式筒形，腰叶长椭圆形，叶面较皱，叶尖渐尖，叶色深绿色，叶缘波浪，主脉粗，叶耳较大，茎叶角度大，花序集中，花色淡红色。自然株高118.4cm，打顶株高74.0cm，自然叶数14.2片，有效叶数10.2片，茎围6.1cm，节距4.0cm，腰叶长62.5cm、宽20.8cm。移栽至现蕾35天，移栽至中心花开放47天，大田生育期110天。

抗病性　感黑胫病。

外观质量　原烟颜色金黄色，油分多，身份适中，光泽强，叶片结构疏松。

化学成分　总糖37.86%，还原糖35.97%，两糖差1.89%，总氮2.00%，烟碱3.34%，氯1.24%，糖碱比11.34，氮碱比0.60，钾1.19%。

036 长把子烟　全国统一编号103

长把子烟是由中国农业科学院烟草研究所从山东省泗水县收集的地方品种。

特征特性　株式筒形，腰叶长椭圆形，叶面较皱，叶色浅绿色，叶缘波浪，主脉细，叶耳中等，茎叶角度小，花序集中，花色淡红色。自然株高181.2cm，打顶株高132.0cm，自然叶数21.4片，有效叶数16.4片，茎围8.5cm，节距4.8cm，腰叶长65.8cm、宽24.9cm。移栽至现蕾53天，移栽至中心花开放62天，大田生育期114天。

抗病性　感白粉病和赤星病。

外观质量　原烟颜色金黄、橘黄色，油分多，身份稍厚，光泽中等，叶片结构较疏松。

化学成分　总糖43.26%，还原糖42.29%，两糖差0.97%，总氮1.57%，烟碱2.14%，氯1.72%，糖碱比20.21，氮碱比0.73，钾1.29%。

037 长葛柳叶　全国统一编号144

长葛柳叶是由河南省农业科学院烟草研究所从河南省许昌市蒋店东寨收集的地方品种。

特征特性　株式筒形，腰叶长椭圆形，叶面较皱，叶尖渐尖，叶色绿色，叶缘波浪，主脉粗，叶耳较大，茎叶角度较大，花序集中，花色淡红色。自然株高126.6cm，打顶株高93.2cm，自然叶数18.4片，有效叶数14.0片，茎围7.1cm，节距4.2cm，腰叶长61.3cm、宽22.3cm。移栽至现蕾53天，移栽至中心花开放59天，大田生育期110天。

抗病性　感黑胫病。

外观质量　原烟颜色金黄色，油分多，身份适中，光泽强，叶片结构疏松。

化学成分　总糖31.42%，还原糖29.78%，两糖差1.64%，总氮2.06%，烟碱3.24%，氯1.53%，糖碱比9.70，氮碱比0.64，钾1.10%。

038　长烟叶子　全国统一编号360

长烟叶子是由河南省农业科学院烟草研究所从河南省宁陵县收集的地方品种。

特征特性　株式塔形，腰叶椭圆形，叶面较皱，叶尖渐尖，叶色深绿色，叶缘波浪，主脉中等，叶耳大，茎叶角度较大，花序集中，花色淡红色。自然株高125.8cm，打顶株高93.4cm，自然叶数17.8片，有效叶数13.8片，茎围7.2cm，节距5.4cm，腰叶长55.7cm、宽25.4cm。移栽至现蕾34天，移栽至中心花开放45天，大田生育期114天。

抗病性　感白粉病和赤星病。

外观质量　原烟颜色金黄色，油分多，身份适中，光泽强，叶片结构疏松。

化学成分　总糖27.98%，还原糖26.74%，两糖差1.24%，总氮2.13%，烟碱2.96%，氯1.85%，糖碱比9.45，氮碱比0.72，钾1.02%。

039　朝鲜大叶　全国统一编号1276

朝鲜大叶是由黑龙江省农业科学院牡丹江分院从黑龙江省五常市收集的地方品种。

特征特性　株式筒形，腰叶椭圆形，叶面较平，叶缘平滑，叶尖渐尖，叶色绿色，主脉粗，叶耳小，茎叶角度中等，花序集中，花色淡红色。自然株高94.4cm，打顶株高64.2cm，自然叶数9.4片，有效叶数7.4片，茎围6.5cm，节距4.5cm，腰叶长51.3cm、宽24.8cm。移栽至现蕾30天，移栽至中心花开放37天，大田生育期110天。

抗病性　感黑胫病。

外观质量　原烟颜色金黄色，油分多，身份适中，光泽强，叶片结构疏松。

化学成分　总糖31.41%，还原糖28.31%，两糖差3.10%，总氮1.96%，烟碱2.97%，氯1.43%，糖碱比10.58，氮碱比0.66，钾1.26%。

040　春雷2号　全国统一编号527

春雷2号由贵州省烟草科学研究院从黔福1号中系统选育而成。

特征特性　株式筒形，腰叶椭圆形，叶面较皱，叶尖渐尖，叶色绿色，叶缘波浪，主脉粗，叶耳较大，茎叶角度中等，花序集中，花色淡红色。自然株高172.4cm，打顶株高132.2cm，自然叶数34.4片，有效叶数27.4片，茎围10.0cm，节距3.8cm，腰叶长58.1cm、宽26.8cm。移栽至现蕾70天，移栽至中心花开放76天，大田生育期122天。

抗病性　中抗黑胫病，感青枯病、根结线虫病、白粉病和赤星病。

外观质量　原烟颜色金黄、橘黄色，油分较多，身份适中，光泽强，叶片结构疏松。

化学成分　总糖36.10%，还原糖33.72%，两糖差2.38%，总氮1.82%，烟碱2.12%，氯2.14%，糖碱比17.03，氮碱比0.86，钾1.43%。

041　春雷4号　全国统一编号1446

春雷4号由贵州省烟草科学研究院用（H60B007×抵字101）×黔福1号杂交选育而成。

特征特性　株式筒形，腰叶椭圆形，叶面较平，叶尖渐尖，叶色绿色，叶缘平滑，主脉粗，叶耳较大，茎叶角度中等，花序集中，花色淡红色。自然株高174.6cm，打顶株高131.4cm，自然叶数29.2片，有效叶数22.4片，茎围11.7cm，节距4.0cm，腰叶长65.6cm、宽25.0cm。移栽至现蕾76天，移栽至中心花开放84天，大田生育期114天。

抗病性　中感赤星病，感白粉病。

外观质量　原烟颜色橘黄色，油分多，身份适中，光泽强，叶片结构疏松。

化学成分　总糖40.92%，还原糖39.68%，两糖差1.24%，总氮1.75%，烟碱1.44%，氯1.51%，糖碱比28.39，氮碱比1.21，钾1.60%。

042　搭拉筋0636　全国统一编号94

搭拉筋0636是由中国农业科学院烟草研究所从山东省青州市收集的地方品种。

特征特性　株式筒形，腰叶长椭圆形，叶面较平，叶尖渐尖，叶色绿色，叶缘平滑，主脉中等，叶耳中等，茎叶角度大，花序集中，花色淡红色。自然株高163.8cm，打顶株高122.0cm，自然叶数21.0片，有效叶数16.4片，茎围7.1cm，节距5.5cm，腰叶长59.2cm、宽20.9cm。移栽至现蕾43天，移栽至中心花开放49天，大田生育期120天。

抗病性　中感根结线虫病，感黑胫病和青枯病。

外观质量　原烟颜色金黄色，油分多，身份适中，光泽强，叶片结构疏松。

化学成分　总糖38.50%，还原糖36.87%，两糖差1.63%，总氮1.63%，烟碱1.41%，氯1.66%，糖碱比27.30，氮碱比1.16，钾1.33%。

043　搭拉筋0638　全国统一编号95

搭拉筋0638是由中国农业科学院烟草研究所从山东省青州市收集的地方品种。

特征特性　株式塔形，腰叶椭圆形，叶面较平，叶尖渐尖，叶色浅绿色，叶缘平滑，主脉中等，叶耳较大，茎叶角度大，花序集中，花色淡红色。自然株高207.0cm，打顶株高166.2cm，自然叶数29.0片，有效叶数22.0片，茎围7.9cm，节距5.6cm，腰叶长61.5cm、宽26.6cm。移栽至现蕾63天，移栽至中心花开放68天，大田生育期122天。

抗病性　抗黑胫病，中感根结线虫病、赤星病，感青枯病、白粉病。

外观质量　原烟颜色柠檬黄色，油分较多，身份适中，光泽强，叶片结构较疏松。

化学成分　总糖45.11%，还原糖42.95%，两糖差2.16%，总氮1.66%，烟碱1.51%，氯1.76%，糖碱比29.87，氮碱比1.10，钾1.13%。

044 大白尖 全国统一编号89

大白尖是由中国农业科学院烟草研究所从山东省临朐县收集的地方品种。

特征特性 株式筒形，腰叶长椭圆形，叶面较皱，叶尖渐尖，叶色绿色，叶缘波浪，主脉细，叶耳较大，茎叶角度小，花序集中，花色淡红色。自然株高179.2cm，打顶株高133.2cm，自然叶数20.8片，有效叶数16.6片，茎围8.1cm，节距4.7cm，腰叶长66.9cm、宽28.2cm。移栽至现蕾52天，移栽至中心花开放62天，大田生育期114天。

抗病性 感黑胫病、青枯病、根结线虫病和赤星病。

外观质量 原烟颜色金黄色，油分多，身份适中，光泽强，叶片结构疏松。

化学成分 总糖40.05%，还原糖37.66%，两糖差2.39%，总氮1.62%，烟碱1.46%，氯1.40%，糖碱比27.43，氮碱比1.11，钾1.34%。

045 大白筋0522 全国统一编号92

大白筋0522是由中国农业科学院烟草研究所从山东省青州市收集的地方品种。

特征特性 株式塔形，腰叶椭圆形，叶面较皱，叶尖渐尖，叶色浅绿色，叶缘波浪，主脉中等，叶耳较大，茎叶角度小，花序集中，花色淡红色。自然株高174.4cm，打顶株高132.4cm，自然叶数25.0片，有效叶数20.2片，茎围8.0cm，节距4.4cm，腰叶长59.6cm、宽25.6cm。移栽至现蕾56天，移栽至中心花开放62天，大田生育期122天。

抗病性 抗黑胫病，中感青枯病，感根结线虫病和赤星病。

外观质量 原烟颜色金黄色，油分多，身份适中，光泽强，叶片结构疏松。

化学成分 总糖34.66%，还原糖32.96%，两糖差1.70%，总氮2.01%，烟碱2.71%，氯1.58%，糖碱比12.79，氮碱比0.74，钾1.32%。

046　大白筋0532　全国统一编号83

大白筋0532是由中国农业科学院烟草研究所从山东省收集的地方品种。

特征特性　株式筒形，腰叶长椭圆形，叶面较平，叶尖渐尖，叶色绿色，叶缘波浪，主脉中等，叶耳中等，茎叶角度大，花序集中，花色淡红色。自然株高167.2cm，打顶株高124.6cm，自然叶数22.2片，有效叶数17.2片，茎围7.8cm，节距4.1cm，腰叶长64.4cm、宽21.3cm。移栽至现蕾55天，移栽至中心花开放61天，大田生育期114天。

抗病性　中感黑胫病和根结线虫病，感青枯病和赤星病。

外观质量　原烟颜色柠檬黄色，油分有，身份适中，光泽中等，叶片结构紧密。

化学成分　总糖26.43%，还原糖25.77%，两糖差0.66%，总氮1.94%，烟碱1.97%，氯1.35%，糖碱比13.42，氮碱比0.98，钾1.65%。

047　大白筋0534　全国统一编号82

大白筋0534是由中国农业科学院烟草研究所从山东省青州市收集的地方品种。

特征特性　株式筒形，腰叶椭圆形，叶面较皱，叶尖渐尖，叶色浅绿色，叶缘波浪，主脉中等，叶耳较大，茎叶角度中等，花序集中，花色淡红色。自然株高181.4cm，打顶株高143.0cm，自然叶数26.0片，有效叶数20.8片，茎围8.4cm，节距4.9cm，腰叶长65.1cm、宽28.8cm。移栽至现蕾58天，移栽至中心花开放64天，大田生育期122天。

抗病性　抗黑胫病，中感根结线虫病，感青枯病、赤星病和白粉病。

外观质量　原烟颜色金黄色，油分多，身份适中，光泽强，叶片结构疏松。

化学成分　总糖35.07%，还原糖32.72%，两糖差2.35%，总氮2.12%，烟碱3.36%，氯1.65%，糖碱比10.44，氮碱比0.63，钾1.71%。

048　大白筋 0551　全国统一编号 93

大白筋 0551 是由中国农业科学院烟草研究所从山东省青州市收集的地方品种。

特征特性　株式塔形，腰叶椭圆形，叶面较平，叶尖渐尖，叶色绿色，叶缘波浪，主脉细，叶耳较大，茎叶角度小，花序集中，花色淡红色。自然株高 140.0cm，打顶株高 106.4cm，自然叶数 29.0 片，有效叶数 22.0 片，茎围 7.1cm，节距 4.1cm，腰叶长 67.2cm、宽 29.2cm。移栽至现蕾 56 天，移栽至中心花开放 58 天，大田生育期 116 天。

抗 病 性　感黑胫病、青枯病和根结线虫病。

外观质量　原烟颜色金黄色，油分多，身份适中，光泽强，叶片结构疏松。

化学成分　总糖 34.53%，还原糖 32.94%，两糖差 1.59%，总氮 1.90%，烟碱 3.15%，氯 1.41%，糖碱比 10.95，氮碱比 0.60，钾 1.37%。

049　大白筋 2503　全国统一编号 384

大白筋 2503 是由河南省农业科学院烟草研究所从河南省禹州市金坡收集的地方品种。

特征特性　株式筒形，腰叶椭圆形，叶面较皱，叶尖渐尖，叶色绿色，叶缘波浪，主脉细，叶耳较大，茎叶角度大，花序集中，花色淡红色。自然株高 171.5cm，打顶株高 132.0cm，自然叶数 22.3 片，有效叶数 19.0 片，茎围 7.4cm，节距 6.1cm，腰叶长 69.8cm、宽 31.3cm。移栽至现蕾 53 天，移栽至中心花开放 60 天，大田生育期 120 天。

抗 病 性　感黑胫病。

外观质量　原烟颜色金黄色，油分多，身份适中，光泽强，叶片结构疏松。

化学成分　总糖 36.79%，还原糖 34.26%，两糖差 2.53%，总氮 1.93%，烟碱 2.57%，氯 0.79%，糖碱比 14.32，氮碱比 0.75，钾 1.01%。

050　大白筋2510　全国统一编号391

大白筋2510是由河南省农业科学院烟草研究所从河南省禹州市收集的地方品种。

特征特性　株式塔形，腰叶长椭圆形，叶面较平，叶尖渐尖，叶色绿色，叶缘波浪，主脉中等，叶耳中等，茎叶角度较大，花序集中，花色淡红色。自然株高105.6cm，打顶株高69.8cm，自然叶数14.0片，有效叶数9.8片，茎围8.5cm，节距4.9cm，腰叶长61.1cm、宽19.8cm。移栽至现蕾44天，移栽至中心花开放49天，大田生育期114天。

抗病性　中感根结线虫病和赤星病，感黑胫病、青枯病。

外观质量　原烟颜色金黄色，油分多，身份适中，光泽强，叶片结构疏松。

化学成分　总糖40.91%，还原糖38.11%，两糖差2.80%，总氮1.75%，烟碱1.88%，氯1.52%，糖碱比21.76，氮碱比0.93，钾1.21%。

051　大白筋2512　全国统一编号393

大白筋2512是由河南省农业科学院烟草研究所从河南省宝丰县翟集收集的地方品种。

特征特性　株式塔形，腰叶椭圆形，叶面较皱，叶尖渐尖，叶色深绿色，叶缘波浪，主脉细，叶耳较大，茎叶角度大，花序集中，花色淡红色。自然株高118.4cm，打顶株高84.8cm，自然叶数17.8片，有效叶数13.4片，茎围8.5cm，节距5.2cm，腰叶长64.3cm、宽30.8cm。移栽至现蕾44天，移栽至中心花开放54天，大田生育期114天。

抗病性　中感黑胫病，感赤星病。

外观质量　原烟颜色金黄色，油分多，身份适中，光泽强，叶片结构疏松。

化学成分　总糖37.82%，还原糖33.60%，两糖差4.22%，总氮1.75%，烟碱2.31%，氯1.12%，糖碱比16.37，氮碱比0.76，钾1.02%。

052 大白筋2519 全国统一编号400

大白筋2519是由河南省农业科学院烟草研究所从河南省鲁山县收集的地方品种。

特征特性 株式塔形,腰叶长椭圆形,叶色深绿色,叶面较皱,叶尖渐尖,叶缘波浪,主脉粗,叶耳中等,茎叶角度中等,花序集中,花色淡红色。自然株高122.2cm,打顶株高87.6cm,自然叶数21.4片,有效叶数18.2片,茎围8.4cm,节距3.9cm,腰叶长61.5cm、宽21.4cm。移栽至现蕾46天,移栽至中心花开放57天,大田生育期122天。

抗病性 中感黑胫病,感赤星病。

外观质量 原烟颜色金黄色,油分多,身份适中,光泽强,叶片结构疏松。

化学成分 总糖31.19%,还原糖23.58%,两糖差7.61%,总氮2.12%,烟碱3.25%,氯1.04%,糖碱比9.60,氮碱比0.65,钾1.03%。

053 大白筋2522 全国统一编号403

大白筋2522是由河南省农业科学院烟草研究所从河南省收集的地方品种。

特征特性 株式塔形,腰叶椭圆形,叶面较皱,叶尖渐尖,叶色绿色,叶缘皱折,主脉细,叶耳较大,茎叶角度中等,花序集中,花色淡红色。自然株高117.0cm,打顶株高81.3cm,自然叶数15.3片,有效叶数12.3片,茎围8.0cm,节距5.1cm,腰叶长52.8cm、宽30.9cm。移栽至现蕾62天,移栽至中心花开放71天,大田生育期93天。

抗病性 中感赤星病,感黑胫病。

外观质量 原烟尚熟,油分有,身份适中,颜色金黄色、青黄色,光泽较强,叶片结构疏松。

化学成分 总糖35.46%,还原糖29.14%,两糖差6.32%,总氮1.96%,烟碱2.17%,氯0.68%,糖碱比16.34,氮碱比0.90,钾1.39%。

054 大白筋2523　全国统一编号404

大白筋2523是由河南省农业科学院烟草研究所从河南省宝丰县高铁炉收集的地方品种。

特征特性　株式筒形，腰叶长椭圆形，叶面稍皱，叶尖急尖，叶色绿色，叶缘皱折，主脉粗，茎叶角度中等，叶耳较大，花序集中，花色淡红色。自然株高147.8cm，打顶株高101.0cm，自然叶数18.6片，有效叶数15.6片，茎围8.7cm，节距4.6cm，腰叶长67.6cm、宽24.0cm。移栽至现蕾48天，移栽至中心花开放56天，大田生育期122天。

抗病性　中感黑胫病，感赤星病。

外观质量　原烟颜色金黄色，油分多，身份适中，光泽强，叶片结构疏松。

化学成分　总糖36.55%，还原糖31.41%，两糖差5.14%，总氮1.65%，烟碱1.83%，氯1.48%，糖碱比19.97，氮碱比0.90，钾1.33%。

055 大黄金0329　全国统一编号71

大黄金0329是由中国农业科学院烟草研究所从山东省淄博市收集的地方品种。

特征特性　株式塔形，腰叶长椭圆形，叶面较皱，叶尖渐尖，叶色绿色，叶缘波浪，主脉粗，叶耳较大，茎叶角度小，花序集中，花色淡红色。自然株高161.0cm，打顶株高112.0cm，自然叶数18.5片，有效叶数15.5片，茎围8.5cm，节距5.3cm，腰叶长65.7cm、宽25.4cm。移栽至现蕾48天，移栽至中心花开放60天，大田生育期140天。

抗病性　中感根结线虫病，感黑胫病、青枯病。

外观质量　原烟颜色金黄色，油分多，身份适中，光泽强，叶片结构疏松。

化学成分　总糖31.88%，还原糖27.06%，两糖差4.82%，总氮2.02%，烟碱2.34%，氯1.15%，糖碱比13.62，氮碱比0.86，钾1.37%。

056 大黄金0336 全国统一编号79

大黄金0336是由中国农业科学院烟草研究所从山东省临朐县收集的地方品种。

特征特性 株式塔形，腰叶椭圆形，叶面较皱，叶尖渐尖，叶色深绿色，叶缘波浪，主脉粗，叶耳较大，茎叶角度中等，花序集中，花色淡红色。自然株高179.4cm，打顶株高132.8cm，自然叶数19.6片，有效叶数15.8片，茎围9.0cm，节距6.1cm，腰叶长67.6cm、宽29.5cm。移栽至现蕾48天，移栽至中心花开放58天，大田生育期116天。

抗病性 抗黑胫病，感青枯病和根结线虫病。

外观质量 原烟颜色金黄色，油分多，身份适中，光泽强，叶片结构疏松。

化学成分 总糖31.72%，还原糖27.59%，两糖差4.13%，总氮2.30%，烟碱3.95%，氯1.01%，糖碱比8.03，氮碱比0.58，钾1.30%。

057 大黄金0437 全国统一编号69

大黄金0437是由中国农业科学院烟草研究所从山东省收集的地方品种。

特征特性 株式塔形，腰叶长椭圆形，叶面较皱，叶尖渐尖，叶色深绿色，叶缘波浪，主脉粗，叶耳较大，茎叶角度中等，花序集中，花色淡红色。自然株高196.6cm，打顶株高144.6cm，自然叶数21.0片，有效叶数17.6片，茎围8.9cm，节距6.0cm，腰叶长67.3cm、宽29.1cm。移栽至现蕾55天，移栽至中心花开放63天，大田生育期122天。

抗病性 抗黑胫病，中抗根结线虫病，感青枯病和赤星病。

外观质量 原烟颜色柠檬黄色，油分多，身份适中，光泽强，叶片结构较疏松。

化学成分 总糖41.51%，还原糖33.73%，两糖差7.78%，总氮1.61%，烟碱2.44%，氯1.05%，糖碱比17.01，氮碱比0.66，钾1.48%。

058 大黄金0934　全国统一编号60

大黄金0934是由中国农业科学院烟草研究所从山东省收集的地方品种。

特征特性　株式塔形，腰叶椭圆形，叶面较皱，叶尖渐尖，叶色绿色，叶缘波浪，主脉粗，叶耳中等，茎叶角度中等，花序集中，花色淡红色。自然株高168.7cm，打顶株高129.7cm，自然叶数22.0片，有效叶数17.3片，茎围8.0cm，节距5.7cm，腰叶长59.4cm、宽31.6cm。移栽至现蕾61天，移栽至中心花开放71天，大田生育期122天。

抗病性　中感根结线虫病，感黑胫病、青枯病。

外观质量　原烟颜色金黄色，油分多，身份适中，光泽强，叶片结构疏松。

化学成分　总糖40.97%，还原糖34.80%，两糖差6.17%，总氮1.79%，烟碱2.42%，氯1.14%，糖碱比16.93，氮碱比0.74，钾1.33%。

059 大黄金5210　全国统一编号486

大黄金5210由中国农业科学院烟草研究所从大黄金中系统选育而成。

特征特性　株式塔形，腰叶椭圆形，叶面较皱，叶尖渐尖，叶色深绿色，叶缘波浪，主脉粗，叶耳较大，茎叶角度较大，花序集中，花色淡红色。自然株高117.2cm，打顶株高79.2cm，自然叶数16.8片，有效叶数13.2片，节距6.2cm，腰叶长72.4cm、宽38.0cm。移栽至现蕾54天，移栽至中心花开放56天，大田生育期122天。

抗病性　中抗根结线虫病，感黑胫病、青枯病和赤星病。

外观质量　原烟颜色金黄色，油分多，身份适中，光泽强，叶片结构疏松。

化学成分　总糖33.58%，还原糖29.33%，两糖差4.25%，总氮1.69%，烟碱1.61%，氯1.28%，糖碱比20.86，氮碱比1.05，钾1.25%。

060　大黄苗2216　全国统一编号226

大黄苗2216是由河南省农业科学院烟草研究所从河南省襄城县收集的地方品种。

特征特性　株式塔形，腰叶长椭圆形，叶面较皱，叶尖渐尖，叶色浅绿色，叶缘波浪，主脉粗，叶耳中等，茎叶角度大，花序集中，花色淡红色。自然株高171.0cm，打顶株高127.7cm，自然叶数21.0片，有效叶数16.0片，茎围8.7cm，节距5.0cm，腰叶长56.7cm、宽28.2cm。移栽至现蕾54天，移栽至中心花开放59天，大田生育期116天。

抗 病 性　感黑胫病。

外观质量　原烟颜色金黄色，油分多，身份适中，光泽强，叶片结构疏松。

化学成分　总糖26.28%，还原糖24.24%，两糖差2.04%，总氮2.18%，烟碱4.28%，氯1.50%，糖碱比6.14，氮碱比0.51，钾0.76%。

061　大黄苗2232　全国统一编号242

大黄苗2232是由河南省农业科学院烟草研究所从河南省禹州市收集的地方品种。

特征特性　株式塔形，腰叶椭圆形，叶面皱，叶尖渐尖，叶色深绿色，叶缘波浪，主脉粗，叶耳大，茎叶角度大，花序集中，花色淡红色。自然株高170.2cm，打顶株高123.0cm，自然叶数16.4片，有效叶数13.4片，茎围9.9cm，节距7.4cm，腰叶长68.9cm、宽37.7cm。移栽至现蕾53天，移栽至中心花开放57天，大田生育期122天。

抗 病 性　中感黑胫病，感赤星病。

外观质量　原烟尚熟，油分有，颜色金黄色、柠檬黄色，少数青黄色，身份适中，光泽较强，叶片结构疏松。

化学成分　总糖41.90%，还原糖36.33%，两糖差5.57%，总氮1.42%，烟碱1.40%，氯1.11%，糖碱比29.93，氮碱比1.01，钾1.07%。

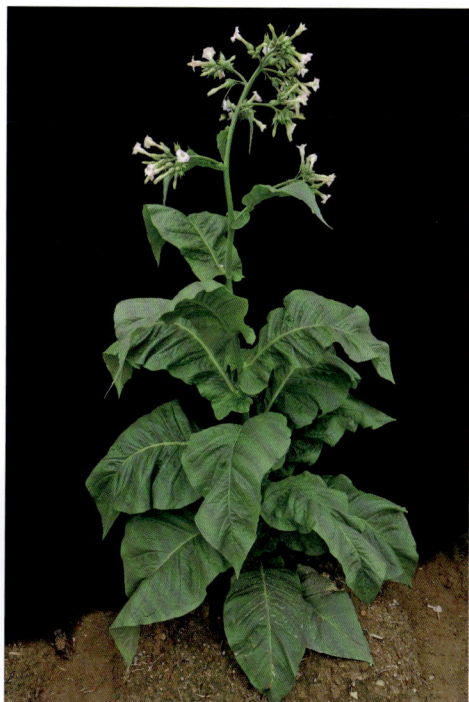

062 大黄苗2236　全国统一编号246

大黄苗2236是由河南省农业科学院烟草研究所从河南省襄城县孙庄收集的地方品种。

特征特性　株式塔形，腰叶椭圆形，叶面较皱，叶尖渐尖，叶色绿色，叶缘波浪，主脉中等，叶耳较大，茎叶角度大，花序集中，花色淡红色。自然株高168.0cm，打顶株高122.8cm，自然叶数19.4片，有效叶数15.2片，茎围10.6cm，节距6.3cm，腰叶长69.2cm、宽39.5cm。移栽至现蕾50天，移栽至中心花开放57天，大田生育期122天。

抗病性　感赤星病。

外观质量　原烟颜色金黄色，油分有，身份适中，光泽较强，叶片结构稍紧密。

化学成分　总糖37.60%，还原糖33.21%，两糖差4.39%，总氮1.81%，烟碱1.96%，氯1.46%，糖碱比19.18，氮碱比0.92，钾1.17%。

063 大黄苗2238　全国统一编号248

大黄苗2238是由河南省农业科学院烟草研究所从河南省郏县焦村收集的地方品种。

特征特性　株式塔形，腰叶长椭圆形，叶面较平，叶尖渐尖，叶色绿色，叶缘波浪，主脉粗，叶耳较大，茎叶角度中等，花序集中，花色淡红色。自然株高170.0cm，打顶株高131.4cm，自然叶数20.1片，有效叶数15.9片，茎围9.7cm，节距4.1cm，腰叶长67.3cm、宽32.1cm。移栽至现蕾55天，移栽至中心花开放59天，大田生育期120天。

抗病性　感黑胫病。

外观质量　原烟颜色金黄色，油分多，身份适中，光泽强，叶片结构疏松。

化学成分　总糖10.12%，还原糖7.81%，两糖差2.31%，总氮3.02%，烟碱3.09%，氯0.15%，糖碱比3.28，氮碱比0.98，钾2.03%。

064 大筋黑苗烟　全国统一编号286

大筋黑苗烟是由河南省农业科学院烟草研究所从河南省襄城县收集的地方品种。

特征特性　株式塔形，腰叶长椭圆形，叶面较皱，叶尖渐尖，叶色深绿色，叶缘波浪，主脉粗，叶耳中等，茎叶角度中等，花序集中，花色淡红色。自然株高177.8cm，打顶株高134.4cm，自然叶数22.6片，有效叶数17.4片，茎围8.8cm，节距5.4cm，腰叶长63.9cm、宽22.1cm。移栽至现蕾47天，移栽至中心花开放56天，大田生育期116天。

抗病性　感黑胫病和赤星病。

外观质量　原烟成熟，颜色金黄色，油分多，身份适中，光泽强，叶片结构疏松。

化学成分　总糖17.87%，还原糖15.36%，两糖差2.51%，总氮2.01%，烟碱0.76%，氯1.25%，糖碱比23.51，氮碱比2.64，钾1.40%。

065 大柳叶2005　全国统一编号140

大柳叶2005是由河南省农业科学院烟草研究所从河南省许昌市于庄收集的地方品种。

特征特性　株式筒形，腰叶长椭圆形，叶面较平，叶尖渐尖，叶缘波浪，叶色深绿色，主脉粗，叶耳较小，茎叶角度中等，花序集中，花色淡红色。自然株高152.8cm，打顶株高127.0cm，自然叶数22.1片，有效叶数17.4片，茎围9.1cm，节距5.5cm，腰叶长53.5cm、宽24.9cm。移栽至现蕾58天，移栽至中心花开放68天，大田生育期120天。

抗病性　感黑胫病。

外观质量　原烟颜色金黄色，油分多，身份适中，光泽强，叶片结构疏松。

化学成分　总糖16.33%，还原糖13.16%，两糖差3.17%，总氮2.50%，烟碱4.43%，氯0.17%，糖碱比3.69，氮碱比0.56，钾1.21%。

066　大柳叶2012　全国统一编号170

大柳叶2012是由河南省农业科学院烟草研究所从河南省许昌市收集的地方品种。

特征特性　株式塔形，腰叶长椭圆形，叶面较皱，叶缘波浪，叶尖渐尖，叶色绿色，主脉中等，叶片厚度中等，叶耳中等，茎叶角度中等，花序集中，花色淡红色。自然株高107.0cm，打顶株高78.4cm，自然叶数23.4片，有效叶数17.6片，茎围9.3cm，节距2.7cm，腰叶长53.8cm、宽23.9cm。移栽至现蕾48天，移栽至中心花开放53天，大田生育期124天。

抗病性　中抗根结线虫病，感黑胫病、青枯病和TMV。

外观质量　原烟颜色金黄色，油分有，身份适中，光泽较强，叶片结构较疏松。

化学成分　总糖8.00%，还原糖5.80%，两糖差2.20%，总氮2.84%，烟碱2.49%，氯0.11%，糖碱比3.21，氮碱比1.14，钾1.75%。

067　大柳叶2013　全国统一编号171

大柳叶2013是由河南省农业科学院烟草研究所从河南省许昌市邓庄收集的地方品种。

特征特性　株式塔形，腰叶长椭圆形，叶面较平，叶缘波浪，叶尖渐尖，叶色绿色，叶耳中等，主脉中等，叶片厚度中等，茎叶角度中等，花序集中，花色淡红色。自然株高147.5cm，打顶株高78.2cm，自然叶数22.4片，有效叶数17.4片，茎围9.1cm，节距3.7cm，腰叶长67.6cm、宽20.4cm。移栽至现蕾46天，移栽至中心花开放52天，大田生育期127天。

抗病性　中抗根结线虫病，中感黑胫病和TMV，感青枯病和PVY。

外观质量　原烟颜色橘黄色，油分有，身份适中，光泽较强，叶片结构疏松。

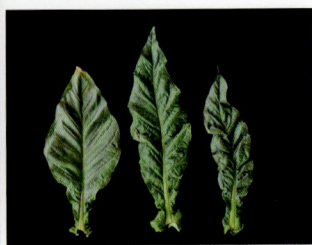

化学成分　总糖10.91%～16.68%，还原糖8.91%～12.69%，两糖差2.00%～3.99%，总氮2.37%～2.89%，烟碱1.95%～4.96%，氯0.11%～0.14%，糖碱比1.59～3.36，氮碱比0.48～1.48，钾1.22%～2.49%。

068 | 大柳叶2016 全国统一编号174

大柳叶2016是由河南省农业科学院烟草研究所从河南省禹州市沙王收集的地方品种。

特征特性 株式塔形,腰叶长椭圆形,叶面稍皱,叶缘波浪,叶尖渐尖,叶色绿色,叶耳小,主脉中等,叶片较厚,茎叶角度小,花序集中,花色淡红色。自然株高121.0cm,打顶株高96.2cm,自然叶数22.4片,有效叶数18.6片,茎围10.6cm,节距2.7cm,腰叶长65.8cm、宽17.4cm。移栽至现蕾43天,移栽至中心花开放48天,大田生育期127天。

抗病性 感黑胫病、根结线虫病、TMV和PVY。

外观质量 原烟颜色柠檬黄色,油分少,身份适中,光泽中等,叶片结构紧密。

化学成分 总糖12.77%～16.18%,还原糖11.17%～9.21%,两糖差3.56%～5.02%,总氮2.32%～2.66%,烟碱1.79%～3.44%,氯0.13%～0.15%,糖碱比4.71～7.31,氮碱比0.67～1.49,钾1.25%～2.39%。

069 | 大柳叶2018 全国统一编号176

大柳叶2018是由河南省农业科学院烟草研究所从河南省长葛市收集的地方品种。

特征特性 株式筒形,腰叶长椭圆形,叶面较皱,叶缘波浪,叶尖渐尖,叶色绿色,叶耳小,主脉中等,叶片厚度中等,茎叶角度小,花序集中,花色淡红色。自然株高135.0cm,打顶株高93.8cm,自然叶数25.4片,有效叶数15.7片,茎围9.2cm,节距2.8cm,腰叶长67.0cm、宽18.9cm。移栽至现蕾44天,移栽至中心花开放52天,大田生育期127天。

抗病性 中感TMV,感黑胫病、根结线虫病和PVY。

外观质量 原烟颜色金黄色,油分少,身份薄,光泽中等,叶片结构紧密。

化学成分 总糖12.23%～13.00%,还原糖10.06%～10.28%,两糖差2.17%～2.72%,总氮2.51%,烟碱1.77%～4.25%,氯0.10%～0.14%,糖碱比2.87～7.34,氮碱比0.59～1.42,钾1.76%～2.60%。

070 大柳叶2020　全国统一编号178

大柳叶2020是由河南省农业科学院烟草研究所从河南省长葛市丁庄收集的地方品种。

特征特性　株式塔形，腰叶长椭圆形，叶面较皱，叶缘波浪，叶尖渐尖，叶色绿色，叶耳中等，主脉中等，叶片厚度中等，茎叶角度中等，花序集中，花色淡红色。自然株高135.0cm，打顶株高79.8cm，自然叶数21.6片，有效叶数16.0片，茎围9.8cm，节距3.0cm，腰叶长57.2cm、宽16.8cm。移栽至现蕾44天，移栽至中心花开放52天，大田生育期127天。

抗病性　感黑胫病、根结线虫病、TMV和PVY。

外观质量　原烟颜色金黄色，油分较多，身份适中，光泽较强，叶片结构较疏松。

化学成分　总糖15.49%～21.69%，还原糖13.12%～17.62%，两糖差2.37%～4.07%，总氮2.05%～2.65%，烟碱1.85%～3.11%，氯0.12%～0.14%，糖碱比6.98～8.37，氮碱比0.66～1.43，钾1.84%～3.07%。

071 大柳叶2024　全国统一编号182

大柳叶2024是由河南省农业科学院烟草研究所从河南省长葛市收集的地方品种。

特征特性　株式筒形，腰叶披针形，叶面较平，叶缘波浪，叶尖渐尖，叶色绿色，叶耳中等，主脉中等，叶片厚度中等，茎叶角度大，花序集中，花色淡红色。自然株高121.0cm，打顶株高77.2cm，自然叶数24.0片，有效叶数18.0片，茎围9.3cm，节距2.6cm，腰叶长71.0cm、宽20.0cm。移栽至现蕾48天，移栽至中心花开放56天，大田生育期124天。

抗病性　中抗TMV，感黑胫病、根结线虫病和PVY。

外观质量　原烟颜色橘黄色，油分较多，身份适中，光泽强，叶片结构较疏松。

化学成分　总糖14.48%，还原糖11.28%，两糖差3.20%，总氮2.77%，烟碱2.46%，氯0.11%，糖碱比5.89，氮碱比1.13，钾2.01%。

072　大柳叶2036　全国统一编号192

大柳叶2036是由河南省农业科学院烟草研究所从河南省扶沟县韭园收集的地方品种。

特征特性　株式筒形，腰叶长椭圆形，叶面较平，叶缘平滑，叶尖渐尖，叶色绿色，叶耳中等，主脉中等，叶片厚度中等，茎叶角度小，花序集中，花色淡红色。自然株高113.0cm，打顶株高105.0cm，自然叶数26.8片，有效叶数20.2片，茎围10.0cm，节距3.2cm，腰叶长62.6cm、宽17.6cm。移栽至现蕾48天，移栽至中心花开放48天，大田生育期119天。

抗病性　感黑胫病、根结线虫病、TMV和PVY。

外观质量　原烟颜色金黄色，油分有，身份适中，光泽较强，叶片结构较疏松。

化学成分　总糖28.25%，还原糖24.56%，两糖差3.69%，总氮2.06%，烟碱3.29%，氯0.48%，糖碱比8.59，氮碱比0.63，钾1.85%。

073　大青筋　全国统一编号54

大青筋是由中国农业科学院烟草研究所从山东省青州市收集的地方品种。

特征特性　株式塔形，腰叶长椭圆形，叶面较平，叶缘波浪，叶尖渐尖，叶色绿色，叶耳中等，主脉中等，叶片厚度中等，茎叶角度中等，花序分散，花色淡红色。自然株高211.6cm，打顶株高139.0cm，自然叶数33.0片，有效叶数23.2片，茎围10.2cm，节距4.8cm，腰叶长69.5cm、宽29.4cm。移栽至现蕾44天，移栽至中心花开放48天，大田生育期118～127天。

抗病性　抗黑胫病，中感TMV和根结线虫病，感青枯病和PVY。

外观质量　原烟颜色金黄、橘黄色，油分有，身份适中，光泽强，叶片结构较疏松。

化学成分　总糖14.77%，还原糖10.53%，两糖差4.24%，总氮2.68%，烟碱2.81%，氯0.44%，糖碱比5.26，氮碱比0.95，钾2.48%。

074 大青叶　全国统一编号134

大青叶是由安徽省农业科学院烟草研究所从安徽省临泉县收集的地方品种。

特征特性　株式筒形，腰叶长椭圆形，叶面较皱，叶缘平滑，叶尖渐尖，叶色淡绿色，叶耳大，主脉中等，叶片厚度中等，茎叶角度大，花序集中，花色淡红色。自然株高156.0cm，打顶株高122.0cm，自然叶数14.4片，有效叶数11.3片，茎围8.7cm，节距4.7cm，腰叶长57.4cm、宽26.4cm。移栽至现蕾31天，移栽至中心花开放39天，大田生育期121天。

抗病性　中抗TMV，感黑胫病、根结线虫病和PVY。

外观质量　原烟颜色金黄色，油分有，身份适中，光泽较强，叶片结构较疏松。

化学成分　总糖18.36%，还原糖14.02%，两糖差4.34%，总氮2.78%，烟碱2.27%，氯0.31%，糖碱比8.09，氮碱比1.22，钾2.52%。

075 大竖把（直把）　全国统一编号200

大竖把（直把）是由河南省农业科学院烟草研究所从河南省许昌市于楼收集的地方品种。

特征特性　株式筒形，腰叶长椭圆形，叶面较平，叶缘平滑，叶尖渐尖，叶色绿色，叶耳小，主脉中等，叶片厚度中等，茎叶角度小，花序集中，花色淡红色。自然株高135.6 cm，打顶株高76.0cm，自然叶数19.2片，有效叶数16.0片，茎围10.8cm，节距3.8cm，腰叶长69.0cm、宽27.0cm。移栽至现蕾44天，移栽至中心花开放48天，大田生育期127天。

抗病性　感黑胫病、TMV和PVY。

外观质量　原烟颜色金黄色，油分有，身份适中，光泽较强，叶片结构较疏松。

化学成分　总糖28.04%，还原糖24.11%，两糖差3.93%，总氮1.97%，烟碱1.57%，氯0.12%，糖碱比17.86，氮碱比1.25，钾1.68%。

076 大竖把2106　全国统一编号203

大竖把2106是由河南省农业科学院烟草研究所从河南省襄城县收集的地方品种。

特征特性　株式筒形，腰叶长椭圆形，叶面平整，叶缘波浪，叶尖渐尖，叶色绿色，叶耳中等，主脉中等，叶片厚度中等，茎叶角度中等，花序集中，花色淡红色。自然株高118.0cm，打顶株高91.3cm，自然叶数22.6片，有效叶数16.8片，茎围10.3cm，节距2.8cm，腰叶长61.2cm、宽24.6cm。移栽至现蕾36天，移栽至中心花开放43天，大田生育期115天。

抗病性　感黑胫病、TMV、PVY和根结线虫病。

外观质量　原烟颜色金黄色，油分有，身份适中，光泽较强，叶片结构较疏松。

化学成分　总糖16.60%，还原糖13.79%，两糖差2.81%，总氮2.36%，烟碱3.59%，氯0.15%，糖碱比4.62，氮碱比0.66，钾1.18%。

077 大竖把2114　全国统一编号210

大竖把2114是由河南省农业科学院烟草研究所从河南省许昌市常庄收集的地方品种。

特征特性　株式塔形，腰叶长椭圆形，叶面皱，叶缘波浪，叶尖渐尖，叶色绿色，叶耳小，主脉中等，叶片较厚，茎叶角度中等，花序集中，花色淡红色。自然株高145.0cm，打顶株高110.0cm，自然叶数25.5片，有效叶数20.2片，茎围10.0cm，节距3.7cm，腰叶长62.4cm、宽25.5cm。移栽至现蕾76天，移栽至中心花开放82天，大田生育期127天。

抗病性　中抗TMV，感黑胫病和PVY。

外观质量　原烟颜色金黄色，油分有，身份适中，光泽较强，叶片结构较疏松。

化学成分　总糖8.96%，还原糖7.27%，两糖差1.69%，总氮3.06%，烟碱1.10%，氯0.14%，糖碱比8.15，氮碱比2.78，钾2.43%。

078 大竖把2115　全国统一编号211

大竖把2115是由河南省农业科学院烟草研究所从河南省许昌市常庄收集的地方品种。

特征特性　株式筒形，腰叶长椭圆形，叶面较平，叶缘波浪，叶尖渐尖，叶色绿色，叶耳小，主脉中等，叶片较厚，茎叶角度中等，花序集中，花色淡红色。自然株高185.0cm，打顶株高129.6cm，自然叶数21.6片，有效叶数18.5片，茎围9.6cm，节距3.3cm，腰叶长58.0cm、宽17.8cm。移栽至现蕾36天，移栽至中心花开放43天，大田生育期116天。

抗病性　中感TMV，感黑胫病、根结线虫病和PVY。

外观质量　原烟颜色金黄色，油分有，身份适中，光泽较强，叶片结构较疏松。

化学成分　总糖15.82%，还原糖11.52%，两糖差4.30%，总氮3.25%，烟碱2.49%，氯0.11%，糖碱比6.35，氮碱比1.31，钾2.27%。

079 大竖把2117　全国统一编号213

大竖把2117是由河南省农业科学院烟草研究所从河南省襄城县苏庄收集的地方品种。

特征特性　株式塔形，腰叶长椭圆形，叶面较平，叶缘波浪，叶尖渐尖，叶色绿色，叶耳小，主脉中等，叶片较厚，茎叶角度中等，花序集中，花色红色。自然株高120.0cm，打顶株高97.5cm，自然叶数22.3片，有效叶数18.0片，茎围8.0cm，节距30.5cm，腰叶长60.5cm、宽23.0cm。移栽至现蕾41天，移栽至中心花开放48天，大田生育期127天。

抗病性　中感TMV，感黑胫病、PVY。

外观质量　原烟颜色金黄色，油分有，身份适中，光泽较强，叶片结构较疏松。

化学成分　总糖20.99%，还原糖18.54%，两糖差2.45%，总氮2.24%，烟碱1.22%，氯0.13%，糖碱比17.20，氮碱比1.84，钾2.14%。

080 大竖把2141 全国统一编号234

大竖把2141是由河南省农业科学院烟草研究所从河南省舞阳县收集的地方品种。

特征特性 株式塔形，腰叶长椭圆形，叶面较皱，叶缘波浪，叶尖渐尖，叶色绿色，叶耳中等，主脉中等，叶片较厚，茎叶角度中等，花序集中，花色淡红色。自然株高130.0cm，打顶株高82.0cm，自然叶数22.4片，有效叶数19.2片，茎围10.2cm，节距3.6cm，腰叶长67.6cm、宽27.6cm。移栽至现蕾42天，移栽至中心花开放48天，大田生育期127天。

抗病性 抗黑胫病，中抗根结线虫病和TMV，感青枯病和PVY。

外观质量 原烟颜色金黄色、灰色，油分少，身份稍厚，光泽中等，叶片结构紧密。

化学成分 总糖15.82%～21.56%，还原糖11.52%～15.87%，两糖差4.30%～5.69%，总氮2.22%～3.25%，烟碱2.49%～4.45%，氯0.11%～0.14%，糖碱比4.84～8.15，氮碱比0.50～2.78，钾1.22%～2.27%。

081 大松边0912 全国统一编号56

大松边0912是由中国农业科学院烟草研究所从山东省博兴县收集的地方品种。

特征特性 株式塔形，腰叶长椭圆形，叶面较平，叶缘波浪，叶尖渐尖，叶色绿色，叶耳中等，主脉中等，叶片薄，茎叶角度中等，花序集中，花色淡红色。自然株高177.5cm，打顶株高137.0cm，自然叶数21.5片，有效叶数17.2片，茎围7.0cm，节距5.6cm，腰叶长57.0cm、宽23.2cm。移栽至现蕾26天，移栽至中心花开放37天，大田生育期82天。

抗病性 中抗TMV，感黑胫病、青枯病、根结线虫病和PVY。

外观质量 原烟颜色金黄色，油分有，身份适中，光泽较强，叶片结构较疏松。

化学成分 总糖30.41%，还原糖24.12%，两糖差6.29%，总氮1.93%，烟碱1.12%，氯0.90%，糖碱比27.15，氮碱比1.72，钾1.70%。

082　大型黄金　全国统一编号3

大型黄金是由辽宁省丹东农业科学院收集保存的地方品种。

特征特性　株式筒形，腰叶长椭圆形，叶面较平，叶缘波浪，叶尖渐尖，叶色绿色，叶耳中等，主脉中等，叶片较厚，茎叶角度中等，花序分散，花色淡红色。自然株高180.0cm，打顶株高120.8cm，自然叶数19.2片，有效叶数16.0片，茎围10.0cm，节距4.9cm，腰叶长70.0cm、宽31.2cm。移栽至现蕾24天，移栽至中心花开放39天，大田生育期84天。

抗病性　抗TMV，中感根结线虫病，感黑胫病、PVY。

外观质量　原烟颜色金黄色、灰色，油分少，身份适中，光泽中等，叶片结构紧密。

化学成分　总糖16.33%～21.30%，还原糖13.16%～15.92%，两糖差3.17%～5.38%，总氮2.50%～2.90%，烟碱3.21%～4.43%，氯0.17%～0.32%，糖碱比3.69～6.64，氮碱比0.56～0.90，钾1.21%～1.96%。

083　单选G-28　全国统一编号761

单选G-28由陕西省农业科学院特种作物研究所从G-28中系统选育而成。

特征特性　株式筒形，腰叶长椭圆形，叶面较皱，叶缘波浪，叶尖渐尖，叶色绿色，叶耳中等，主脉中等，叶片厚度中等，茎叶角度中等，花序集中，花色淡红色。自然株高173.0cm，打顶株高117.6cm，自然叶数25.0片，有效叶数17.2片，茎围11.5cm，节距4.2cm，腰叶长71.6cm、宽30.6cm。移栽至现蕾39天，移栽至中心花开放52天，大田生育期127天。

抗病性　中抗TMV，感黑胫病、根结线虫病和PVY。

外观质量　原烟尚熟，油分少，身份薄，颜色金黄色，光泽较强，叶片结构紧密。

化学成分　总糖20.56%～21.69%，还原糖15.73%～16.29%，两糖差4.27%～5.95%，总氮2.09%～2.55%，烟碱1.44%～2.82%，氯0.11%～0.18%，糖碱比7.69～14.28，氮碱比0.74～1.77，钾1.61%～2.39%。

084 定远平板　全国统一编号137

定远平板是由安徽省农业科学院烟草研究所收集保存的地方品种。

特征特性　株式筒形，腰叶长椭圆形，叶面较平，叶缘波浪，叶尖渐尖，叶色绿色，叶耳中等，主脉中等，叶片较厚，茎叶角度中等，花序集中，花色淡红色。自然株高175.0cm，打顶株高138.4cm，自然叶数26.2片，有效叶数20.2片，茎围11.8cm，节距4.1cm，腰叶长69.4cm、宽37.7cm。移栽至现蕾40天，移栽至中心花开放48天，大田生育期127天。

抗病性　中感黑胫病、根结线虫病和TMV，感PVY。

外观质量　原烟颜色橘黄色，油分有，身份适中，光泽强，叶片结构较疏松。

化学成分　总糖12.62%～20.65%，还原糖11.83%～16.45%，两糖差0.79%～4.20%，总氮2.37%～2.48%，烟碱2.26%～3.92%，氯0.19%～0.26%，糖碱比3.22～9.14，氮碱比0.61～1.10，钾1.67%～1.96%。

085 多叶大黄金　全国统一编号500

多叶大黄金由中国农业科学院烟草研究所从大黄金中系统选育而成。

特征特性　株式塔形，腰叶长椭圆形，叶尖急尖，叶面较平，叶缘微波，叶色绿色，叶耳中等，主脉细，叶片厚度中等，茎叶角度中等，花序分散，花色淡红色。自然株高110.0cm，打顶株高58.3cm，自然叶数22.1片，有效叶数15.2片，茎围9.4cm，节距3.1cm，腰叶长71.9cm、宽25.8cm。移栽至现蕾54天，移栽至中心花开放60天，大田生育期122天。

抗病性　中感根结线虫病，感黑胫病、青枯病。

外观质量　成熟度尚熟，身份稍厚，油分有，颜色青黄，光泽较弱，叶片结构紧密。

化学成分　总糖18.00%，还原糖16.55%，两糖差1.45%，总氮2.54%，烟碱3.26%，氯1.16%，糖碱比5.52，氮碱比0.78，钾1.68%。

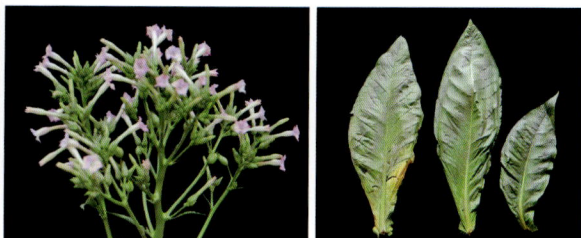

086　二苯烟　全国统一编号349

二苯烟是由河南省农业科学院烟草研究所收集保存的地方品种。

特征特性　株式塔形，腰叶长椭圆形，叶面较皱，叶缘波浪，叶尖渐尖，叶色绿色，叶耳大，主脉中等，叶片较厚，茎叶角度中等，花序集中，花色淡红色。自然株高195.2cm，打顶株高114.0cm，自然叶数32.0片，有效叶数20.4片，茎围11.0cm，节距3.9cm，腰叶长80.2cm、宽36.8cm。移栽至现蕾38天，移栽至中心花开放53天，大田生育期127天。

抗 病 性　中抗黑胫病，感根结线虫病、TMV和PVY。

外观质量　成熟度尚熟，油分少，身份薄，颜色青，光泽中等，叶片结构紧密。

化学成分　总糖15.37%～16.60%，还原糖12.89%～13.79%，两糖差2.48%～2.80%，总氮2.36%～3.03%，烟碱2.69%～3.59%，氯0.15%～0.37%，糖碱比4.62～5.71，氮碱比0.66～1.13，钾1.18%～2.05%。

087　二糙子小烟　全国统一编号392

二糙子小烟是由河南省农业科学院烟草研究所收集保存的地方品种。

特征特性　株式塔形，腰叶长椭圆形，叶面平，叶尖渐尖，叶缘平滑，叶色绿色，主脉细，叶片厚度中等，茎叶角度中等，叶耳小，花序集中，花色淡红色。自然株高167.7cm，打顶株高116.5cm，自然叶数21.4片，有效叶数19.5片，茎围12.1cm，节距4.3cm，腰叶长74.3cm、宽35.7cm。移栽至现蕾46天，移栽至中心花开放54天，大田生育期127天。

抗 病 性　中抗黑胫病和根结线虫病，感青枯病。

外观质量　原烟颜色金黄色，油分有，身份适中，光泽较强，叶片结构较疏松。

化学成分　总糖9.58%，还原糖7.20%，两糖差2.38%，总氮3.07%，烟碱1.07%，氯0.07%，糖碱比8.95，氮碱比2.87，钾2.01%。

088　二性子　全国统一编号72

二性子是由中国农业科学院烟草研究所收集保存的地方品种。

特征特性　株式筒形，腰叶长椭圆形，叶面较平，叶缘波浪，叶尖渐尖，叶色绿色，叶耳中等，主脉中等，叶片较厚，茎叶角度中等，花序集中，花色淡红色。自然株高165.0cm，打顶株高148.5cm，自然叶数22.0片，有效叶数19.5片，茎围10.4cm，节距4.2cm，腰叶长64.3cm、宽31.0cm。移栽至现蕾43天，移栽至中心花开放48天，大田生育期122天。

抗病性　中抗黑胫病，中感根结线虫病和TMV，感青枯病和PVY。

外观质量　原烟颜色金黄色、杂色，油分少，身份适中，光泽中等，叶片结构紧密。

化学成分　总糖16.26%～18.04%，还原糖10.97%～13.71%，两糖差4.33%～5.29%，总氮2.13%～2.51%，烟碱0.84%～3.34%，氯0.11%～0.15%，糖碱比4.87～21.48，氮碱比0.64～2.99，钾1.39%～2.17%。

089　反帝3号-丙　全国统一编号589

反帝3号–丙由中国农业科学院烟草研究所用抵字101×湄潭大柳叶杂交选育而成。

特征特性　株式筒形，腰叶长椭圆形，叶面较皱，叶缘波浪，叶尖渐尖，叶色绿色，叶耳大，主脉中等，叶片厚度中等，茎叶角度中等，花序集中，花色淡红色。自然株高214.5cm，打顶株高170.0cm，自然叶数32.4片，有效叶数22.8片，茎围10.6cm，节距4.6cm，腰叶长70.0cm、宽34.0cm。移栽至现蕾52天，移栽至中心花开放59天，大田生育期127天。

抗病性　抗黑胫病，中抗青枯病，感根结线虫病、TMV和PVY。

外观质量　原烟颜色金黄色，油分有，身份适中，光泽较强，叶片结构较疏松。

化学成分　总糖36.99%，还原糖32.08%，两糖差4.91%，总氮1.64%，烟碱1.81%，氯0.42%，糖碱比20.44，氮碱比0.91，钾1.28%。

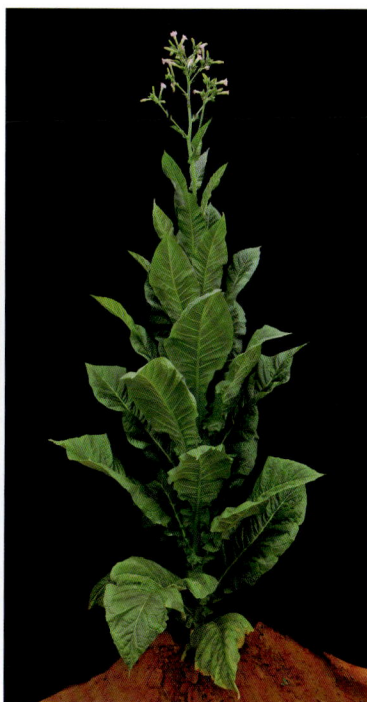

090　坊子小黄金　全国统一编号73

坊子小黄金是由中国农业科学院烟草研究所收集保存的地方品种。

特征特性　株式塔形，腰叶长椭圆形，叶面较平，叶缘波浪，叶尖渐尖，叶色绿色，叶耳中等，主脉中等，叶片薄，茎叶角度中等，花序集中，花色淡红色。自然株高140.3cm，打顶株高97.5cm，自然叶数24.0片，有效叶数18.5片，茎围8.5cm，节距4.5cm，腰叶长61.0cm、宽28.0cm。移栽至现蕾43天，移栽至中心花开放52天，大田生育期118天。

抗病性　中抗TMV，中感根结线虫病，感黑胫病、青枯病、PVY。

外观质量　原烟颜色金黄色，油分有，身份适中，光泽较强，叶片结构较疏松。

化学成分　总糖29.11%，还原糖26.17%，两糖差2.94%，总氮1.46%，烟碱1.34%，氯0.75%，糖碱比21.72，氮碱比1.09，钾1.43%。

091　伏市小片孜　全国统一编号451

伏市小片孜是由福建省农业科学院龙岩分院从福建省龙岩市收集保存的地方品种。

特征特性　株式筒形，腰叶长椭圆形，叶面较皱，叶缘波浪，叶尖渐尖，叶色绿色，叶耳中等，主脉中等，叶片厚度中等，茎叶角度中等，花序集中，花色淡红色。自然株高203.4cm，打顶株高119.6cm，自然叶数32.4片，有效叶数21.0片，茎围12.2cm，节距5.2cm，腰叶长71.2cm、宽37.6cm。移栽至现蕾43天，移栽至中心花开放52天，大田生育期127天。

抗病性　抗黑胫病，中感TMV和根结线虫病，感PVY。

外观质量　原烟颜色金黄色，油分有，身份适中，光泽较强，叶片结构较疏松。

化学成分　总糖18.66%，还原糖15.27%，两糖差3.39%，总氮2.54%，烟碱2.40%，氯0.35%，糖碱比7.78，氮碱比1.06，钾1.84%。

092　福泉朝天立　全国统一编号472

福泉朝天立是由贵州省烟草科学研究院收集保存的地方品种。

特征特性　株式筒形，腰叶长椭圆形，叶面较平，叶缘波浪，叶尖渐尖，叶色绿色，叶耳大，主脉中等，叶片厚度中等，茎叶角度中等，花序集中，花色淡红色。自然株高187.0cm，打顶株高153.0cm，自然叶数27.5片，有效叶数17.3片，茎围8.5cm，节距4.9cm，腰叶长62.3cm、宽33.0cm。移栽至现蕾60天，移栽至中心花开放70天，大田生育期94天。

抗病性　感黑胫病、根结线虫病、TMV和PVY。

外观质量　原烟颜色金黄色，油分有，身份适中，光泽较强，叶片结构较疏松。

化学成分　总糖26.39%，还原糖24.28%，两糖差2.11%，总氮2.22%，烟碱2.68%，氯0.36%，糖碱比9.85，氮碱比0.83，钾1.37%。

093　福泉团叶折烟　全国统一编号484

福泉团叶折烟是由贵州省烟草科学研究院收集保存的地方品种。

特征特性　株式筒形，腰叶长椭圆形，叶面较平，叶缘波浪，叶尖渐尖，叶色绿色，叶耳中等，主脉中等，叶片厚度中等，茎叶角度中等，花序集中，花色淡红色。自然株高213.6cm，打顶株高162.0cm，自然叶数21.2片，有效叶数16.8片，茎围11.4cm，节距4.8cm，腰叶长73.0cm、宽39.8cm。移栽至现蕾39天，移栽至中心花开放42天，大田生育期127天。

抗病性　中感TMV，感黑胫病和PVY。

外观质量　原烟颜色金黄色，油分有，身份适中，光泽较强，叶片结构较疏松。

化学成分　总糖24.85%，还原糖20.48%，两糖差4.37%，总氮1.94%，烟碱1.92%，氯0.64%，糖碱比12.94，氮碱比1.01，钾1.54%。

094　福泉窝鸡叶烟　全国统一编号89

福泉窝鸡叶烟是由中国农业科学院烟草研究所收集保存的地方品种。

特征特性　株式筒形，腰叶长椭圆形，叶面较平，叶缘波浪，叶尖渐尖，叶色绿色，叶耳中等，主脉中等，叶片厚度中等，茎叶角度较大，花序集中，花色淡红色。自然株高208.4cm，打顶株高106.4cm，自然叶数26.0片，有效叶数21.0片，茎围11.4cm，节距5.5cm，腰叶长70.2cm、宽37.0cm。移栽至现蕾43天，移栽至中心花开放48天，大田生育期127天。

抗病性　中感黑胫病，感青枯病、根结线虫病、TMV和PVY。

外观质量　原烟颜色金黄色，油分有，身份适中，光泽较强，叶片结构较疏松。

化学成分　总糖31.46%，还原糖28.60%，两糖差2.86%，总氮1.87%，烟碱1.97%，氯0.87%，糖碱比15.97，氮碱比0.95，钾1.46%。

095　福泉永兴2号　全国统一编号482

福泉永兴2号是由贵州省烟草科学研究院收集保存的地方品种。

特征特性　株式塔形，腰叶长椭圆形，叶面较皱，叶缘波浪，叶尖渐尖，叶色绿色，叶耳中等，主脉中等，叶片较厚，茎叶角度中等，花序集中，花色淡红色。自然株高172.8cm，打顶株高113.0cm，自然叶数24.8片，有效叶数19.2片，茎围10.6cm，节距5.4cm，腰叶长65.6cm、宽29.8cm。移栽至现蕾62天，移栽至中心花开放69天，大田生育期127天。

抗病性　抗TMV和黑胫病，感根结线虫病、PVY。

外观质量　原烟颜色金黄色，油分有，身份适中，光泽较强，叶片结构较疏松。

化学成分　总糖28.06%，还原糖18.84%，两糖差9.22%，总氮1.87%，烟碱1.29%，氯0.67%，糖碱比21.75，氮碱比1.45，钾1.13%。

096 福泉折烟 全国统一编号468

福泉折烟是由贵州省烟草科学研究院收集保存的地方品种。

特征特性 株式塔形，腰叶长椭圆形，叶面较平，叶缘皱折，叶尖渐尖，叶色绿色，叶耳大，主脉中等，叶片较厚，茎叶角度大，花序集中，花色淡红色。自然株高215.0cm，打顶株高146.0cm，自然叶数25.6片，有效叶数20.2片，茎围10.2cm，节距6.4cm，腰叶长64.2cm、宽30.0cm。移栽至现蕾62天，移栽至中心花开放69天，大田生育期127天。

抗病性 中感TMV，感黑胫病、根结线虫病和PVY。

外观质量 原烟颜色金黄色，油分有，身份适中，光泽较强，叶片结构较疏松。

化学成分 总糖14.87%，还原糖12.76%，两糖差2.11%，总氮2.90%，烟碱2.30%，氯0.49%，糖碱比6.47，氮碱比1.26，钾2.60%。

097 高大烟 全国统一编号1449

高大烟由贵州省烟草科学研究院用春雷2号×春雷3号杂交选育而成。

特征特性 株式塔形，腰叶长椭圆形，叶尖渐尖，叶面较皱，叶缘波浪，叶色绿色，叶耳大，主脉细，叶片厚度中等，茎叶角度中等，花序分散，花色淡红色。自然株高181.4cm，打顶株高110.7cm，自然叶数28.5片，有效叶数20.6片，茎围8.5cm，节距4.8cm，腰叶长60.5cm、宽23.6cm。移栽至现蕾54天，移栽至中心花开放60天，大田生育期144天。

抗病性 中感黑胫病和根结线虫病。

外观质量 原烟颜色金黄色，身份适中，油分有，光泽较强，叶片结构较疏松。

化学成分 总糖15.49%，还原糖13.82%，两糖差1.67%，总氮2.61%，烟碱1.92%，氯0.21%，糖碱比8.07，氮碱比1.36，钾2.29%。

098 高干青 全国统一编号32

高干青是由中国农业科学院烟草研究所收集保存的地方品种。

特征特性 株式塔形，腰叶长椭圆形，叶面较皱，叶缘波浪，叶尖渐尖，叶色绿色，叶耳大，主脉中等，叶片薄，茎叶角度大，花序集中，花色淡红色。自然株高206.5cm，打顶株高129.7cm，自然叶数27.2片，有效叶数20.8片，茎围11.6cm，节距4.1cm，腰叶长74.6cm、宽28.6cm。移栽至现蕾52天，移栽至中心花开放57天，大田生育期127天。

抗病性 中抗黑胫病，中感TMV，感根结线虫病和PVY。

外观质量 原烟颜色金黄色，油分有，身份适中，光泽较强，叶片结构较疏松。

化学成分 总糖25.20%，还原糖19.03%，两糖差6.17%，总氮2.23%，烟碱1.89%，氯0.24%，糖碱比13.33，氮碱比1.18，钾1.79%。

099 高棵白筋 全国统一编号327

高棵白筋是由河南省农业科学院烟草研究所收集保存的地方品种。

特征特性 株式筒形，腰叶长椭圆形，叶面较平，叶缘波浪，叶尖渐尖，叶色绿色，叶耳中等，主脉中等，叶片较厚，茎叶角度中等，花序集中，花色淡红色。自然株高214.8cm，打顶株高92.0cm，自然叶数25.2片，有效叶数20.8片，茎围11.8cm，节距5.4cm，腰叶长75.6cm、宽38.8cm。移栽至现蕾43天，移栽至中心花开放52天，大田生育期139天。

抗病性 中感黑胫病、TMV和根结线虫病，感PVY。

外观质量 原烟颜色金黄色，油分有，身份适中，光泽较强，叶片结构较疏松。

化学成分 总糖23.75%，还原糖17.51%，两糖差6.24%，总氮2.41%，烟碱2.06%，氯0.28%，糖碱比11.53，氮碱比1.17，钾2.23%。

100　固镇小黄金　全国统一编号145

固镇小黄金是由安徽省农业科学院烟草研究所收集保存的地方品种。

特征特性　株式塔形，腰叶长椭圆形，叶面较平，叶缘波浪，叶尖渐尖，叶色绿色，叶耳中等，主脉中等，叶片厚度中等，茎叶角度中等，花序集中，花色淡红色。自然株高155.0cm，打顶株高131.0cm，自然叶数26.4片，有效叶数21.2片，茎围11.6cm，节距4.0cm，腰叶长68.8cm、宽31.6cm。移栽至现蕾43天，移栽至中心花开放52天，大田生育期127天。

抗病性　中感根结线虫病和TMV，感黑胫病和PVY。

外观质量　原烟颜色金黄色，油分有，身份适中，光泽较强，叶片结构较疏松。

化学成分　总糖34.52%，还原糖30.91%，两糖差3.61%，总氮1.75%，烟碱1.69%，氯0.38%，糖碱比20.43，氮碱比1.04，钾1.28%。

101　核桃纹2417　全国统一编号338

核桃纹2417是由河南省农业科学院烟草研究所收集保存的地方品种。

特征特性　株式筒形，腰叶长椭圆形，叶面较皱，叶缘波浪，叶尖渐尖，叶色绿色，叶耳中等，主脉中等，叶片较厚，茎叶角度中等，花序集中，花色淡红色。自然株高185.0cm，打顶株高133.5cm，自然叶数23.0片，有效叶数18.5片，茎围8.5cm，节距5.5cm，腰叶长68.5cm、宽36.5cm。移栽至现蕾43天，移栽至中心花开放52天，大田生育期91天。

抗病性　中抗TMV，感黑胫病和PVY。

外观质量　原烟颜色金黄色，油分有，身份适中，光泽较强，叶片结构较疏松。

化学成分　总糖27.96%，还原糖25.93%，两糖差2.03%，总氮1.48%，烟碱1.53%，氯0.51%，糖碱比18.27，氮碱比0.97，钾1.69%。

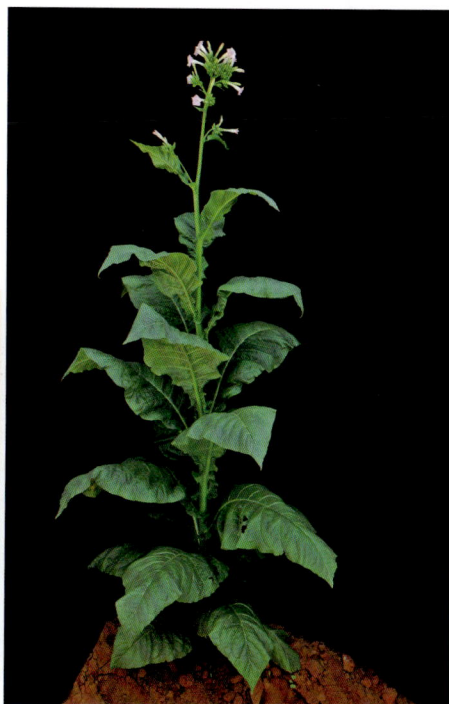

102　核桃纹2427　全国统一编号348

核桃纹2427是由河南省农业科学院烟草研究所收集保存的地方品种。

特征特性　株式筒形，腰叶长椭圆形，叶面较平，叶缘波浪，叶尖渐尖，叶色绿色，叶耳中等，主脉中等，叶片较厚，茎叶角度中等，花序集中，花色淡红色。自然株高180.5cm，打顶株高130.4cm，自然叶数25.0片，有效叶数19.6片，茎围10.8cm，节距4.8cm，腰叶长61.6cm、宽32.8cm。移栽至现蕾43天，移栽至中心花开放48天，大田生育期127天。

抗病性　中感TMV，感黑胫病和PVY。

外观质量　原烟颜色金黄色，油分有，身份适中，光泽较强，叶片结构较疏松。

化学成分　总糖23.98%，还原糖21.86%，两糖差2.12%，总氮2.01%，烟碱2.62%，氯0.48%，糖碱比9.15，氮碱比0.77，钾2.15%。

103　核桃纹2475　全国统一编号391

核桃纹2475是由河南省农业科学院烟草研究所收集保存的地方品种。

特征特性　株式塔形，腰叶长椭圆形，叶面较皱，叶缘波浪，叶尖渐尖，叶色绿色，叶耳中等，主脉中等，叶片薄，茎叶角度中等，花序集中，花色淡红色。自然株高133.5cm，打顶株高78.0cm，自然叶数28.0片，有效叶数21.8片，茎围10.0cm，节距3.5cm，腰叶长65.0cm、宽27.5cm。移栽至现蕾41天，移栽至中心花开放52天，大田生育期101天。

抗病性　感黑胫病和TMV。

外观质量　原烟颜色金黄色，油分有，身份适中，光泽较强，叶片结构较疏松。

化学成分　总糖7.88%，还原糖7.27%，两糖差0.61%，总氮2.61%，烟碱1.49%，氯0.09%，糖碱比5.29，氮碱比1.75，钾3.24%。

104 黑柳子 全国统一编号122

黑柳子是由安徽省农业科学院烟草研究所收集保存的地方品种。

特征特性 株式筒形，腰叶长椭圆形，叶面较平，叶缘波浪，叶尖渐尖，叶色绿色，叶耳中等，主脉中等，叶片较厚，茎叶角度较大，花序集中，花色淡红色。自然株高156.0cm，打顶株高129.8cm，自然叶数25.0片，有效叶数19.8片，茎围9.4cm，节距5.2cm，腰叶长74.8cm、宽32.4cm。移栽至现蕾34天，移栽至中心花开放39天，大田生育期127天。

抗病性 中抗黑胫病，中感TMV，感根结线虫病和PVY。

外观质量 原烟颜色金黄色，油分有，身份适中，光泽较强，叶片结构较疏松。

化学成分 总糖12.51%，还原糖7.91%，两糖差4.60%，总氮3.32%，烟碱3.91%，氯0.17%，糖碱比3.20，氮碱比0.85，钾3.67%。

105 黑苗2306 全国统一编号285

黑苗2306是由河南省农业科学院烟草研究所从河南省襄城县双张收集保存的地方品种。

特征特性 株式塔形，腰叶长椭圆形，叶面较平，叶缘波浪，叶尖渐尖，叶色绿色，叶耳中等，主脉中等，叶片薄，茎叶角度大，花序集中，花色淡红色。自然株高167.7cm，打顶株高130.0cm，自然叶数23.3片，有效叶数18.3片，茎围9.7cm，节距4.9cm，腰叶长68.7cm、宽31.2cm。移栽至现蕾43天，移栽至中心花开放52天，大田生育期110天。

抗病性 中感TMV，感黑胫病和PVY。

外观质量 原烟颜色金黄色，油分有，身份适中，光泽较强，叶片结构较疏松。

化学成分 总糖29.74%，还原糖26.89%，两糖差2.85%，总氮1.65%，烟碱2.04%，氯0.40%，糖碱比14.58，氮碱比0.81，钾1.21%。

106 黑苗2308　全国统一编号286

黑苗2308是由河南省农业科学院烟草研究所从河南省襄城县收集保存的地方品种。

特征特性　株式塔形，腰叶长椭圆形，叶面较皱，叶缘波浪，叶尖渐尖，叶色绿色，叶耳中等，主脉中等，叶片薄，茎叶角度中等，花序集中，花色淡红色。自然株高180.0cm，打顶株高160.0cm，自然叶数24.0片，有效叶数20.6片，茎围8.0cm，节距4.5cm，腰叶长61.2cm、宽26.3cm。移栽至现蕾41天，移栽至中心花开放48天，大田生育期124天。

抗病性　感黑胫病、根结线虫病、TMV和PVY。

外观质量　原烟颜色金黄色，油分有，身份适中，光泽较强，叶片结构较疏松。

化学成分　总糖2.75%，还原糖2.45%，两糖差0.30%，总氮4.18%，烟碱0.97%，氯0.18%，糖碱比2.84，氮碱比4.31，钾4.11%。

107 黑苗2318　全国统一编号296

黑苗2318是由河南省农业科学院烟草研究所从河南省襄城县张左收集保存的地方品种。

特征特性　株式塔形，腰叶长椭圆形，叶面较皱，叶缘波浪，叶尖渐尖，叶色绿色，叶耳中等，主脉中等，叶片较厚，茎叶角度中等，花序集中，花色淡红色。自然株高205.3cm，打顶株高152.1cm，自然叶数26.6片，有效叶数21.0片，茎围11.6cm，节距6.3cm，腰叶长79.8cm、宽39.8cm。移栽至现蕾62天，移栽至中心花开放69天，大田生育期127天。

抗病性　中感TMV，感黑胫病、PVY。

外观质量　原烟颜色金黄色，油分有，身份适中，光泽较强，叶片结构较疏松。

化学成分　总糖30.27%，还原糖22.38%，两糖差7.89%，总氮1.80%，烟碱2.06%，氯0.23%，糖碱比14.69，氮碱比0.87，钾2.01%。

108　黑苗2319　全国统一编号297

黑苗2319是由河南省农业科学院烟草研究所从河南省襄城县收集保存的地方品种。

特征特性　株式筒形，腰叶长椭圆形，叶面较皱，叶缘波浪，叶尖渐尖，叶色绿色，叶耳大，主脉中等，叶片较厚，茎叶角度较大，花序分散，花色淡红色。自然株高186.0cm，打顶株高138.2cm，自然叶数26.0片，有效叶数18.8片，茎围11.2cm，节距4.0cm，腰叶长68.4cm、宽37.2cm。移栽至现蕾38天，移栽至中心花开放46天，大田生育期127天。

抗病性　抗TMV，感黑胫病和PVY。

外观质量　原烟颜色金黄色，油分有，身份适中，光泽较强，叶片结构较疏松。

化学成分　总糖7.91%，还原糖6.25%，两糖差1.66%，总氮2.88%，烟碱1.43%，氯0.31%，糖碱比5.53，氮碱比2.01，钾2.13%。

109　黑苗2321　全国统一编号299

黑苗2321是由河南省农业科学院烟草研究所从河南省宝丰县高铁炉收集保存的地方品种。

特征特性　株式筒形，腰叶长椭圆形，叶面较平，叶缘平滑，叶尖渐尖，叶色绿色，叶耳中等，主脉细，叶片较厚，茎叶角度较大，花序集中，花色淡红色。自然株高220.0cm，打顶株高132.4cm，自然叶数21.6片，有效叶数18.4片，茎围11.4cm，节距5.8cm，腰叶长68.2cm、宽31.0cm。移栽至现蕾38天，移栽至中心花开放46天，大田生育期127天。

抗病性　中感TMV和黑胫病，感根结线虫病和PVY。

外观质量　原烟颜色金黄色，油分有，身份适中，光泽较强，叶片结构较疏松。

化学成分　总糖15.87%，还原糖12.16%，两糖差3.71%，总氮2.94%，烟碱3.36%，氯0.28%，糖碱比4.72，氮碱比0.88，钾1.92%。

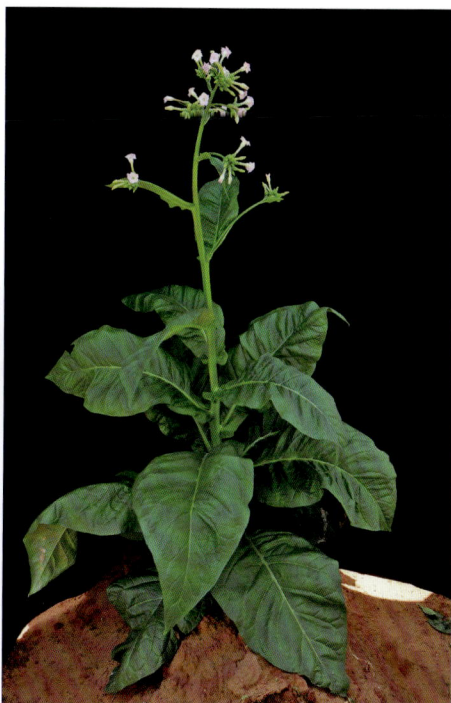

110 黑苗2322　全国统一编号300

黑苗2322是由河南省农业科学院烟草研究所从河南省禹州市收集保存的地方品种。

特征特性　株式塔形，腰叶披针形，叶面较平，叶缘波浪，叶尖渐尖，叶色绿色，叶耳小，主脉细，叶片较薄，茎叶角度大，花序集中，花色淡红色。自然株高195.0cm，打顶株高179.0cm，自然叶数24.0片，有效叶数19.4片，茎围10.0cm，节距5.4cm，腰叶长58.0cm、宽26.0cm。移栽至现蕾38天，移栽至中心花开放46天，大田生育期139天。

抗 病 性　抗TMV，感黑胫病、根结线虫病和PVY。

外观质量　原烟颜色金黄色，油分有，身份适中，光泽较强，叶片结构较疏松。

化学成分　总糖13.25%，还原糖9.56%，两糖差3.69%，总氮2.87%，烟碱2.06%，氯0.13%，糖碱比6.43，氮碱比1.39，钾3.25%。

111 黑苗2327　全国统一编号304

黑苗2327是由河南省农业科学院烟草研究所从河南省禹州市收集保存的地方品种。

特征特性　株式塔形，腰叶长椭圆形，叶面平整，叶缘波浪，叶尖渐尖，叶色绿色，叶耳大，主脉中等，叶片薄，茎叶角度较大，花序集中，花色淡红色。自然株高179.3cm，打顶株高101.8cm，自然叶数23.5片，有效叶数18.8片，茎围10.4cm，节距4.9cm，腰叶长64.8cm、宽34.4cm。移栽至现蕾74天，移栽至中心花开放80天，大田生育期139天。

抗 病 性　中感根结线虫病，感黑胫病、TMV和PVY。

外观质量　原烟颜色金黄色，油分有，身份适中，光泽较强，叶片结构较疏松。

化学成分　总糖16.60%，还原糖11.30%，两糖差5.30%，总氮2.77%，烟碱2.35%，氯0.11%，糖碱比7.06，氮碱比1.18，钾2.05%。

112　黑苗2340　全国统一编号317

黑苗2340是由河南省农业科学院烟草研究所从河南省襄城县孙庄收集保存的地方品种。

特征特性　株式筒形，腰叶长椭圆形，叶面平整，叶缘波浪，叶尖渐尖，叶色绿色，叶耳大，主脉中等，叶片较厚，茎叶角度较大，花序集中，花色淡红色。自然株高148.0cm，打顶株高88.0cm，自然叶数19.3片，有效叶数15.7片，茎围7.0cm，节距3.4cm，腰叶长51.5cm、宽15.3cm。移栽至现蕾53天，移栽至中心花开放61天，大田生育期127天。

抗病性　中感TMV，感黑胫病、根结线虫病和PVY。

外观质量　原烟颜色金黄色，油分有，身份适中，光泽较强，叶片结构较疏松。

化学成分　总糖9.38%，还原糖6.94%，两糖差2.44%，总氮3.06%，烟碱2.49%，氯0.11%，糖碱比3.77，氮碱比1.23，钾2.43%。

113　黑苗2341　全国统一编号318

黑苗2341是由河南省农业科学院烟草研究所从河南省宝丰县收集保存的地方品种。

特征特性　株式塔形，腰叶长椭圆形，叶面较皱，叶缘波浪，叶尖渐尖，叶色绿色，叶耳小，主脉中等，叶片较厚，茎叶角度较大，花序集中，花色淡红色。自然株高129.2cm，打顶株高70.8cm，自然叶数19.6片，有效叶数15.2片，茎围9.0cm，节距5.0cm，腰叶长67.0cm、宽29.8cm。移栽至现蕾38天，移栽至中心花开放44天，大田生育期127天。

抗病性　中抗黑胫病，感根结线虫病、TMV和PVY。

外观质量　原烟颜色金黄色，油分有，身份适中，光泽较强，叶片结构较疏松。

化学成分　总糖18.10%，还原糖13.31%，两糖差4.79%，总氮2.38%，烟碱2.46%，氯0.41%，糖碱比7.36，氮碱比0.97，钾1.67%。

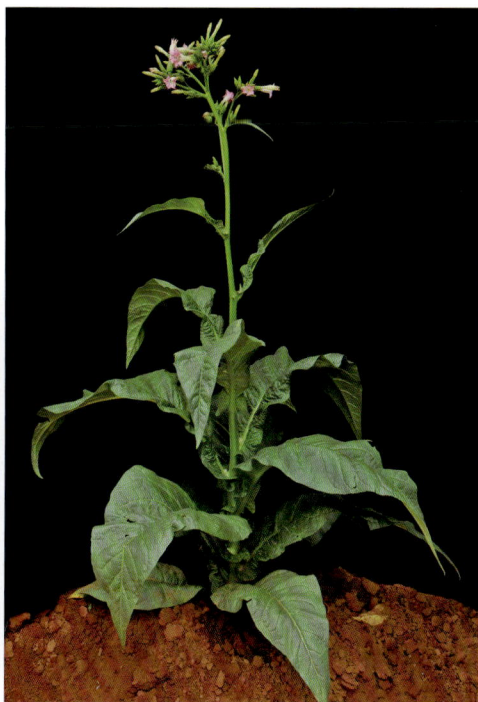

114 黑苗2344　全国统一编号321

黑苗2344是由河南省农业科学院烟草研究所从河南省郏县堂街收集保存的地方品种。

特征特性　株式塔形，腰叶长椭圆形，叶面平整，叶缘波浪，叶尖渐尖，叶色绿色，叶耳中等，主脉中等，叶片薄，茎叶角度中等，花序分散，花色淡红色。自然株高152.0cm，打顶株高93.0cm，自然叶数22.0片，有效叶数18.6片，茎围9.4cm，节距5.1cm，腰叶长68.2cm、宽28.9cm。移栽至现蕾38天，移栽至中心花开放44天，大田生育期127天。

抗病性　感黑胫病、青枯病、根结线虫病、PVY和TMV。

外观质量　原烟颜色金黄色，油分有，身份适中，光泽较强，叶片结构较疏松。

化学成分　总糖9.45%，还原糖6.54%，两糖差2.91%，总氮2.60%，烟碱1.12%，氯0.11%，糖碱比8.44，氮碱比2.32，钾3.33%。

115 黑苗2345　全国统一编号322

黑苗2345是由河南省农业科学院烟草研究所从河南省襄城县乔庄收集保存的地方品种。

特征特性　株式塔形，腰叶长椭圆形，叶面较皱，叶缘波浪，叶尖渐尖，叶色绿色，叶耳大，主脉中等，叶片薄，茎叶角度中等，花序集中，花色淡红色。自然株高168.0cm，打顶株高115.5cm，自然叶数21.0片，有效叶数16.5片，茎围8.8cm，节距4.4cm，腰叶长57.3cm、宽21.3cm。移栽至现蕾44天，移栽至中心花开放52天，大田生育期101天。

抗病性　中感黑胫病和TMV，感青枯病、根结线虫病和PVY。

外观质量　原烟颜色金黄色，油分有，身份适中，光泽较强，叶片结构较疏松。

化学成分　总糖34.29%，还原糖28.29%，两糖差6.00%，总氮1.48%，烟碱1.66%，氯0.10%，糖碱比20.66，氮碱比0.89，钾2.01%。

116

黑苗白筋2311　全国统一编号289

黑苗白筋2311是由河南省农业科学院烟草研究所从河南省襄城县双张收集保存的地方品种。

特征特性　株式塔形，腰叶长椭圆形，叶面较皱，叶缘波浪，叶尖渐尖，叶色绿色，叶耳大，主脉中等，叶片薄，茎叶角度小，花序集中，花色淡红色。自然株高175.0cm，打顶株高111.0cm，自然叶数22.0片，有效叶数18.3片，茎围9.0cm，节距3.4cm，腰叶长47.8cm、宽16.0cm。移栽至现蕾74天，移栽至中心花开放80天，大田生育期127天。

抗病性　中感TMV，感黑胫病、根结线虫病和PVY。

外观质量　原烟颜色金黄色，油分有，身份适中，光泽较强，叶片结构较疏松。

化学成分　总糖13.54%，还原糖10.06%，两糖差3.48%，总氮2.73%，烟碱1.80%，氯0.12%，糖碱比7.52，氮碱比1.52，钾2.40%。

117

黑苗核桃纹　全国统一编号309

黑苗核桃纹是由河南省农业科学院烟草研究所从河南省襄城县王洛收集保存的地方品种。

特征特性　株式塔形，腰叶长椭圆形，叶面较皱，叶缘波浪，叶尖渐尖，叶色绿色，叶耳大，主脉中等，叶片薄，茎叶角度中等，花序集中，花色淡红色。自然株高192.5cm，打顶株高120.5cm，自然叶数21.6片，有效叶数16.5片，茎围10.0cm，节距4.3cm，腰叶长47.0cm、宽20.5cm。移栽至现蕾52天，移栽至中心花开放60天，大田生育期127天。

抗病性　中感TMV，感黑胫病、根结线虫病和PVY。

外观质量　原烟颜色金黄色，油分有，身份适中，光泽较强，叶片结构较疏松。

化学成分　总糖9.21%，还原糖7.15%，两糖差2.06%，总氮2.99%，烟碱2.46%，氯0.11%，糖碱比3.74，氮碱比1.22，钾2.56%。

118　黑苗宽柳叶尖　全国统一编号308

黑苗宽柳叶尖是由河南省农业科学院烟草研究所从河南省襄城县收集保存的地方品种。

特征特性　株式筒形，腰叶长椭圆形，叶面平整，叶缘波浪，叶尖渐尖，叶色绿色，叶耳中等，主脉中等，叶片薄，茎叶角度中等，花序集中，花色淡红色。自然株高129.5cm，打顶株高87.0cm，自然叶数22.5片，有效叶数19.0片，茎围9.5cm，节距4.0cm，腰叶长48.0cm、宽25.0cm。移栽至现蕾38天，移栽至中心花开放46天，大田生育期127天。

抗病性　中感TMV，感黑胫病、根结线虫病和PVY。

外观质量　原烟颜色金黄色，油分有，身份适中，光泽较强，叶片结构较疏松。

化学成分　总糖34.52%，还原糖27.30%，两糖差7.22%，总氮1.42%，烟碱1.79%，氯0.11%，糖碱比19.28，氮碱比0.79，钾1.98%。

119　黑苗柳叶　全国统一编号303

黑苗柳叶是由河南省农业科学院烟草研究所从河南省郏县收集保存的地方品种。

特征特性　株式筒形，腰叶长椭圆形，叶面较皱，叶缘波浪，叶尖渐尖，叶色绿色，叶耳中等，主脉中等，叶片薄，茎叶角度中等，花序集中，花色淡红色。自然株高183.0cm，打顶株高135.5cm，自然叶数25.3片，有效叶数22.3片，茎围10.9cm，节距4.5cm，腰叶长72.3cm、宽37.3cm。移栽至现蕾74天，移栽至中心花开放80天，大田生育期120天。

抗病性　感黑胫病和TMV。

外观质量　原烟颜色金黄色，油分有，身份适中，光泽较强，叶片结构较疏松。

化学成分　总糖32.57%，还原糖25.03%，两糖差7.54%，总氮1.49%，烟碱1.93%，氯0.10%，糖碱比16.88，氮碱比0.77，钾2.17%。

120　黑苗毛烟　全国统一编号316

黑苗毛烟是由河南省农业科学院烟草研究所从河南省襄城县孙祠堂收集保存的地方品种。

特征特性　株式塔形，腰叶长椭圆形，叶面平整，叶缘波浪，叶尖渐尖，叶色绿色，叶耳中等，主脉中等，叶片薄，茎叶角度中等，花序集中，花色淡红色。自然株高180.0cm，打顶株高104.8cm，自然叶数19.6片，有效叶数15.6片，茎围9.0cm，节距4.4cm，腰叶长52.5cm、宽27.5cm。移栽至现蕾38天，移栽至中心花开放45天，大田生育期105天。

抗病性　中抗TMV，感黑胫病、根结线虫病和PVY。

外观质量　原烟颜色金黄色，油分有，身份适中，光泽较强，叶片结构较疏松。

化学成分　总糖9.47%，还原糖8.22%，两糖差1.25%，总氮2.58%，烟碱1.25%，氯0.12%，糖碱比7.58，氮碱比2.06，钾3.08%。

121　黑苗烟2343　全国统一编号320

黑苗烟2343是由河南省农业科学院烟草研究所从河南省郏县堂街收集保存的地方品种。

特征特性　株式塔形，腰叶长椭圆形，叶面平整，叶缘波浪，叶尖渐尖，叶色绿色，叶耳中等，主脉中等，叶片薄，茎叶角度中等，花序集中，花色淡红色。自然株高170.0cm，打顶株高107.4cm，自然叶数20.2片，有效叶数15.0片，茎围7.8cm，节距5.4cm，腰叶长51.0cm、宽21.2cm。移栽至现蕾62天，移栽至中心花开放73天，大田生育期127天。

抗病性　感黑胫病、根结线虫病、TMV和PVY。

外观质量　原烟颜色金黄色，油分有，身份适中，光泽较强，叶片结构较疏松。

化学成分　总糖18.29%，还原糖12.11%，两糖差6.18%，总氮2.36%，烟碱0.99%，氯0.11%，糖碱比18.47，氮碱比2.38，钾1.97%。

122 黑苗烟2347　全国统一编号324

黑苗烟2347是由河南省农业科学院烟草研究所从河南省郏县堂街收集保存的地方品种。

特征特性　株式塔形，腰叶长椭圆形，叶面较皱，叶缘波浪，叶尖渐尖，叶色绿色，叶耳中等，主脉中等，叶片薄，花序集中，花色淡红色，茎叶角度中等。自然株高180.0cm，打顶株高142.0cm，自然叶数20.6片，有效叶数17.2片，茎围9.0cm，节距5.6cm，腰叶长71.0cm、宽30.2cm。移栽至现蕾38天，移栽至中心花开放46天，大田生育期127天。

抗病性　中抗TMV，中感黑胫病，感PVY。

外观质量　原烟颜色金黄色，油分有，身份适中，光泽较强，叶片结构较疏松。

化学成分　总糖13.68%，还原糖10.69%，两糖差2.99%，总氮2.81%，烟碱3.87%，氯0.28%，糖碱比3.53，氮碱比0.73，钾1.79%。

123 红坊7208　全国统一编号445

红坊7208是由福建省农业科学院龙岩分院收集保存的地方品种。

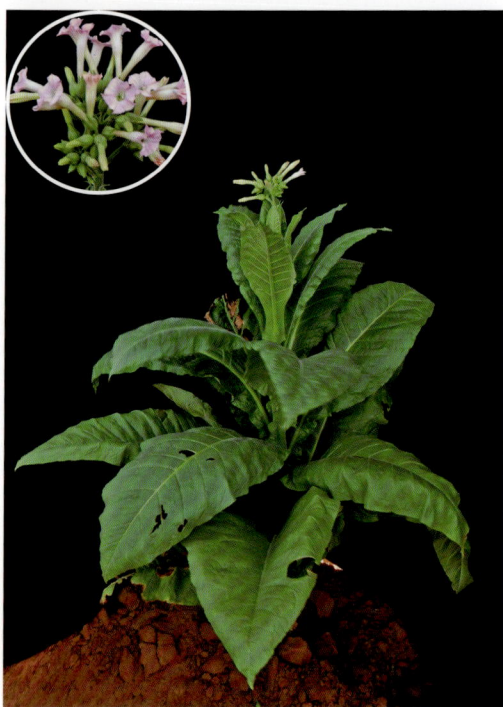

特征特性　株式筒形，腰叶长椭圆形，叶面较平，叶缘波浪，叶色绿色，叶耳中等，主脉中等，叶片较厚，茎叶角度中等，花序集中，花色淡红色。自然株高179.0cm，打顶株高122.2cm，自然叶数29.0片，有效叶数23.1片，茎围12.9cm，节距4.3cm，腰叶长89.8cm、宽45.4cm。移栽至现蕾61天，移栽至中心花开放69天，大田生育期139天。

抗病性　中感TMV，感黑胫病。

外观质量　原烟颜色金黄色，油分有，身份适中，光泽较强，叶片结构较疏松。

化学成分　总糖13.68%，还原糖8.97%，两糖差4.71%，总氮2.98%，烟碱3.15%，氯0.09%，糖碱比4.34，氮碱比0.95，钾2.19%。

124 红花云烟85

红花云烟85是云南省烟草农业科学研究院由云烟85变异株系统选育而成。

特征特性 株式筒形，腰叶长椭圆形，叶尖渐尖，叶面皱，叶缘平，叶色绿色，叶耳大，主脉粗，叶片较厚，茎叶角度中等，花序集中，花色深红色。自然株高173.6cm，打顶株高133.6cm，自然叶数25.4片，有效叶数20.3片，茎围9.0cm，节距5.0cm，腰叶长61.2cm、宽24.4cm。移栽至现蕾51天，移栽至中心花开放59天，大田生育期146天。

抗病性 中感PVY。

外观质量 原烟颜色橘黄色，油分多，身份适中，光泽强，叶片结构疏松。

化学成分 总糖28.54%，还原糖16.96%，两糖差11.58%，总氮1.97%，烟碱1.45%，氯0.23%，糖碱比19.68，氮碱比1.36，钾1.93%。

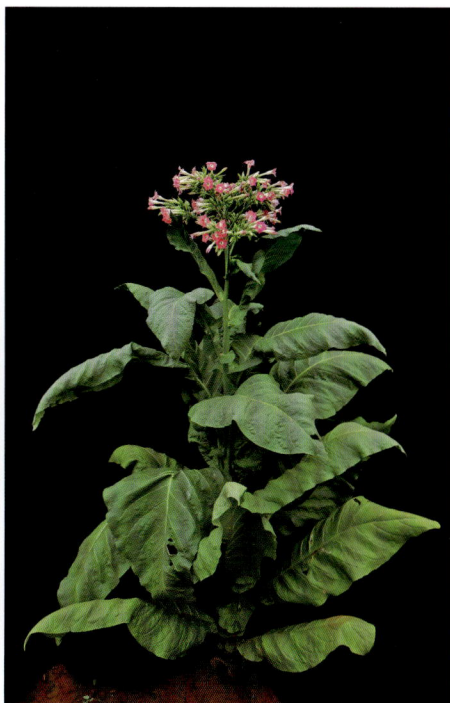

125 湖里种　全国统一编号436

湖里种是由福建省农业科学院龙岩分院收集保存的地方品种。

特征特性 株式筒形，腰叶长椭圆形，叶面较平，叶缘波浪，叶尖渐尖，叶色绿色，叶耳大，主脉中等，叶片较薄，茎叶角度中等，花序集中，花色淡红色。自然株高154.6cm，打顶株高125.0cm，自然叶数28.8片，有效叶数21.8片，茎围11.4cm，节距4.1cm，腰叶长57.6cm、宽30.4cm。移栽至现蕾55天，移栽至中心花开放62天，大田生育期124天。

抗病性 中抗黑胫病，中感TMV，感根结线虫病和PVY。

外观质量 原烟颜色金黄色，油分有，身份适中，光泽较强，叶片结构较疏松。

化学成分 总糖11.13%，还原糖8.71%，两糖差2.42%，总氮2.80%，烟碱1.52%，氯0.09%，糖碱比7.32，氮碱比1.84，钾2.48%。

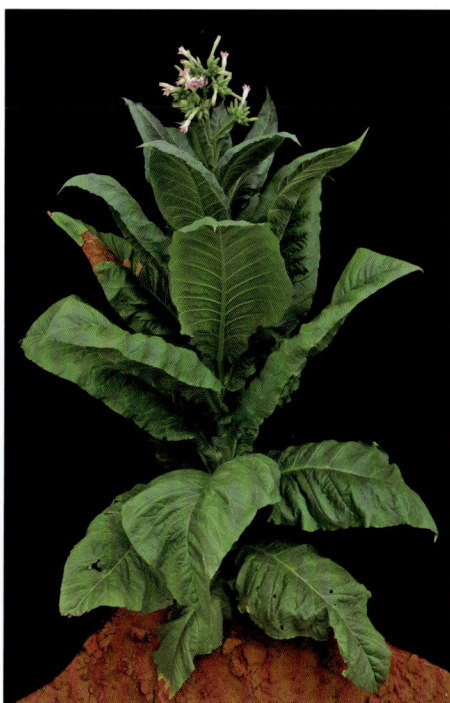

126　黄杆烟　全国统一编号127

黄杆烟是由中国农业科学院烟草研究所收集保存的地方品种。

特征特性　株式塔形，腰叶椭圆形，叶尖渐尖，叶面较皱，叶缘波浪，叶色绿色，叶耳小，主脉细，叶片厚度中等，茎叶角度较大，花序分散，花色淡红色。自然株高200.2cm，打顶株高113.6cm，自然叶数19.2片，有效叶数14.2片，茎围8.0cm，节距6.7cm，腰叶长58.2cm、宽25.7cm。移栽至现蕾54天，移栽至中心花开放62天，大田生育期144天。

抗病性　抗黑胫病和根结线虫病，感青枯病。

外观质量　原烟颜色杂、青黄、橘黄色，油分较少，身份厚，光泽中等，叶片结构较紧密。

化学成分　总糖27.22%，还原糖24.32%，两糖差2.9%，总氮1.91%，烟碱2.68%，氯1.53%，糖碱比10.16，氮碱比0.71，钾1.54%。

127　黄毛籽　全国统一编号94

黄毛籽是由中国农业科学院烟草研究所收集保存的地方品种。

特征特性　株式塔形，腰叶长椭圆形，叶面较平，叶缘波浪，叶尖渐尖，叶色绿色，叶耳小，主脉细，叶片薄，茎叶角度小，花序集中，花色淡红色。自然株高203.0cm，打顶株高129.0cm，自然叶数31.4片，有效叶数25.2片，茎围10.6cm，节距4.1cm，腰叶长68.2cm、宽39.2cm。移栽至现蕾55天，移栽至中心花开放62天，大田生育期139天。

抗病性　中抗根结线虫病，中感黑胫病和TMV，感青枯病和PVY。

外观质量　原烟颜色金黄色，油分有，身份适中，光泽较强，叶片结构较疏松。

化学成分　总糖15.47%，还原糖15.40%，两糖差0.07%，总氮2.32%，烟碱1.97%，氯0.09%，糖碱比7.85，氮碱比1.18，钾1.88%。

128　黄苗2211　全国统一编号245

黄苗2211是由河南省农业科学院烟草研究所收集保存的地方品种。

特征特性　株式塔形，腰叶长椭圆形，叶面平，叶缘平滑，叶尖渐尖，叶色绿色，叶耳中等，主脉中等，叶片薄，茎叶角度中等，花序集中，花色淡红色。自然株高116.2cm，打顶株高69.5cm，自然叶数19.5片，有效叶数15.6片，茎围8.0cm，节距4.4cm，腰叶长45.4cm、宽16.2cm。移栽至现蕾52天，移栽至中心花开放57天，大田生育期84天。

抗病性　抗TMV，中感根结线虫病，感黑胫病和PVY。

外观质量　原烟颜色金黄色，油分有，身份适中，光泽较强，叶片结构较疏松。

化学成分　总糖10.69%，还原糖7.89%，两糖差2.80%，总氮2.93%，烟碱2.36%，氯0.13%，糖碱比4.53，氮碱比1.24，钾2.26%。

129　黄苗2218　全国统一编号252

黄苗2218是由河南省农业科学院烟草研究所收集保存的地方品种。

特征特性　株式筒形，腰叶长椭圆形，叶面较皱，叶缘波浪，叶尖渐尖，叶色绿色，叶耳大，主脉中等，叶片较厚，茎叶角度中等，花序集中，花色淡红色。自然株高188.2cm，打顶株高98.8cm，自然叶数23.2片，有效叶数19.2片，茎围9.8cm，节距5.8cm，腰叶长58.8cm、宽32.8cm。移栽至现蕾38天，移栽至中心花开放46天，大田生育期127天。

抗病性　抗TMV，中抗黑胫病，感PVY。

外观质量　原烟颜色金黄色，油分有，身份适中，光泽较强，叶片结构较疏松。

化学成分　总糖17.52%，还原糖13.74%，两糖差3.78%，总氮2.70%，烟碱1.18%，氯0.25%，糖碱比14.85，氮碱比2.29，钾3.93%。

130　黄苗2220　全国统一编号254

黄苗2220是由河南省农业科学院烟草研究所收集保存的地方品种。

特征特性　株式筒形，腰叶长椭圆形，叶面平整，叶缘波浪，叶尖渐尖，叶色绿色，叶耳大，主脉中等，叶片薄，茎叶角度大，花序集中，花色淡红色。自然株高178.0cm，打顶株高93.6cm，自然叶数21.8片，有效叶数18.8片，茎围11.6cm，节距4.6cm，腰叶长66.4cm、宽36.0cm。移栽至现蕾46天，移栽至中心花开放52天，大田生育期127天。

抗病性　抗TMV，中感黑胫病，感根结线虫病和PVY。

外观质量　原烟颜色金黄色，油分有，身份适中，光泽较强，叶片结构较疏松。

化学成分　总糖19.67%，还原糖15.78%，两糖差3.89%，总氮2.64%，烟碱3.04%，氯0.25%，糖碱比6.47，氮碱比0.87，钾1.11%。

131　黄苗2224　全国统一编号258

黄苗2224是由河南省农业科学院烟草研究所收集保存的地方品种。

特征特性　株式塔形，腰叶披针形，叶面较皱，叶缘波浪，叶尖渐尖，叶色绿色，叶耳大，主脉中等，叶片较厚，茎叶角度中等，花序分散，花色淡红色。自然株高117.0cm，打顶株高86.4cm，自然叶数14.6片，有效叶数12.5片，茎围8.6cm，节距5.9cm，腰叶长59.5cm、宽25.3cm。移栽至现蕾43天，移栽至中心花开放47天，大田生育期94天。

抗病性　感黑胫病和PVY。

外观质量　原烟颜色金黄色，油分有，身份适中，光泽较强，叶片结构较疏松。

化学成分　总糖34.12%，还原糖27.16%，两糖差6.96%，总氮1.51%，烟碱2.02%，氯0.10%，糖碱比16.89，氮碱比0.75，钾2.19%。

132 黄苗保险2225　全国统一编号259

黄苗保险2225是由河南省农业科学院烟草研究所收集保存的地方品种。

特征特性　株式塔形，腰叶长椭圆形，叶面较皱，叶缘波浪，叶尖渐尖，叶色绿色，叶耳中等，主脉中等，叶片较厚，茎叶角度中等，花序集中，花色淡红色。自然株高144.0cm，打顶株高75.0cm，自然叶数16.6片，有效叶数13.1片，茎围9.0cm，节距4.6cm，腰叶长61.0cm、宽26.7cm。移栽至现蕾38天，移栽至中心花开放47天，大田生育期94天。

抗病性　中感TMV，感黑胫病和PVY。

外观质量　原烟颜色金黄色，油分有，身份适中，光泽较强，叶片结构较疏松。

化学成分　总糖24.98%，还原糖18.19%，两糖差6.79%，总氮1.90%，烟碱1.85%，氯0.10%，糖碱比13.50，氮碱比1.03，钾1.87%。

133 黄苗保险2228　全国统一编号262

黄苗保险2228是由河南省农业科学院烟草研究所收集保存的地方品种。

特征特性　株式筒形，腰叶长椭圆形，叶面较皱，叶缘波浪，叶尖渐尖，叶色绿色，叶耳大，主脉中等，叶片薄，茎叶角度中等，花序集中，花色淡红色。自然株高166.3cm，打顶株高104.0cm，自然叶数20.5片，有效叶数17.6片，茎围9.6cm，节距5.5cm，腰叶长47.8cm、宽24.0cm。移栽至现蕾62天，移栽至中心花开放69天，大田生育期127天。

抗病性　中感TMV，感黑胫病、根结线虫病和PVY。

外观质量　原烟颜色金黄色，油分有，身份适中，光泽较强，叶片结构较疏松。

化学成分　总糖35.15%，还原糖29.92%，两糖差5.23%，总氮1.54%，烟碱1.80%，氯0.09%，糖碱比19.53，氮碱比0.86，钾2.21%。

134　黄苗二苯烟2245　全国统一编号279

黄苗二苯烟2245是由河南省农业科学院烟草研究所收集保存的地方品种。

特征特性　株式筒形，腰叶长椭圆形，叶面较皱，叶缘波浪，叶尖渐尖，叶色绿色，叶耳大，主脉中等，叶片薄，茎叶角度中等，花序集中，花色淡红色。自然株高210.0cm，打顶株高155.0cm，自然叶数28.2片，有效叶数19.4片，茎围11.4cm，节距4.9cm，腰叶长74.0cm、宽46.8cm。移栽至现蕾38天，移栽至中心花开放48天，大田生育期127天。

抗病性　中感TMV和黑胫病，感根结线虫病和PVY。

外观质量　原烟颜色金黄色，油分有，身份适中，光泽较强，叶片结构较疏松。

化学成分　总糖23.74%，还原糖18.00%，两糖差5.74%，总氮2.31%，烟碱2.12%，氯0.27%，糖碱比11.20，氮碱比1.09，钾2.01%。

135　黄苗码子稠　全国统一编号271

黄苗码子稠是由河南省农业科学院烟草研究所收集保存的地方品种。

特征特性　株式筒形，腰叶长椭圆形，叶面较皱，叶缘波浪，叶尖渐尖，叶色绿色，叶耳大，主脉中等，叶片薄，茎叶角度中等，花序集中，花色淡红色。自然株高210.0cm，打顶株高147.3cm，自然叶数23.4片，有效叶数19.6片，茎围11.2cm，节距5.8cm，腰叶长68.0cm、宽32.8cm。移栽至现蕾44天，移栽至中心花开放52天，大田生育期127天。

抗病性　中感黑胫病和TMV，感PVY。

外观质量　原烟颜色金黄色，油分有，身份适中，光泽较强，叶片结构较疏松。

化学成分　总糖25.68%，还原糖20.93%，两糖差4.75%，总氮2.42%，烟碱2.22%，氯0.26%，糖碱比11.57，氮碱比1.09，钾1.58%。

136 黄苗竖把2219　全国统一编号253

黄苗竖把2219是由河南省农业科学院烟草研究所收集保存的地方品种。

特征特性　株式塔形，腰叶长椭圆形，叶面较皱，叶缘波浪，叶尖渐尖，叶色绿色，叶耳中等，主脉细，叶片较厚，茎叶角度小，花序分散，花色淡红色。自然株高148.3cm，打顶株高84.0cm，自然叶数23.8片，有效叶数20.6片，茎围9.6cm，节距5.0cm，腰叶长58.2cm、宽28.0cm。移栽至现蕾52天，移栽至中心花开放60天，大田生育期127天。

抗病性　抗TMV，感根结线虫病、黑胫病和PVY。

外观质量　原烟颜色金黄色，油分有，身份适中，光泽较强，叶片结构较疏松。

化学成分　总糖16.57%，还原糖12.37%，两糖差4.20%，总氮2.48%，烟碱2.97%，氯0.21%，糖碱比5.58，氮碱比0.84，钾2.09%。

137 黄苗竖把2240　全国统一编号274

黄苗竖把2240是由河南省农业科学院烟草研究所收集保存的地方品种。

特征特性　株式筒形，腰叶长椭圆形，叶面较皱，叶缘波浪，叶尖渐尖，叶色绿色，叶耳大，主脉中等，叶片薄，茎叶角度小，花序集中，花色近白色。自然株高163.0cm，打顶株高130.0cm，自然叶数17.2片，有效叶数13.8片，茎围11.4cm，节距4.3cm，腰叶长68.0cm、宽33.0cm。移栽至现蕾52天，移栽至中心花开放60天，大田生育期127天。

抗病性　中抗TMV，感黑胫病、根结线虫病和PVY。

外观质量　原烟颜色金黄色，油分有，身份适中，光泽较强，叶片结构较疏松。

化学成分　总糖14.45%，还原糖9.87%，两糖差4.58%，总氮2.84%，烟碱3.25%，氯0.29%，糖碱比4.45，氮碱比0.87，钾2.31%。

138 黄苗榆2227 全国统一编号261

黄苗榆2227是由河南省农业科学院烟草研究所收集保存的地方品种。

特征特性 株式筒形，腰叶长椭圆形，叶面平整，叶缘波浪，叶尖渐尖，叶色绿色，叶耳大，主脉中等，叶片薄，茎叶角度中等，花序集中，花色淡红色。自然株高197.6cm，打顶株高137.7cm，自然叶数22.6片，有效叶数18.2片，茎围11.2cm，节距4.7cm，腰叶长67.6cm、宽36.4cm。移栽至现蕾43天，移栽至中心花开放52天，大田生育期120天。

抗病性 中感黑胫病和TMV，感PVY。

外观质量 原烟颜色金黄色，油分有，身份适中，光泽较强，叶片结构较疏松。

化学成分 总糖21.23%，还原糖16.11%，两糖差5.12%，总氮2.43%，烟碱2.42%，氯0.29%，糖碱比8.77，氮碱比1.00，钾1.80%。

139 黄苗榆2234 全国统一编号268

黄苗榆2234是由河南省农业科学院烟草研究所收集保存的地方品种。

特征特性 株式筒形，腰叶长椭圆形，叶面平整，叶缘波浪，叶尖渐尖，叶色绿色，叶耳中等，主脉中等，叶片薄，茎叶角度中等，花序集中，花色淡红色。自然株高168.3cm，打顶株高92.8cm，自然叶数18.2片，有效叶数15.3片，茎围12.0cm，节距4.3cm，腰叶长67.2cm、宽34.0cm。移栽至现蕾41天，移栽至中心花开放45天，大田生育期118天。

抗病性 中抗TMV，中感黑胫病，感根结线虫病和PVY。

外观质量 原烟颜色金黄色，油分有，身份适中，光泽较强，叶片结构较疏松。

化学成分 总糖21.93%，还原糖14.44%，两糖差7.49%，总氮2.53%，烟碱2.70%，氯0.48%，糖碱比8.12，氮碱比0.94，钾1.71%。

140 黄平大柳叶 全国统一编号470

黄平大柳叶是由贵州省烟草科学研究院收集保存的地方品种。

特征特性 株式筒形，腰叶长椭圆形，叶面较皱，叶缘波浪，叶尖渐尖，叶色绿色，叶耳大，主脉中等，叶片较厚，茎叶角度中等，花序集中，花色淡红色。自然株高186.3cm，打顶株高128.3cm，自然叶数23.3片，有效叶数20.0片，茎围10.7cm，节距4.5cm，腰叶长68.5cm、宽36.7cm。移栽至现蕾48天，移栽至中心花开放53天，大田生育期118天。

抗病性 中感TMV和PVY，感黑胫病。

外观质量 原烟颜色金黄色，油分有，身份适中，光泽较强，叶片结构较疏松。

化学成分 总糖17.90%，还原糖15.16%，两糖差2.74%，总氮2.39%，烟碱2.11%，氯0.63%，糖碱比8.48，氮碱比1.13，钾1.16%。

141 黄叶烟 全国统一编号273

黄叶烟是由河南省农业科学院烟草研究所收集保存的地方品种。

特征特性 株式筒形，腰叶长椭圆形，叶面平整，叶缘波浪，叶尖渐尖，叶色绿色，叶耳大，主脉中等，叶片薄，茎叶角度较大，花序集中，花色淡红色。自然株高148.0cm，打顶株高100.4cm，自然叶数18.0片，有效叶数14.2片，茎围9.6cm，节距6.2cm，腰叶长63.0cm、宽33.8cm。移栽至现蕾38天，移栽至中心花开放45天，大田生育期127天。

抗病性 中感TMV，感黑胫病、根结线虫病和PVY。

外观质量 原烟颜色金黄色，油分有，身份适中，光泽较强，叶片结构较疏松。

化学成分 总糖19.28%，还原糖16.57%，两糖差2.71%，总氮2.30%，烟碱1.87%，氯0.51%，糖碱比10.31，氮碱比1.23，钾1.24%。

142　尖烟洋苗　全国统一编号365

尖烟洋苗是由河南省农业科学院烟草研究所收集保存的地方品种。

特征特性　株式筒形，腰叶长椭圆形，叶面较皱，叶缘波浪，叶尖渐尖，叶色绿色，叶耳大，主脉中等，叶片较厚，茎叶角度中等，花序集中，花色淡红色。自然株高220.0cm，打顶株高143.6cm，自然叶数19.3片，有效叶数16.4片，茎围11.8cm，节距7.6cm，腰叶长68.0cm、宽41.6cm。移栽至现蕾38天，移栽至中心花开放45天，大田生育期127天。

抗病性　中感黑胫病、根结线虫病和TMV，感PVY。

外观质量　原烟颜色金黄色，油分有，身份适中，光泽较强，叶片结构较疏松。

化学成分　总糖18.23%，还原糖14.21%，两糖差4.02%，总氮2.58%，烟碱0.96%，氯0.43%，糖碱比18.99，氮碱比2.69，钾1.49%。

143　尖叶美种子　全国统一编号128

尖叶美种子是由安徽省农业科学院烟草研究所收集保存的地方品种。

特征特性　株式筒形，腰叶长椭圆形，叶面平整，叶缘波浪，叶尖渐尖，叶色绿色，叶耳大，主脉中等，叶片较厚，茎叶角度中等，花序集中，花色淡红色。自然株高200.0cm，打顶株高149.0cm，自然叶数21.6片，有效叶数19.0片，茎围11.4cm，节距6.2cm，腰叶长72.0cm、宽33.8cm。移栽至现蕾52天，移栽至中心花开放59天，大田生育期118天。

抗病性　抗黑胫病，感TMV和PVY。

外观质量　原烟颜色金黄色，油分有，身份适中，光泽较强，叶片结构较疏松。

化学成分　总糖14.04%，还原糖12.12%，两糖差1.92%，总氮2.21%，烟碱1.52%，氯0.67%，糖碱比9.24，氮碱比1.45，钾1.44%。

144 金烟6号

金烟6号由福建省农业科学院龙岩分院选育而成。

特征特性 株式塔形，腰叶长椭圆形，叶面较皱，叶尖急尖，叶色浅绿色，叶缘波浪，叶耳较大，茎叶角度大，主脉中等，花序集中，花色淡红色。自然株高147.0cm，打顶株高118.8cm，自然叶数23.0片，有效叶数20.0片，茎围10.1cm，节距4.8cm，腰叶长69.2cm、宽31.8cm。移栽至现蕾64天，移栽至中心花开放69天，大田生育期122天。

抗病性 感黑胫病和赤星病。

外观质量 原烟颜色金黄色，油分多，身份适中，光泽强，叶片结构疏松。

化学成分 总糖41.28%，还原糖33.67%，两糖差7.61%，总氮1.63%，烟碱1.15%，氯0.88%，糖碱比35.90，氮碱比1.42，钾1.65%。

145 晋太12-3 全国统一编号728

晋太12-3由山西农业大学用（长把黄×红花大金元）×厚节巴杂交选育而成。

特征特性 株式筒形，腰叶长椭圆形，叶面较皱，叶缘波浪，叶尖渐尖，叶色绿色，叶耳大，主脉中等，叶片薄，茎叶角度中等，花序集中，花色淡红色。自然株高150.0cm，打顶株高137.0cm，自然叶数23.0片，有效叶数18.8片，茎围10.6cm，节距4.7cm，腰叶长50.4cm、宽29.2cm。移栽至现蕾62天，移栽至中心花开放69天，大田生育期127天。

抗病性 中感TMV，感黑胫病、根结线虫病和PVY。

外观质量 原烟颜色金黄色，油分有，身份适中，光泽中等，叶片结构较紧密。

化学成分 总糖11.96%～12.35%，还原糖9.37%～9.75%，两糖差2.59%～2.60%，总氮2.70%～2.78%，烟碱1.15%～4.37%，氯0.10%～0.162%，糖碱比2.73～10.74，氮碱比0.64～2.35，钾1.27%～2.35%。

146　晋太125-11　全国统一编号727

晋太125-11由山西农业大学从晋太125中系统选育而成。

特征特性　株式塔形，腰叶长椭圆形，叶面较皱，叶缘波浪，叶尖渐尖，叶色绿色，叶耳大，主脉中等，叶片厚度中等，茎叶角度大，花序集中，花色淡红色。自然株高180.0cm，打顶株高121.6cm，自然叶数22.2片，有效叶数16.8片，茎围12.8cm，节距4.3cm，腰叶长68.4cm、宽38.6cm。移栽至现蕾76天，移栽至中心花开放82天，大田生育期127天。

抗病性　中感TMV，感黑胫病、根结线虫病和PVY。

外观质量　原烟颜色金黄色，油分有，身份适中，光泽中等，叶片结构较疏松。

化学成分　总糖10.13%～19.47%，还原糖7.96%～15.51%，两糖差2.17%～3.96%，总氮2.50%～2.62%，烟碱1.35%～4.22%，氯0.12%～0.15%，糖碱比2.40～14.42，氮碱比0.59～1.94，钾1.52%～3.07%。

147　晋太18-6　全国统一编号742

晋太18-6由山西农业大学从晋太18中系统选育而成。

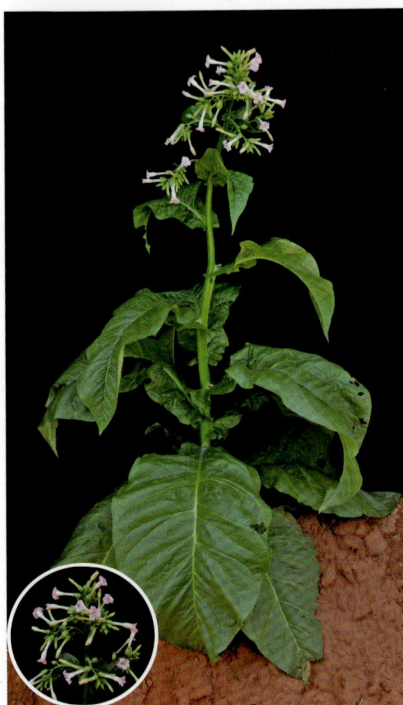

特征特性　株式塔形，腰叶长椭圆形，叶面较皱，叶缘波浪，叶尖渐尖，叶色绿色，叶耳大，主脉中等，叶片较厚，茎叶角度大，花序集中，花色淡红色。自然株高153.8cm，打顶株高122.6cm，自然叶数23.2片，有效叶数17.2片，茎围11.8cm，节距5.9cm，腰叶长66.6cm、宽30.6cm。移栽至现蕾74天，移栽至中心花开放80天，大田生育期139天。

抗病性　中抗TMV，感黑胫病、根结线虫病和PVY。

外观质量　原烟颜色金黄色，油分少，身份适中，光泽中等，叶片结构较紧密。

化学成分　总糖19.90%～21.14%，还原糖14.82%～15.82%，两糖差5.08%～5.33%，总氮2.53%～2.81%，烟碱2.35%～3.5%，氯0.12%～0.14%，糖碱比6.04～8.47，氮碱比0.72～1.20，钾1.21%～1.84%。

148 晋太1号 全国统一编号710

晋太1号由山西农业大学用大平板×山东多叶杂交选育而成。

特征特性 株式筒形，腰叶长椭圆形，叶面平整，叶缘波浪，叶尖渐尖，叶色绿色，叶耳大，主脉中等，叶片厚度中等，茎叶角度大，花序集中，花色红色。自然株高110.0cm，打顶株高77.3cm，自然叶数13.5片，有效叶数11.2片，茎围10.7cm，节距5.3cm，腰叶长65.8cm、宽33.8cm。移栽至现蕾74天，移栽至中心花开放80天，大田生育期121天。

抗病性 抗TMV，中感根结线虫病，感黑胫病和PVY。

外观质量 原烟颜色金黄色，油分有，身份适中，光泽较强，叶片结构较疏松。

化学成分 总糖27.24%，还原糖22.90%，两糖差4.34%，总氮1.64%，烟碱3.02%，氯0.12%，糖碱比9.02，氮碱比0.54，钾1.06%。

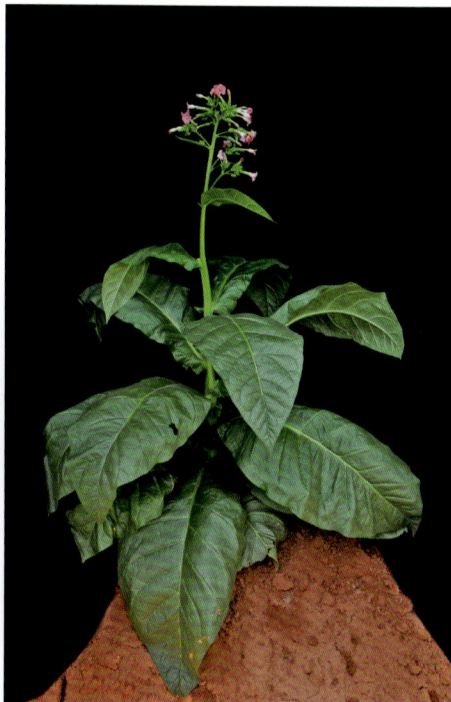

149 晋太207 全国统一编号709

晋太207由山西农业大学用（大平板×山东多叶）×（胎里肥×抵字101）杂交选育而成。

特征特性 株式塔形，腰叶长椭圆形，叶面平整，叶缘波浪，叶尖渐尖，叶色绿色，叶耳大，主脉中等，叶片较厚，茎叶角度大，花序集中，花色红色。自然株高140.0cm，打顶株高98.3cm，自然叶数14.6片，有效叶数12.3片，茎围11.7cm，节距4.9cm，腰叶长67.7cm、宽39.0cm。移栽至现蕾41天，移栽至中心花开放45天，大田生育期118天。

抗病性 中抗黑胫病，中感根结线虫病和TMV，感PVY。

外观质量 原烟颜色金黄色，油分有，身份适中，光泽较强，叶片结构较疏松。

化学成分 总糖7.57%～20.6%，还原糖6.53%～18.27%，两糖差1.04%～2.34%，总氮1.75%～2.96%，烟碱2.47%～4.18%，氯0.13%～0.16%，糖碱比1.81～8.33，氮碱比0.71，钾1.31%～2.18%。

150　晋太29-0　全国统一编号736

晋太29-0由山西农业大学用［（黄苗榆×黑苗）小黄金］×烟变子杂交选育而成。

特征特性　株式筒形，腰叶长椭圆形，叶面平整，叶缘波浪，叶尖渐尖，叶色绿色，叶耳大，主脉中等，叶片厚度中等，茎叶角度大，花序集中，花色淡红色。自然株高220.0cm，打顶株高149.4cm，自然叶数18.0片，有效叶数16.6片，茎围12.2cm，节距5.1cm，腰叶长75.0cm、宽36.2cm。移栽至现蕾52天，移栽至中心花开放61天，大田生育期120天。

抗病性　中抗黑胫病，中感根结线虫病，感TMV和PVY。

外观质量　原烟颜色橘黄色，油分有，身份适中，光泽中等，叶片结构较疏松。

化学成分　总糖16.06%～18.51%，还原糖14.08%～15.03%，两糖差1.98%～3.48%，总氮1.98%～2.98%，烟碱2.47%～3.06%，氯0.20%～0.28%，糖碱比6.05～6.49，氮碱比0.80～0.97，钾1.29%～2.09%。

151　晋太309　全国统一编号713

晋太309由山西农业大学用（大平板×山东多叶）×（胎里肥×抵字101）杂交选育而成。

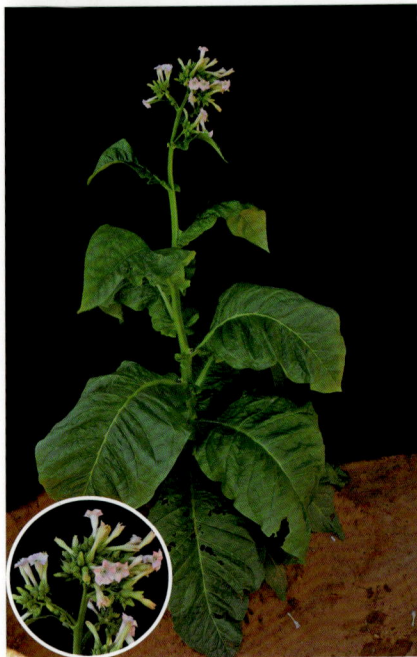

特征特性　株式筒形，腰叶长椭圆形，叶面较皱，叶缘波浪，叶尖渐尖，叶色绿色，叶耳大，主脉中等，叶片厚度中等，茎叶角度大，花序集中，花色淡红色。自然株高131.0cm，打顶株高82.7cm，自然叶数16.7片，有效叶数14.2片，茎围9.0cm，节距5.5cm，腰叶长64.4cm、宽29.6cm。移栽至现蕾74天，移栽至中心花开放80天，大田生育期127天。

抗病性　中感TMV，感黑胫病、根结线虫病和PVY。

外观质量　原烟颜色金黄色，油分有，身份适中，光泽较强，叶片结构疏松。

化学成分　总糖12.14%～24.25%，还原糖10.40%～19.13%，两糖差1.74%～5.13%，总氮1.82%～2.88%，烟碱1.88%～2.85%，氯0.11%～0.12%，糖碱比6.46～8.50，氮碱比0.64～1.53，钾1.37%～2.43%。

152　晋太309-5　全国统一编号737

晋太309-5由山西农业大学从晋太309中系统选育而成。

特征特性　株式筒形，腰叶长椭圆形，叶面平整，叶缘波浪，叶尖渐尖，叶色绿色，叶耳中等，主脉中等，叶片薄，茎叶角度较大，花序集中，花色淡红色。自然株高139.0cm，打顶株高108.5cm，自然叶数17.0片，有效叶数13.6片，茎围11.6cm，节距5.5cm，腰叶长66.2cm、宽31.8cm。移栽至现蕾62天，移栽至中心花开放69天，大田生育期127天。

抗病性　中感TMV，感黑胫病、根结线虫病和PVY。

外观质量　原烟颜色金黄色，油分有，身份适中，光泽较强，叶片结构较疏松。

化学成分　总糖11.19%～13.64%，还原糖9.59%～11.19%，两糖差1.60%～2.45%，总氮2.60%～3.18%，烟碱2.16%～3.38%，氯0.11%～0.19%，糖碱比4.03～5.18，氮碱比0.77～1.47，钾1.97%～2.13%。

153　晋太309-8　全国统一编号738

晋太309-8由山西农业大学从晋太309中系统选育而成。

特征特性　株式塔形，腰叶长椭圆形，叶面较皱，叶缘波浪，叶尖渐尖，叶色绿色，叶耳大，主脉中等，叶片厚度中等，茎叶角度大，花序集中，花色淡红色。自然株高205.0cm，打顶株高141.5cm，自然叶数19.0片，有效叶数16.8片，茎围11.6cm，节距5.5cm，腰叶长72.4cm、宽45.4cm。移栽至现蕾62天，移栽至中心花开放69天，大田生育期121天。

抗病性　感黑胫病、TMV、PVY。

外观质量　原烟颜色金黄色，油分少，身份适中，光泽中等，叶片结构较疏松。

化学成分　总糖20.68%，还原糖17.73%，两糖差2.95%，总氮2.50%，烟碱1.60%，氯0.22%，糖碱比12.93，氮碱比1.56，钾2.13%。

154 晋太38　全国统一编号725

晋太38由山西农业大学用（黑苗×厚节巴）×烟变子杂交选育而成。

特征特性　株式塔形，腰叶长椭圆形，叶面较皱，叶缘波浪，叶尖渐尖，叶色绿色，叶耳大，主脉中等，叶片薄，茎叶角度中等，花序集中，花色淡红色。自然株高200.1cm，打顶株高155.2cm，自然叶数25.6片，有效叶数20.4片，茎围11.2cm，节距5.6cm，腰叶长65.8cm、宽36.8cm。移栽至现蕾76天，移栽至中心花开放82天，大田生育期127天。

抗病性　感黑胫病、根结线虫病、TMV和PVY。

外观质量　原烟颜色青黄、柠檬色，油分少，身份薄，光泽中等，叶片结构较紧密。

化学成分　总糖8.63%，还原糖6.44%，两糖差2.19%，总氮2.66%，烟碱1.80%，氯0.13%，糖碱比4.79，氮碱比1.48，钾1.87%。

155 晋太3号　全国统一编号721

晋太3号由山西农业大学用大平板×胎里肥杂交选育而成。

特征特性　株式筒形，腰叶长椭圆形，叶面较皱，叶缘波浪，叶尖渐尖，叶色绿色，叶耳中等，主脉中等，叶片厚度中等，茎叶角度中等，花序集中，花色淡红色。自然株高177.6cm，打顶株高93.4cm，自然叶数19.6片，有效叶数16.4片，茎围11.6cm，节距6.1cm，腰叶长73.4cm、宽39.0cm。移栽至现蕾52天，移栽至中心花开放60天，大田生育期127天。

抗病性　中抗黑胫病，中感TMV，感根结线虫病和PVY。

外观质量　原烟颜色金黄色，油分有，身份适中，光泽中等，叶片结构较紧密。

化学成分　总糖18.64%，还原糖15.51%，两糖差3.13%，总氮2.70%，烟碱2.34%，氯0.32%，糖碱比7.97，氮碱比1.15，钾1.87%。

156 晋太49　全国统一编号714

晋太49由山西农业大学用（晋太3号×晋太33）×（厚节巴×烟变子）杂交选育而成。

特征特性　株式筒形，腰叶长椭圆形，叶面平整，叶缘波浪，叶尖渐尖，叶色绿色，叶耳中等，主脉中等，叶片厚度中等，茎叶角度中等，花序集中，花色淡红色。自然株高218.0cm，打顶株高166.9cm，自然叶数29.3片，有效叶数20.8片，茎围11.3cm，节距6.1cm，腰叶长75.9cm，宽37.9cm。移栽至现蕾45天，移栽至中心花开放52天，大田生育期127天。

抗 病 性　中感黑胫病和根结线虫病，感TMV和PVY。

外观质量　原烟颜色金黄色，油分有，身份适中，光泽较强，叶片结构较疏松。

化学成分　总糖21.29%，还原糖15.45%，两糖差5.84%，总氮2.65%，烟碱2.51%，氯0.19%，糖碱比8.48，氮碱比1.06，钾1.75%。

157 晋太49-9　全国统一编号741

晋太49-9由山西农业大学从晋太49中系统选育而成。

特征特性　株式塔形，腰叶长椭圆形，叶面较皱，叶缘波浪，叶尖渐尖，叶色绿色，叶耳中等，主脉中等，叶片薄，茎叶角度中等，花序集中，花色淡红色。自然株高202.5cm，打顶株高158.2cm，自然叶数26.4片，有效叶数22.2片，茎围10.8cm，节距5.7cm，腰叶长62.4cm，宽36.8cm。移栽至现蕾76天，移栽至中心花开放82天，大田生育期127天。

抗 病 性　感黑胫病、根结线虫病、TMV和PVY。

外观质量　原烟颜色金黄色，油分有，身份适中，光泽中等，叶片结构较紧密。

化学成分　总糖22.83%，还原糖21.05%，两糖差1.78%，总氮2.87%，烟碱1.41%，氯0.12%，糖碱比16.19，氮碱比2.04，钾1.88%。

158　晋太6-21　全国统一编号740

晋太6-21由山西农业大学从晋太6号中系统选育而成。

特征特性　株式塔形，腰叶长椭圆形，叶面较皱，叶缘波浪，叶尖渐尖，叶色绿色，叶耳大，主脉中等，叶片较厚，茎叶角度大，花序集中，花色淡红色。自然株高163.4cm，打顶株高126.7cm，自然叶数22.7片，有效叶数17.9片，茎围8.8cm，节距4.4cm，腰叶长53.75cm、宽30.4cm。移栽至现蕾40天，移栽至中心花开放44天，大田生育期124天。

抗病性　感黑胫病和TMV。

外观质量　原烟颜色金黄色，油分有，身份适中，光泽较强，叶片结构较疏松。

化学成分　总糖15.62%，还原糖13.33%，两糖差2.29%，总氮2.22%，烟碱1.76%，氯0.57%，糖碱比8.88，氮碱比1.26，钾1.24%。

159　晋太66-3　全国统一编号731

晋太66-3由山西农业大学从晋太66中系统选育而成。

特征特性　株式塔形，腰叶长椭圆形，叶面较皱，叶缘平滑，叶尖渐尖，叶色绿色，叶耳大，主脉中等，叶片厚度中等，茎叶角度大，花序集中，花色淡红色。自然株高175.6cm，打顶株高140.3cm，自然叶数20.9片，有效叶数14.5片，茎围7.9cm，节距4.9cm，腰叶长53.4cm、宽27.8cm。移栽至现蕾52天，移栽至中心花开放60天，大田生育期127天。

抗病性　感黑胫病和PVY。

外观质量　原烟颜色金黄色，油分有，身份适中，光泽较强，叶片结构较疏松。

化学成分　总糖25.60%，还原糖20.13%，两糖差5.47%，总氮2.14%，烟碱2.19%，氯0.136%，糖碱比11.69，氮碱比0.98，钾2.35%。

160 晋太66-4 全国统一编号732

晋太66-4由山西农业大学从晋太66中系统选育而成。

特征特性 株式筒形，腰叶长椭圆形，叶面较皱，叶缘波浪，叶尖渐尖，叶色绿色，叶耳大，主脉中等，叶片较厚，茎叶角度大，花序集中，花色淡红色。自然株高135.0cm，打顶株高100.0cm，自然叶数21.7片，有效叶数18.5片，茎围11.5cm，节距4.8cm，腰叶长52.5cm、宽19.0cm。移栽至现蕾46天，移栽至中心花开放52天，大田生育期116天。

抗病性 感黑胫病、TMV和PVY。

外观质量 原烟颜色金黄色，油分有，身份适中，光泽较强，叶片结构较疏松。

化学成分 总糖14.57%，还原糖12.29%，两糖差2.28%，总氮3.16%，烟碱3.32%，氯0.38%，糖碱比4.39，氮碱比0.95，钾1.97%。

161 晋太66-15 全国统一编号730

晋太66-15由山西农业大学从晋太66中系统选育而成。

特征特性 株式筒形，腰叶长椭圆形，叶面较皱，叶缘波浪，叶尖渐尖，叶色绿色，叶耳中等，主脉细，叶片薄，茎叶角度中等，花序集中，花色淡红色。自然株高124.6cm，打顶株高94.0cm，自然叶数20.2片，有效叶数17.8片，茎围8.4cm，节距3.4cm，腰叶长58.8cm、宽22.6cm。移栽至现蕾48天，移栽至中心花开放56天，大田生育期127天。

抗病性 中感TMV，感黑胫病、根结线虫病和PVY。

外观质量 原烟颜色金黄色，油分有，身份适中，光泽较强，叶片结构较疏松。

化学成分 总糖10.17%，还原糖7.57%，两糖差2.60%，总氮3.06%，烟碱1.66%，氯0.11%，糖碱比6.13，氮碱比1.84，钾2.70%。

162　晋太66-20　全国统一编号733

晋太66-20由山西农业大学从晋太66中系统选育而成。

特征特性　株式筒形，腰叶长椭圆形，叶面平整，叶缘波浪，叶尖渐尖，叶色绿色，叶耳大，主脉细，叶片薄，茎叶角度大，花序集中，花色淡红色。自然株高140.0cm，打顶株高87.8cm，自然叶数19.8片，有效叶数16.5片，茎围12.4cm，节距4.5cm，腰叶长71.2cm、宽37.8cm。移栽至现蕾76天，移栽至中心花开放82天，大田生育期127天。

抗病性　中感TMV，感黑胫病、根结线虫病和PVY。

外观质量　原烟颜色金黄色，油分少，身份稍厚，光泽中等，叶片结构紧密。

化学成分　总糖10.56%～12.65%，还原糖8.75%～9.87%，两糖差1.81%～2.78%，总氮2.45%～3.19%，烟碱2.69%～3.31%，氯0.11%～0.20%，糖碱比3.82～3.93，氮碱比0.74～1.19，钾1.82%～2.65%。

163　晋太6号　全国统一编号711

晋太6号由山西农业大学用（大平板×胎里肥）×（黄苗榆×三保险）杂交选育而成。

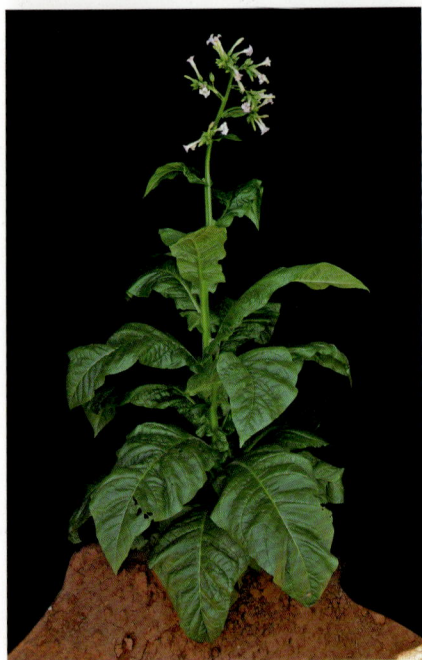

特征特性　株式筒形，腰叶宽椭圆形，叶面较皱，叶缘波浪，叶尖渐尖，叶色绿色，叶耳较大，主脉中等，叶片较厚，茎叶角度较大，花序集中，花色淡红色。自然株高165.1cm，打顶株高125.0cm，自然叶数20.6片，有效叶数18.2片，茎围10.8cm，节距4.7cm，腰叶长64.2cm、宽31.3cm。移栽至现蕾37天，移栽至中心花开放43天，大田生育期94天。

抗病性　中感TMV，感黑胫病、青枯病、根结线虫病和PVY。

外观质量　原烟颜色金黄色，油分有，身份适中，光泽较强，叶片结构较疏松。

化学成分　总糖16.67%，还原糖12.35%，两糖差4.32%，总氮2.91%，烟碱1.64%，氯0.12%，糖碱比9.86，氮碱比1.77，钾2.39%。

164　晋太75　全国统一编号723

晋太75由山西农业大学用晋太33×厚节巴杂交选育而成。

特征特性　株式筒形，腰叶长椭圆形，叶面较平，叶尖尾尖，叶缘平滑，叶色绿色，叶耳中等，主脉中等，叶片厚度中等，茎叶角度较大，花序集中，花色淡红色。自然株高252.0cm，打顶株高154.7cm，自然叶数24.0片，有效叶数19.4片，茎围11.2cm，节距7.0cm，腰叶长67.0cm、宽30.2cm。移栽至现蕾46天，移栽至中心花开放58天，大田生育期127天。

抗病性　中感TMV，感黑胫病和PVY。

外观质量　原烟颜色金黄色，油分有，身份适中，光泽中等，叶片结构紧密。

化学成分　总糖10.58%～17.52%，还原糖7.86%～13.76%，两糖差2.72%～3.76%，总氮2.24%～2.71%，烟碱1.39%～2.35%，氯0.16%～0.19%，糖碱比7.46～7.61，氮碱比0.95～1.95，钾1.66%～2.53%。

165　晋太75-1　全国统一编号739

晋太75-1由山西农业大学从晋太75中系统选育而成。

特征特性　株式塔形，腰叶长椭圆形，叶面较平，叶尖尾尖，叶缘波浪，叶色绿色，叶耳中等，主脉中等，叶片较厚，茎叶角度大，花序集中，花色淡红色。自然株高242.0cm，打顶株高177.2cm，自然叶数24.6片，有效叶数18.0片，茎围11.4cm，节距7.0cm，腰叶长75.4cm、宽35.0cm。移栽至现蕾48天，移栽至中心花开放52天，大田生育期120天。

抗病性　感黑胫病和TMV。

外观质量　原烟颜色金黄色，油分少，身份适中，光泽较强，叶片结构较紧密。

化学成分　总糖16.58%～26.31%，还原糖11.94%～22.92%，两糖差3.39%～4.63%，总氮2.05%～2.27%，烟碱1.22%～2.23%，氯0.11%～0.14%，糖碱比7.44～21.57，氮碱比1.02～1.68，钾1.90%～2.13%。

166 晋太76-2 全国统一编号734

晋太76-2由山西农业大学从晋太76中系统选育而成。

特征特性 株式筒形，腰叶宽椭圆形，叶面较皱，叶缘波浪，叶尖渐尖，叶色绿色，叶耳中等，主脉中等，叶片薄，茎叶角度中等，花序集中，花色淡红色。自然株高189.0cm，打顶株高128.0cm，自然叶数22.4片，有效叶数19.6片，茎围12.0cm，节距8.0cm，腰叶长70.4cm、宽36.6cm。移栽至现蕾52天，移栽至中心花开放60天，大田生育期124天。

抗病性 中感TMV，感黑胫病、根结线虫病和PVY。

外观质量 原烟颜色橘黄色，油分较多，身份适中，光泽强，叶片结构较疏松。

化学成分 总糖15.91%～19.49%，还原糖13.39%～14.0%，两糖差2.52%～5.49%，总氮2.13%～2.73%，烟碱2.36%～2.88%，氯0.13%～0.32%，糖碱比6.74～6.77，氮碱比0.74～1.16，钾1.81%～2.22%。

167 晋太76-3 全国统一编号735

晋太76-3由山西农业大学从晋太76中系统选育而成。

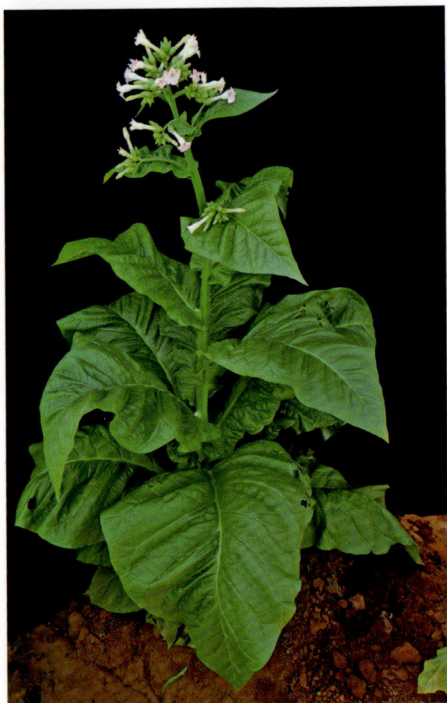

特征特性 株式筒形，腰叶宽椭圆形，叶面较皱，叶缘波浪，叶尖渐尖，叶色绿色，叶耳大，主脉细，叶片厚度中等，茎叶角度较大，花序集中，花色淡红色。自然株高230.0cm，打顶株高168.6cm，自然叶数21.4片，有效叶数17.2片，茎围12.4cm，节距5.8cm，腰叶长72.2cm、宽38.0cm。移栽至现蕾46天，移栽至中心花开放54天，大田生育期124天。

抗病性 感黑胫病和PVY。

外观质量 原烟颜色橘黄色，油分较多，身份适中，光泽强，叶片结构较疏松。

化学成分 总糖25.32%，还原糖20.95%，两糖差4.37%，总氮2.19%，烟碱1.55%，氯0.25%，糖碱比16.34，氮碱比1.41，钾2.00%。

168 晋太766　全国统一编号722

晋太766由山西农业大学用厚节巴×晋太33杂交选育而成。

特征特性　株式塔形，腰叶长椭圆形，叶面较皱，叶缘波浪，叶尖渐尖，叶色绿色，叶耳大，主脉中等，叶片较厚，茎叶角度中等，花序集中，花色红色。自然株高205.7cm，打顶株高142.3cm，自然叶数23.3片，有效叶数20.8片，茎围11.4cm，节距5.3cm，腰叶长70.8cm、宽28.0cm。移栽至现蕾52天，移栽至中心花开放60天，大田生育期127天。

抗病性　感TMV、黑胫病、根结线虫病和PVY。

外观质量　原烟颜色金黄、橘黄色，油分较多，身份适中，光泽较强，叶片结构较疏松。

化学成分　总糖16.18%，还原糖12.99%，两糖差3.19%，总氮2.48%，烟碱2.24%，氯0.13%，糖碱比7.22，氮碱比1.11，钾2.35%。

169 晋太88　全国统一编号708

晋太88由山西农业大学用厚节巴×烟变子杂交选育而成。

特征特性　株式筒形，腰叶宽椭圆形，叶面较皱，叶缘波浪，叶尖渐尖，叶色绿色，叶耳中等，主脉中等，叶片厚度中等，茎叶角度大，花序集中，花色红色。自然株高163.4cm，打顶株高123.2cm，自然叶数20.8片，有效叶数17.8片，茎围11.0cm，节距4.8cm，腰叶长71.6cm、宽40.3cm。移栽至现蕾46天，移栽至中心花开放54天，大田生育期139天。

抗病性　感黑胫病、青枯病、根结线虫病、TMV和PVY。

外观质量　原烟颜色金黄色，油分有，身份适中，光泽较强，叶片结构较疏松。

化学成分　总糖17.41%，还原糖11.21%，两糖差6.20%，总氮2.34%，烟碱1.48%，氯0.11%，糖碱比11.76，氮碱比1.58，钾2.35%。

170 晋太8号　全国统一编号716

晋太8号由山西农业大学用晋太33×厚节巴杂交选育而成。

特征特性　株式塔形，腰叶长椭圆形，叶面平，叶缘较平，叶色绿色，叶耳小，主脉细，叶片厚度中等，茎叶角度大，花序集中，花色淡红色。自然株高139.5cm，打顶株高92.0cm，自然叶数19.0片，有效叶数14.6片，茎围6.0cm，节距3.0cm，腰叶长52.3cm、宽21.5cm。移栽至现蕾39天，移栽至中心花开放46天，大田生育期118天。

抗病性　感TMV、黑胫病和根结线虫病。

外观质量　原烟颜色金黄色，油分有，身份适中，光泽较强，叶片结构较疏松。

化学成分　总糖17.04%，还原糖13.02%，两糖差4.02%，总氮2.80%，烟碱2.20%，氯0.11%，糖碱比7.74，氮碱比1.27，钾1.49%。

171 晋太9号　全国统一编号719

晋太9号由山西农业大学用晋太207×晋太66杂交选育而成。

特征特性　株式筒形，腰叶宽椭圆形，叶面较平，叶缘波浪，叶尖渐尖，叶色绿色，叶耳中等，主脉中等，叶片薄，茎叶角度大，花序集中，花色淡红色。自然株高155.0cm，打顶株高52.5cm，自然叶数20.1片，有效叶数16.8片，茎围12.2cm，节距5.1cm，腰叶长59.2cm、宽32.4cm。移栽至现蕾44天，移栽至中心花开放52天，大田生育期109天。

抗病性　中感TMV，感黑胫病和PVY。

外观质量　原烟颜色金黄色，油分少，身份适中，光泽中等，叶片结构紧密。

化学成分　总糖14.97%～17.49%，还原糖10.96%～13.23%，两糖差4.01%～4.26%，总氮2.64%～2.95%，烟碱2.36%～4.44%，氯0.11%～0.15%，糖碱比3.37～7.41，氮碱比0.60～1.25，钾1.43%～2.21%。

172　晋烟1号　全国统一编号720

晋烟1号由山西农业大学用山东多叶×大平板杂交选育而成。

特征特性　株式筒形，腰叶宽椭圆形，叶面较皱，叶缘微波，叶尖渐尖，叶色绿色，叶耳大，主脉中等，叶片较厚，茎叶角度大，花序集中，花色红色。自然株高200.2cm，打顶株高111.0cm，自然叶数19.2片，有效叶数16.5片，茎围11.8cm，节距5.2cm，腰叶长61.8cm、宽32.3cm。移栽至现蕾74天，移栽至中心花开放80天，大田生育期139天。

抗病性　中抗TMV，中感根结线虫病，感黑胫病、青枯病、PVY。

外观质量　原烟颜色金黄色，油分有，身份适中，光泽较强，叶片结构较疏松。

化学成分　总糖26.39%，还原糖24.28%，两糖差2.11%，总氮2.22%，烟碱2.68%，氯0.36%，糖碱比9.85，氮碱比0.83，钾1.37%。

173　巨香73　全国统一编号569

巨香73由中国农业科学院烟草研究所用401×沙姆逊杂交选育而成。

特征特性　株式塔形，腰叶长椭圆形，叶面较平，叶缘平滑，叶尖渐尖，叶色绿色，叶耳小，主脉细，叶片厚度中等，茎叶角度中等，花序集中，花色深红色。自然株高255.0cm，打顶株高198.2cm，自然叶数28.4片，有效叶数21.8片，茎围11.0cm，节距4.7cm，腰叶长61.2cm、宽28.6cm。移栽至现蕾54天，移栽至中心花开放62天，大田生育期131天。

抗病性　抗黑胫病，中感TMV和根结线虫病，感PVY。

外观质量　原烟颜色金黄色，油分有，身份适中，光泽较强，叶片结构较疏松。

化学成分　总糖25.90%，还原糖21.19%，两糖差4.71%，总氮2.08%，烟碱1.70%，氯0.23%，糖碱比15.24，氮碱比1.22，钾1.45%。

174　巨香102　全国统一编号570

巨香102由中国农业科学院烟草研究所用401×沙姆逊杂交选育而成。

特征特性　株式筒形，腰叶宽椭圆形，叶面平整，叶缘波浪，叶尖渐尖，叶色绿色，叶耳大，主脉中等，叶片薄，茎叶角度中等，花序集中，花色淡红色。自然株高195.6cm，打顶株高155.8cm，自然叶数22.9片，有效叶数18.5片，茎围11.7cm，节距4.4cm，腰叶长63.0cm、宽34.8cm。移栽至现蕾48天，移栽至中心花开放60天，大田生育期120天。

抗病性　中感根结线虫病，感黑胫病、青枯病、TMV。

外观质量　原烟颜色橘黄色，油分有，身份适中，光泽较强，叶片结构较疏松。

化学成分　总糖14.80%，还原糖10.75%，两糖差4.05%，总氮2.22%，烟碱2.61%，氯0.15%，糖碱比5.67，氮碱比0.85，钾2.23%。

175　烤烟　全国统一编号385

烤烟是由河南省农业科学院烟草研究所收集保存的地方品种。

特征特性　株式筒形，腰叶长椭圆形，叶面较皱，叶缘波浪，叶尖渐尖，叶色绿色，叶耳大，主脉中等，叶片较厚，茎叶角度中等，花序集中，花色淡红色。自然株高149.7cm，打顶株高103.2cm，自然叶数24.6片，有效叶数20.2片，茎围10.2cm，节距5.3cm，腰叶长59.4cm、宽27.4cm。移栽至现蕾74天，移栽至中心花开放80天，大田生育期120天。

抗病性　感黑胫病、根结线虫病和PVY。

外观质量　原烟颜色金黄色，油分较多，身份适中，光泽较强，叶片结构较疏松。

化学成分　总糖14.17%，还原糖9.38%，两糖差4.79%，总氮2.73%，烟碱1.31%，氯0.12%，糖碱比10.82，氮碱比2.08，钾2.22%。

176 宽叶Virginia

宽叶Virginia由云南省烟草农业科学研究院从泰国引进资源Virginia中系统选育而成。

特征特性　株式塔形，腰叶长椭圆形，叶尖渐尖，叶面平，叶缘波浪，叶色绿色，叶耳中等，主脉粗，叶片较厚，茎叶角度较大，花序集中，花色白色。自然株高183.5cm，打顶株高136.6cm，自然叶数30.6片，有效叶数22.3片，茎围11.4cm，节距4.2cm，腰叶长71.0cm、宽29.8cm。移栽至现蕾61天，移栽至中心花开放69天，大田生育期139天。

抗病性　中抗PVY。

外观质量　原烟颜色橘黄色，油分较多，身份适中，光泽较强，叶片结构较疏松。

化学成分　总糖21.89%，还原糖14.00%，两糖差7.89%，总氮2.25%，烟碱3.02%，氯0.28%，糖碱比7.25，氮碱比0.75，钾1.54%。

177 葵花烟2437　全国统一编号357

葵花烟2437是由河南省农业科学院烟草研究所收集保存的地方品种。

特征特性　株式筒形，腰叶长椭圆形，叶面较皱，叶缘波浪，叶尖渐尖，叶色绿色，叶耳中等，主脉中等，叶片较厚，茎叶角度大，花序集中，花色淡红色。自然株高230.0cm，打顶株高178.0cm，自然叶数23.8片，有效叶数21.0片，茎围11.2cm，节距5.8cm，腰叶长73.0cm、宽36.2cm。移栽至现蕾43天，移栽至中心花开放46天，大田生育期127天。

抗病性　中抗TMV，感黑胫病、根结线虫病和PVY。

外观质量　原烟颜色金黄色，油分有，身份适中，光泽较强，叶片结构较疏松。

化学成分　总糖10.02%，还原糖6.88%，两糖差3.14%，总氮3.15%，烟碱0.72%，氯0.55%，糖碱比13.92，氮碱比4.38，钾2.43%。

178　葵花烟2480　全国统一编号396

葵花烟2480是由河南省农业科学院烟草研究所收集保存的地方品种。

特征特性　株式塔形，腰叶长椭圆形，叶面较平，叶缘平滑，叶尖渐尖，叶色绿色，叶耳小，主脉细，叶片较厚，茎叶角度大，花序集中，花色淡红色。自然株高154.0cm，打顶株高104.5cm，自然叶数20.5片，有效叶数16.2片，茎围11.4cm，节距3.6cm，腰叶长52.5cm、宽23.5cm。移栽至现蕾44天，移栽至中心花开放48天，大田生育期109天。

抗病性　中抗TMV，感黑胫病、根结线虫病和PVY。

外观质量　原烟颜色金黄色，油分有，身份适中，光泽较强，叶片结构较疏松。

化学成分　总糖18.26%，还原糖15.07%，两糖差3.19%，总氮2.15%，烟碱1.30%，氯0.12%，糖碱比14.05，氮碱比1.65，钾1.60%。

179　莲花墩密目　全国统一编号440

莲花墩密目是由福建省农业科学院龙岩分院收集保存的地方品种。

特征特性　株式筒形，腰叶长椭圆形，叶面较皱，叶缘微波，叶尖渐尖，叶色绿色，叶耳中等，主脉中等，叶片厚度中等，茎叶角度中等，花序集中，花色淡红色。自然株高121.5cm，打顶株高80.0cm，自然叶数22.3片，有效叶数17.3片，茎围8.0cm，节距4.5cm，腰叶长49.0cm、宽24.5cm。移栽至现蕾48天，移栽至中心花开放52天，大田生育期94天。

抗病性　中感TMV，感黑胫病、根结线虫病和PVY。

外观质量　原烟颜色金黄色，油分有，身份适中，光泽较强，叶片结构较疏松。

化学成分　总糖6.60%，还原糖3.13%，两糖差3.47%，总氮2.74%，烟碱3.21%，氯0.12%，糖碱比2.06，氮碱比0.85，钾1.65%。

180 莲花盆2481　全国统一编号397

莲花盆2481是由河南省农业科学院烟草研究所收集保存的地方品种。

特征特性　株式筒形，腰叶长椭圆形，叶面较皱，叶缘波浪，叶尖渐尖，叶色绿色，叶耳中等，主脉中等，叶片厚度中等，茎叶角度中等，花序集中，花色淡红色。自然株高145.1cm，打顶株高100.8cm，自然叶数21.0片，有效叶数17.6片，茎围9.6cm，节距5.3cm，腰叶长64.5cm、宽34.8cm。移栽至现蕾41天，移栽至中心花开放46天，大田生育期131天。

抗病性　中抗TMV，感黑胫病、根结线虫病和PVY。

外观质量　原烟颜色金黄色，油分有，身份适中，光泽较强，叶片结构较疏松。

化学成分　总糖19.18%，还原糖16.47%，两糖差2.71%，总氮2.07%，烟碱2.80%，氯0.76%，糖碱比6.85，氮碱比0.74，钾1.27%。

181 辽烟11号　全国统一编号537

辽烟11号由辽宁省丹东农业科学院用辽烟10号×红花大金元杂交选育而成。

特征特性　株式塔形，腰叶长椭圆形，叶面较皱，叶缘波浪，叶尖渐尖，叶色绿色，叶耳中等，主脉细，叶片厚度中等，茎叶角度中等，花序集中，花色淡红色。自然株高173.0cm，打顶株高144.1cm，自然叶数23.3片，有效叶数19.2片，茎围13.5cm，节距4.6cm，腰叶长78.2cm、宽35cm。移栽至现蕾48天，移栽至中心花开放61天，大田生育期127天。

抗病性　TMV免疫，感黑胫病、青枯病、根结线虫病。

外观质量　原烟颜色橘黄色，油分有，身份适中，光泽较强，叶片结构较疏松。

化学成分　总糖20.05%，还原糖14.21%，两糖差5.84%，总氮2.80%，烟碱2.39%，氯0.08%，糖碱比8.39，氮碱比1.17，钾1.75%。

182　灵农二号　全国统一编号119

灵农二号是由中国农业科学院烟草研究所收集的地方品种。

特征特性　株式塔形，腰叶椭圆形，叶面较皱，叶尖渐尖，叶缘波浪，叶色绿色，叶耳大，主脉细，叶片较薄，茎叶角度中等，花序集中，花色淡红色。自然株高151.8cm，打顶株高132.1cm，自然叶数21.5片，有效叶数17.0片，茎围8.8cm，节距4.9cm，腰叶长56.8cm、宽28.8cm。移栽至现蕾55天，移栽至中心花开放66天，大田生育期122天。

抗病性　抗根结线虫病，感黑胫病、青枯病。

外观质量　成熟度尚熟，身份薄，油分少，颜色青黄，光泽中等，叶片结构紧密。

化学成分　总糖24.08%，还原糖21.30%，两糖差2.78%，总氮2.29%，烟碱2.24%，氯0.89%，糖碱比10.75，氮碱比1.02，钾1.17%。

183　柳叶尖0694　全国统一编号53

柳叶尖0694是由中国农业科学院烟草研究所收集保存的地方品种。

特征特性　株式塔形，腰叶长椭圆形，叶面平整，叶缘波浪，叶尖渐尖，叶色绿色，叶耳大，主脉细，叶片厚度中等，茎叶角度中等，花序集中，花色淡红色。自然株高205.0cm，打顶株高171.5cm，自然叶数20.2片，有效叶数17.0片，茎围11.4cm，节距5.6cm，腰叶长67.4cm、宽27.0cm。移栽至现蕾38天，移栽至中心花开放44天，大田生育期127天。

抗病性　中抗黑胫病，中感TMV，感青枯病、根结线虫病和PVY。

外观质量　原烟颜色金黄色，油分有，身份适中，光泽较强，叶片结构较疏松。

化学成分　总糖5.79%～18.73%，还原糖5.02%～14.81%，两糖差0.77%～3.92%，总氮2.48%～2.79%，烟碱3.62%～4.7%，氯0.15%～0.19%，糖碱比1.23～5.17，氮碱比0.59～0.89，钾1.96%～2.02%。

184 柳叶尖0695 全国统一编号49

柳叶尖0695是由中国农业科学院烟草研究所收集保存的地方品种。

特征特性 株式筒形，腰叶长椭圆形，叶面较皱，叶缘波浪，叶尖渐尖，叶色绿色，叶耳中等，主脉中等，叶片较厚，茎叶角度中等，花序集中，花色淡红色。自然株高235.0cm，打顶株高177.4cm，自然叶数28.6片，有效叶数21.8片，茎围12.0cm，节距5.2cm，腰叶长67.2cm、宽30.4cm。移栽至现蕾48天，移栽至中心花开放57天，大田生育期127天。

抗病性 抗TMV，中抗黑胫病，感青枯病和根结线虫病。

外观质量 原烟颜色金黄色，油分有，身份适中，光泽较强，叶片结构较疏松。

化学成分 总糖17.65%，还原糖13.79%，两糖差3.86%，总氮2.80%，烟碱3.99%，氯0.14%，糖碱比4.42，氮碱比0.70，钾1.90%。

185 柳叶尖0695（窄叶）

柳叶尖0695（窄叶）是云南省烟草农业科学研究院由柳叶尖0695变异株选育而成。

特征特性 株式筒形，腰叶长椭圆形，叶面较皱，叶缘波浪，叶尖渐尖，叶色绿色，叶耳中等，主脉中等，叶片较厚，茎叶角度中等，花序集中，花色淡红色。自然株高176.0cm，打顶株高106.5cm，自然叶数28.3片，有效叶数21.6片，茎围10.3cm，节距4.6cm，腰叶长62.5cm、宽24.0cm。移栽至现蕾48天，移栽至中心花开放57天，大田生育期127天。

抗病性 抗TMV，中感根结线虫病，感黑胫病、青枯病。

外观质量 原烟颜色金黄色，油分有，身份适中，光泽较强，叶片结构较疏松。

化学成分 总糖13.75%，还原糖11.46%，两糖差2.29%，总氮2.80%，烟碱3.42%，氯0.37%，糖碱比4.02，氮碱比0.82，钾2.14%。

186　柳叶尖2017　全国统一编号175

柳叶尖2017是由河南省农业科学院烟草研究所收集保存的地方品种。

特征特性　株式筒形，腰叶长椭圆形，叶面较皱，叶缘波浪，叶尖渐尖，叶色绿色，叶耳中等，主脉中等，叶片较厚，茎叶角度中等，花序集中，花色淡红色。自然株高165.8cm，打顶株高100.0cm，自然叶数23.6片，有效叶数20.3片，茎围10.4cm，节距5.6cm，腰叶长64.6cm、宽26.2cm。移栽至现蕾54天，移栽至中心花开放61天，大田生育期127天。

抗病性　中感根结线虫病，感黑胫病、青枯病、TMV和PVY。

外观质量　原烟颜色金黄色，油分有，身份适中，光泽较强，叶片结构较疏松。

化学成分　总糖14.81%，还原糖11.24%，两糖差3.57%，总氮2.09%，烟碱3.56%，氯0.13%，糖碱比4.16，氮碱比0.59，钾2.00%。

187　柳叶尖2034　全国统一编号191

柳叶尖2034是由河南省农业科学院烟草研究所收集保存的地方品种。

特征特性　株式筒形，腰叶宽椭圆形，叶面较皱，叶缘波浪，叶尖渐尖，叶色绿色，叶耳大，主脉中等，叶片较厚，茎叶角度较大，花序集中，花色淡红色。自然株高192.0cm，打顶株高116.6cm，自然叶数23.1片，有效叶数17.2片，茎围10.0cm，节距5.4cm，腰叶长68.0cm、宽45.8cm。移栽至现蕾44天，移栽至中心花开放48天，大田生育期127天。

抗病性　抗TMV和黑胫病，感青枯病、根结线虫病和PVY。

外观质量　原烟颜色金黄色，油分有，身份适中，光泽较强，叶片结构较疏松。

化学成分　总糖36.21%，还原糖31.01%，两糖差5.20%，总氮1.45%，烟碱1.61%，氯0.42%，糖碱比22.49，氮碱比0.90，钾1.75%。

188　柳叶尖小白筋　全国统一编号173

柳叶尖小白筋是由河南省农业科学院烟草研究所收集保存的地方品种。

特征特性　株式塔形，腰叶长椭圆形，叶面较皱，叶缘波浪，叶尖渐尖，叶色绿色，叶耳中等，主脉细，叶片较厚，茎叶角度中等，花序集中，花色淡红色。自然株高168.3cm，打顶株高144.3cm，自然叶数24.3片，有效叶数20.2片，茎围11.0cm，节距5.2cm，腰叶长61.8cm、宽25.8cm。移栽至现蕾46天，移栽至中心花开放56天，大田生育期139天。

抗病性　感黑胫病、根结线虫病和PVY。

外观质量　原烟颜色金黄色，油分有，身份适中，光泽中等，叶片结构较疏松。

化学成分　总糖21.14%，还原糖16.40%，两糖差4.74%，总氮1.81%，烟碱2.25%，氯0.13%，糖碱比9.40，氮碱比0.80，钾1.94%。

189　柳叶烟2028　全国统一编号186

柳叶烟2028是由河南省农业科学院烟草研究所收集保存的地方品种。

特征特性　株式塔形，腰叶长椭圆形，叶面较平，叶缘波浪，叶尖渐尖，叶色绿色，叶耳中等，主脉中等，叶片薄，茎叶角度中等，花序集中，花色淡红色。自然株高180.0cm，打顶株高129.0cm，自然叶数25.6片，有效叶数20.2片，茎围11.0cm，节距3.6cm，腰叶长71.6cm、宽35.6cm。移栽至现蕾62天，移栽至中心花开放69天，大田生育期127天。

抗病性　中感TMV和黑胫病，感PVY。

外观质量　原烟颜色金黄色，油分有，身份适中，光泽较强，叶片结构较疏松。

化学成分　总糖7.99%～18.45%，还原糖5.56%～13.83%，两糖差2.43%～4.62%，总氮1.90%～2.86%，烟碱2.66%～3.96%，氯0.14%～0.18%，糖碱比3.00～4.66，氮碱比0.48～1.08，钾1.96%～2.69%。

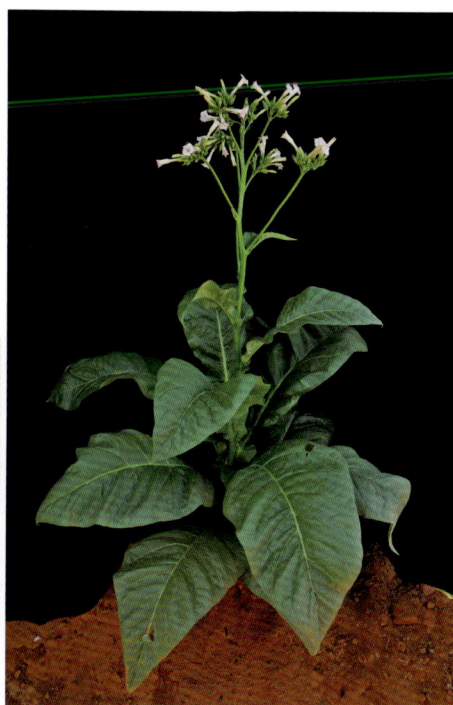

190　龙里小黄烟　全国统一编号486

龙里小黄烟是由贵州省烟草科学研究院收集保存的地方品种。

特征特性　株式塔形，腰叶长椭圆形，叶面较平，叶缘波浪，叶尖渐尖，叶色绿色，叶耳大，主脉粗，叶片较厚，茎叶角度中等，花序集中，花色淡红色。自然株高185.0cm，打顶株高164.5cm，自然叶数32.2片，有效叶数22.4片，茎围12.0cm，节距4.8cm，腰叶长71.0cm、宽31.0cm。移栽至现蕾62天，移栽至中心花开放69天，大田生育期118天。

抗病性　中抗TMV，感黑胫病、根结线虫病和PVY。

外观质量　原烟颜色橘黄色，油分较多，身份适中，光泽较强，叶片结构较疏松。

化学成分　总糖16.73%～17.17%，还原糖11.11%～12.92%，两糖差4.25%～5.62%，总氮2.15%～2.75%，烟碱2.91%～3.63%，氯0.13%～0.18%，糖碱比4.60～5.90，氮碱比0.59～0.95，钾1.93%～2.35%。

191　龙烟1号　全国统一编号509

龙烟1号由黑龙江省烟草公司牡丹江烟草科学研究所用（5901×大白筋）×（金星6007×抗44×柳叶尖）杂交选育而成。

特征特性　株式塔形，腰叶长椭圆形，叶面较平，叶缘波浪，叶尖渐尖，叶色绿色，叶耳中等，主脉细，叶片较厚，茎叶角度中等，花序集中，花色淡红色。自然株高205.9cm，打顶株高142.5cm，自然叶数29.5片，有效叶数21.7片，茎围11.0cm，节距4.5cm，腰叶长75.0cm、宽31cm。移栽至现蕾74天，移栽至中心花开放80天，大田生育期120天。

抗病性　抗TMV，中感PVY，感黑胫病。

外观质量　原烟颜色金黄色，油分有，身份适中，光泽较强，叶片结构较疏松。

化学成分　总糖26.61%，还原糖19.07%，两糖差7.54%，总氮2.06%，烟碱1.86%，氯0.12%，糖碱比14.31，氮碱比1.11，钾1.74%。

192 隆安春 全国统一编号81

隆安春是由中国农业科学院烟草研究所收集保存的地方品种。

特征特性 株式塔形，腰叶长椭圆形，叶面较皱，叶缘波浪，叶尖渐尖，叶色绿色，叶耳中等，主脉中等，叶片较薄，茎叶角度中等，花序集中，花色淡红色。自然株高180.3cm，打顶株高135.0cm，自然叶数28片，有效叶数19.7片，茎围11.4cm，节距4.4cm，腰叶长68.8cm、宽38.0cm。移栽至现蕾52天，移栽至中心花开放63天，大田生育期120天。

抗 病 性 中抗TMV和根结线虫病，感黑胫病和青枯病。

外观质量 原烟颜色金黄色，油分有，身份适中，光泽较强，叶片结构较疏松。

化学成分 总糖32.44%，还原糖26.75%，两糖差5.69%，总氮1.69%，烟碱1.97%，氯1.01%，糖碱比16.47，氮碱比0.86，钾1.43%。

193 炉山大莴笋叶 全国统一编号478

炉山大莴笋叶是由贵州省烟草科学研究院收集保存的地方品种。

特征特性 株式塔形，腰叶长椭圆形，叶面较平，叶缘平滑，叶尖渐尖，叶色绿色，叶耳中等，主脉中等，叶片较厚，茎叶角度大，花序集中，花色淡红色。自然株高165.0cm，打顶株高135.1cm，自然叶数22.6片，有效叶数19.2片，茎围10.8cm，节距5.1cm，腰叶长71.3cm、宽24.2cm。移栽至现蕾50天，移栽至中心花开放55天，大田生育期101天。

抗 病 性 感黑胫病。

外观质量 原烟颜色金黄色，油分有，身份适中，光泽较强，叶片结构较疏松。

化学成分 总糖24.53%，还原糖22.12%，两糖差2.41%，总氮2.01%，烟碱1.61%，氯1.62%，糖碱比15.24，氮碱比1.25，钾1.84%。

194 麻江立烟　全国统一编号467

麻江立烟是由贵州省烟草科学研究院收集保存的地方品种。

特征特性　株式筒形，腰叶宽椭圆形，叶面平整，叶缘平滑，叶尖渐尖，叶色绿色，叶耳中等，主脉细，叶片较厚，茎叶角度大，花序集中，花色淡红色。自然株高120.5cm，打顶株高96.0cm，自然叶数21.5片，有效叶数16.7片，茎围8.0cm，节距2.4cm，腰叶长56.5cm、宽21.5cm。移栽至现蕾39天，移栽至中心花开放46天，大田生育期120天。

抗病性　中感TMV，感黑胫病、根结线虫病和PVY。

外观质量　原烟颜色橘黄色，油分较多，身份适中，光泽强，叶片结构较疏松。

化学成分　总糖11.97%，还原糖8.48%，两糖差3.49%，总氮2.31%，烟碱1.71%，氯0.14%，糖碱比7.00，氮碱比1.35，钾4.19%。

195 麻江柳叶烟　全国统一编号494

麻江柳叶烟是由贵州省烟草科学研究院收集保存的地方品种。

特征特性　株式塔形，腰叶长椭圆形，叶面较平，叶缘波浪，叶尖渐尖，叶色绿色，叶耳中等，主脉中等，叶片厚度中等，茎叶角度大，花序集中，花色淡红色。自然株高176.2cm，打顶株高135.5cm，自然叶数20.5片，有效叶数17.2片，茎围8cm，节距3.0cm，腰叶长55.5cm、宽18.5cm。移栽至现蕾76天，移栽至中心花开放82天，大田生育期127天。

抗病性　中抗PVY，中感TMV，感黑胫病和根结线虫病。

外观质量　原烟颜色金黄色，油分有，身份适中，光泽较强，叶片结构较疏松。

化学成分　总糖20.18%，还原糖15.22%，两糖差4.96%，总氮2.28%，烟碱1.41%，氯0.12%，糖碱比14.31，氮碱比1.62，钾2.3%。

196 毛烟2434 全国统一编号354

毛烟2434是由河南省农业科学院烟草研究所收集保存的地方品种。

特征特性 株式筒形，腰叶长椭圆形，叶面较皱，叶缘波浪，叶尖渐尖，叶色绿色，叶耳中等，主脉中等，叶片较厚，茎叶角度中等，花序集中，花色淡红色。自然株高190.4cm，打顶株高162.0cm，自然叶数23.4片，有效叶数20.1片，茎围11.6cm，节距4.4cm，腰叶长70.4cm、宽34.6cm。移栽至现蕾52天，移栽至中心花开放60天，大田生育期118天。

抗病性 中感TMV，感黑胫病和PVY。

外观质量 原烟颜色金黄色，油分有，身份适中，光泽较强，叶片结构较疏松。

化学成分 总糖25.28%，还原糖19.84%，两糖差5.44%，总氮1.80%，烟碱1.04%，氯0.11%，糖碱比24.31，氮碱比1.73，钾1.44%。

197 湄潭黑团壳 全国统一编号492

湄潭黑团壳是由贵州省烟草科学研究院收集保存的地方品种。

特征特性 株式塔形，腰叶宽椭圆形，叶面较平，叶缘波浪，叶尖渐尖，叶色绿色，叶耳中等，主脉中等，叶片厚度中等，茎叶角度中等，花序分散，花色淡红色。自然株高198.4cm，打顶株高126.0cm，自然叶数26.0片，有效叶数21.6片，茎围10.4cm，节距5.1cm，腰叶长58.4cm、宽31.4cm。移栽至现蕾60天，移栽至中心花开放67天，大田生育期118天。

抗病性 感黑胫病、根结线虫病和PVY。

外观质量 原烟颜色橘黄色，油分较多，身份适中，光泽较强，叶片结构较疏松。

化学成分 总糖14.96%～28.28%，还原糖11.12%～23.33%，两糖差3.84%～4.95%，总氮2.34%～2.6%，烟碱2.62%～2.85%，氯0.15%～0.43%，糖碱比5.26～10.79，氮碱比0.82～0.99，钾1.02%～1.41%。

198　湄潭龙坪多叶　全国统一编号91

湄潭龙坪多叶是由中国农业科学院烟草研究所收集保存的地方品种。

特征特性　株式筒形，腰叶长椭圆形，叶面较平，叶缘波浪，叶尖渐尖，叶色绿色，叶耳中等，主脉中等，叶片较厚，茎叶角度中等，花序集中，花色淡红色。自然株高187.8cm，打顶株高109.8cm，自然叶数26.6片，有效叶数21.6片，茎围11.4cm，节距4.8cm，腰叶长63.0cm、宽30.6cm。移栽至现蕾52天，移栽至中心花开放60天，大田生育期127天。

抗 病 性　抗黑胫病，中抗TMV，感青枯病、根结线虫病和PVY。

外观质量　原烟颜色橘黄、金黄色，油分较多，身份适中，光泽较强，叶片结构较疏松。

化学成分　总糖21.68%，还原糖16.03%，两糖差5.65%，总氮2.56%，烟碱2.92%，氯0.31%，糖碱比7.42，氮碱比0.88，钾2.14%。

199　湄潭枇杷黄　全国统一编号489

湄潭枇杷黄是由贵州省烟草科学研究院收集保存的地方品种。

特征特性　株式塔形，腰叶长椭圆形，叶面较平，叶缘波浪，叶尖渐尖，叶色绿色，叶耳中等，主脉细，叶片较厚，茎叶角度大，花序集中，花色淡红色。自然株高218.5cm，打顶株高160.0cm，自然叶数25.4片，有效叶数20.6片，茎围11.0cm，节距6.1cm，腰叶长66.4cm、宽33.8cm。移栽至现蕾62天，移栽至中心花开放69天，大田生育期127天。

抗 病 性　中抗黑胫病，中感TMV，感PVY。

外观质量　原烟颜色金黄色，油分有，身份适中，光泽较强，叶片结构较疏松。

化学成分　总糖20.82%～23.86%，还原糖14.09%～17.85%，两糖差6.01%～6.73%，总氮2.12%～2.68%，烟碱2.75%～2.93%，氯0.17%～0.34%，糖碱比7.58～8.14，氮碱比0.77～0.91，钾1.71%～1.85%。

200 湄潭平板柳叶　全国统一编号438

湄潭平板柳叶是由贵州省烟草科学研究院收集保存的地方品种。

特征特性　株式塔形，腰叶椭圆形，叶尖渐尖，叶面较皱，叶缘皱折，叶色绿色，叶耳大，主脉细，叶片较薄，茎叶角度中等，花序集中，花色淡红色。自然株高226.6cm，打顶株高152.9cm，自然叶数26.2片，有效叶数18.4片，茎围9.8cm，节距6.3cm，腰叶长72.0cm、宽31.9cm。移栽至现蕾54天，移栽至中心花开放64天，大田生育期132天。

抗病性　感黑胫病。

外观质量　成熟颜色青黄色，身份薄，油分少，光泽较弱，叶片结构紧密。

化学成分　总糖21.21%，还原糖19.38%，两糖差1.83%，总氮2.22%，烟碱2.97%，氯1.55%，糖碱比7.14，氮碱比0.75，钾1.16%。

201 湄潭铁杆烟　全国统一编号490

湄潭铁杆烟是由贵州省烟草科学研究院收集保存的地方品种。

特征特性　株式筒形，腰叶长椭圆形，叶面较平，叶缘波浪，叶尖渐尖，叶色绿色，叶耳中等，主脉细，叶片较厚，茎叶角度大，花序集中，花色深红色。自然株高210.2cm，打顶株高121.0cm，自然叶数22.2片，有效叶数18.2片，茎围10.4cm，节距4.3cm，腰叶长67.2cm、宽30.0cm。移栽至现蕾46天，移栽至中心花开放54天，大田生育期132天。

抗病性　抗TMV，感黑胫病和PVY。

外观质量　原烟尚熟，油分有，身份薄，颜色金黄色，光泽中等，叶片结构紧密。

化学成分　总糖10.83%～12.00%，还原糖6.19%～8.73%，两糖差3.27%～4.63%，总氮2.38%～2.82%，烟碱1.39%～2.12%，氯0.09%～0.11%，糖碱比5.11～8.63，氮碱比1.12～2.03，钾1.96%～2.52%。

202 牡单79-2　全国统一编号510

牡单79-2由黑龙江省农业科学院牡丹江分院用大金星×Ky56杂交选育而成。

特征特性　株式筒形，腰叶长椭圆形，叶面较平，叶缘波浪，叶尖渐尖，叶色绿色，叶耳中等，主脉细，叶片较厚，茎叶角度中等，花序集中，花色深红。自然株高136.4cm，打顶株高91.0cm，自然叶数21.2片，有效叶数18.8片，茎围8.2cm，节距3.9cm，腰叶长49.0cm、宽25.0cm。移栽至现蕾48天，移栽至中心花开放52天，大田生育期118天。

抗病性　抗TMV，感黑胫病、根结线虫病和PVY。

外观质量　原烟颜色金黄色，油分有，身份适中，光泽较强，叶片结构较疏松。

化学成分　总糖15.33%，还原糖10.41%，两糖差4.92%，总氮2.92%，烟碱1.57%，氯0.12%，糖碱比9.76，氮碱比1.86，钾3.24%。

203 牡单82-11-2　全国统一编号515

牡单82-11-2由黑龙江省农业科学院牡丹江分院用（牡交7932×辽烟10号）H2×小葵花杂交选育而成。

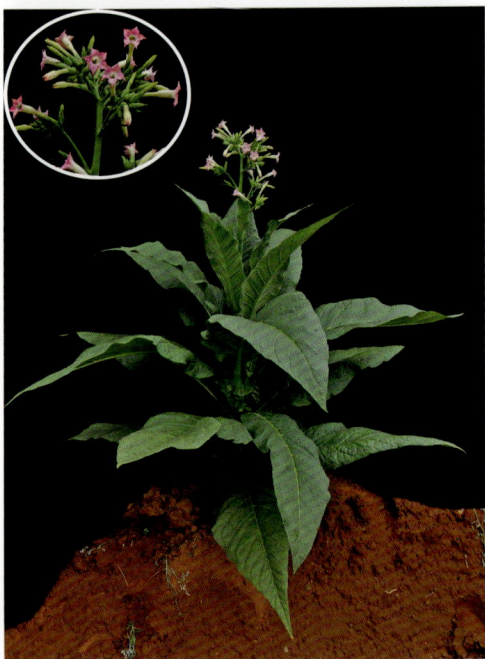

特征特性　株式筒形，腰叶披针形，叶面较平，叶缘平滑，叶尖渐尖，叶色绿色，叶耳小，主脉细，叶片较厚，茎叶角度小，花序集中，花色深红色。自然株高96.7cm，打顶株高69.8cm，自然叶数21.6片，有效叶数19.0片，茎围9.4cm，节距2.6cm，腰叶长66.0cm、宽24.0cm。移栽至现蕾59天，移栽至中心花开放64天，大田生育期124天。

抗病性　中感TMV，感黑胫病和PVY。

外观质量　原烟颜色金黄色，油分有，身份适中，光泽较强，叶片结构较疏松。

化学成分　总糖6.43%，还原糖5.06%，两糖差1.37%，总氮3.18%，烟碱3.48%，氯0.11%，糖碱比1.85，氮碱比0.91，钾2.52%。

204 牡交 7716-13-5-5　全国统一编号 516

牡交 7716-13-5-5 由黑龙江省农业科学院牡丹江分院用早叶黄×Ky56杂交选育而成。

特征特性　株式塔形，腰叶长椭圆形，叶面平，叶缘波浪，叶尖渐尖，叶色绿色，叶耳大，主脉粗，叶片厚，茎叶角度中等，花序集中，花色淡红色。自然株高134.9cm，打顶株高91.3cm，自然叶数21.8片，有效叶数17.5片，茎围8.7cm，节距4.7cm，腰叶长59.5cm、宽33.0cm。移栽至现蕾48天，移栽至中心花开放52天，大田生育期118天。

抗病性　TMV免疫，感黑胫病。

外观质量　原烟颜色金黄色，油分有，身份适中，光泽较强，叶片结构较疏松。

化学成分　总糖20.98%，还原糖18.19%，两糖差2.79%，总氮2.62%，烟碱4.21%，氯0.263%，糖碱比4.98，氮碱比0.62，钾2.01%。

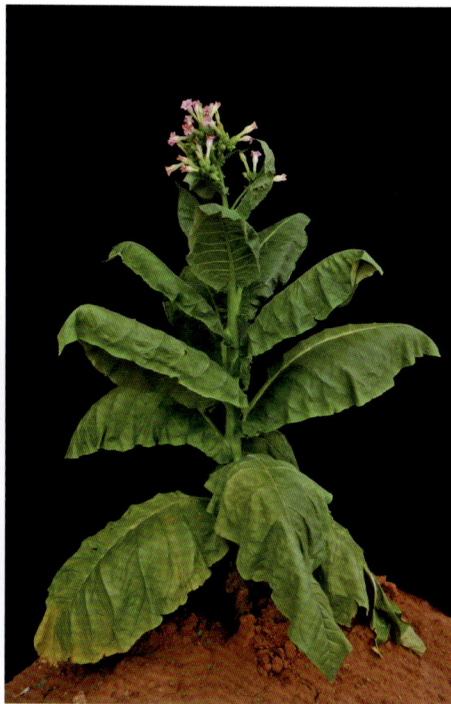

205 泥匙板子　全国统一编号 70

泥匙板子是由中国农业科学院烟草研究所收集保存的地方品种。

特征特性　株式筒形，腰叶长椭圆形，叶面较皱，叶缘波浪，叶尖渐尖，叶色绿色，叶耳中等，主脉中等，叶片较厚，茎叶角度较大，花序集中，花色淡红色。自然株高124.4cm，打顶株高83.4cm，自然叶数17.8片，有效叶数13.6片，茎围10.4cm，节距4.2cm，腰叶长60.7cm、宽33.6cm。移栽至现蕾38天，移栽至中心花开放44天，大田生育期118天。

抗病性　抗TMV，中抗黑胫病，中感根结线虫病，感青枯病、PVY。

外观质量　原烟颜色金黄色，油分有，身份适中，光泽较强，叶片结构较疏松。

化学成分　总糖28.78%，还原糖25.42%，两糖差3.36%，总氮1.92%，烟碱2.20%，氯0.49%，糖碱比13.08，氮碱比0.87，钾2.35%。

206　偏筋黄1036　全国统一编号45

偏筋黄1036是由中国农业科学院烟草研究所收集保存的地方品种。

特征特性　株式筒形，腰叶长椭圆形，叶面平整，叶缘波浪，叶尖渐尖，叶色绿色，叶耳大，主脉中等，叶片较厚，茎叶角度中等，花序集中，花色淡红色。自然株高177.0cm，打顶株高109.0cm，自然叶数24.2片，有效叶数19.8片，茎围9.6cm，节距4.3cm，腰叶长52.2cm、宽26.2cm。移栽至现蕾54天，移栽至中心花开放61天，大田生育期101天。

抗病性　中感TMV和根结线虫病，感黑胫病、青枯病和PVY。

外观质量　原烟颜色金黄、枯黄色，油分有，身份适中，光泽较强，叶片结构较疏松。

化学成分　总糖9.01%，还原糖7.89%，两糖差1.12%，总氮2.52%，烟碱0.65%，氯0.12%，糖碱比13.86，氮碱比3.88，钾2.48%。

207　平板柳叶　全国统一编号149

平板柳叶是由安徽省农业科学院烟草研究所收集保存的地方品种。

特征特性　株式塔形，腰叶长椭圆形，叶面较平，叶缘波浪，叶尖渐尖，叶色绿色，叶耳中等，主脉中等，叶片厚度中等，茎叶角度较大，花序集中，花色淡红色。自然株高191.0cm，打顶株高142.0cm，自然叶数19.8片，有效叶数16.2片，茎围9.6cm，节距6.7cm，腰叶长61.2cm、宽32.0cm。移栽至现蕾44天，移栽至中心花开放52天，大田生育期120天。

抗病性　中感黑胫病和TMV，感根结线虫病和PVY。

外观质量　原烟颜色金黄色，油分有，身份适中，光泽较强，叶片结构较疏松。

化学成分　总糖6.89%，还原糖4.50%，两糖差2.39%，总氮3.37%，烟碱1.07%，氯0.76%，糖碱比6.44，氮碱比3.15，钾2.22%。

208 泼拉机　全国统一编号340

泼拉机是由河南省农业科学院烟草研究所收集保存的地方品种。

特征特性　株式筒形，腰叶长椭圆形，叶面较平，叶缘波浪，叶尖渐尖，叶色绿色，叶耳大，主脉中等，叶片较厚，茎叶角度中等，花序集中，花色淡红色。自然株高135.0cm，打顶株高82.6cm，自然叶数21.8片，有效叶数18.2片，茎围10.2cm，节距3.3cm，腰叶长59.8cm、宽33.8cm。移栽至现蕾74天，移栽至中心花开放80天，大田生育期139天。

抗病性　感黑胫病、TMV和PVY。

外观质量　原烟成熟，油分有，身份适中，颜色金黄色，光泽较强，叶片结构较疏松。

化学成分　总糖10.19%，还原糖8.50%，两糖差1.69%，总氮2.83%，烟碱0.59%，氯0.12%，糖碱比17.27，氮碱比4.80，钾2.52%。

209 黔南1号　全国统一编号593

黔南1号是由中国农业科学院烟草研究所收集保存的地方品种。

特征特性　株式筒形，腰叶长椭圆形，叶面较平，叶缘波浪，叶尖渐尖，叶色绿色，叶耳大，主脉中等，叶片较厚，茎叶角度中等，花序集中，花色淡红色。自然株高228.0cm，打顶株高168.0cm，自然叶数44.6片，有效叶数26.2片，茎围12.2cm，节距4.5cm，腰叶长64.0cm、宽33.2cm。移栽至现蕾96天，移栽至中心花开放100天，大田生育期146天。

抗病性　中感黑胫病和根结线虫病，感青枯病、TMV和PVY。

外观质量　原烟颜色金黄色，油分有，身份适中，光泽较强，叶片结构较疏松。

化学成分　总糖11.65%，还原糖8.84%，两糖差2.81%，总氮2.89%，烟碱0.94%，氯0.15%，糖碱比12.39，氮碱比3.07，钾4.01%。

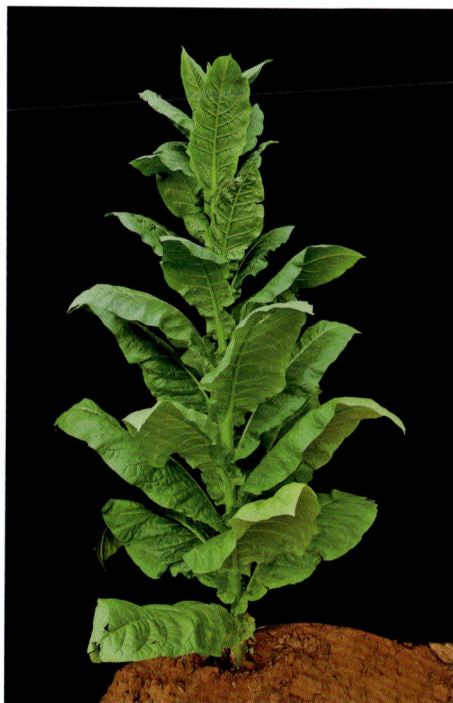

210　黔南2号　全国统一编号594

黔南2号是由中国农业科学院烟草研究所收集保存的地方品种。

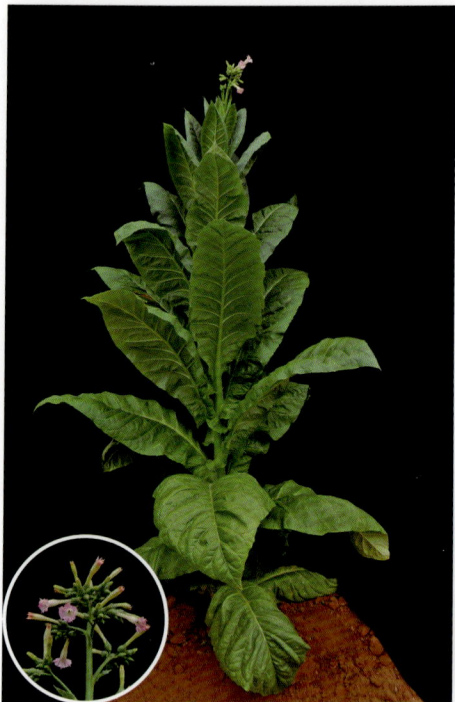

特征特性　株式筒形，腰叶长椭圆形，叶面较平，叶缘波浪，叶尖渐尖，叶色绿色，叶耳中等，主脉中等，叶片较薄，茎叶角度中等，花序集中，花色淡红色。自然株高201.7cm，打顶株高146.4cm，自然叶数30.6片，有效叶数23.2片，茎围11.3cm，节距4.7cm，腰叶长55.0cm、宽29.4cm。移栽至现蕾96天，移栽至中心花开放100天，大田生育期127天。

抗病性　中感黑胫病和TMV，感青枯病、根结线虫病和PVY。

外观质量　原烟颜色金黄色，油分有，身份适中，光泽较强，叶片结构较疏松。

化学成分　总糖6.59%，还原糖5.30%，两糖差1.29%，总氮2.86%，烟碱1.58%，氯0.13%，糖碱比4.17，氮碱比1.81，钾2.43%。

211　黔南3号　全国统一编号595

黔南3号是由中国农业科学院烟草研究所收集保存的地方品种。

特征特性　株式筒形，腰叶长椭圆形，叶面较平，叶缘波浪，叶尖渐尖，叶色绿色，叶耳中等，主脉中等，叶片较厚，茎叶角度中等，花序集中，花色淡红色。自然株高174.7cm，打顶株高133.5cm，自然叶数37.3片，有效叶数22.6片，茎围10.3cm，节距4.1cm，腰叶长46.6cm、宽16.0cm。移栽至现蕾96天，移栽至中心花开放100天，大田生育期127天。

抗病性　中感黑胫病和根结线虫病，感青枯病、TMV和PVY。

外观质量　原烟颜色金黄色，油分有，身份适中，光泽较强，叶片结构较疏松。

化学成分　总糖5.07%，还原糖3.82%，两糖差1.25%，总氮2.74%，烟碱1.90%，氯0.12%，糖碱比2.67，氮碱比1.44，钾3.68%。

212 黔南5号 全国统一编号597

黔南5号是由中国农业科学院烟草研究所收集保存的地方品种。

特征特性 株式塔形，腰叶长椭圆形，叶面较平，叶缘波浪，叶尖渐尖，叶色绿色，叶耳大，主脉中等，叶片较厚，茎叶角度中等，花序集中，花色淡红色。自然株高187.0cm，打顶株高127.5cm，自然叶数46.0片，有效叶数23.2片，茎围11.6cm，节距4.1cm，腰叶长42.8cm、宽16.2cm。移栽至现蕾76天，移栽至中心花开放82天，大田生育期124天。

抗病性 中感黑胫病和根结线虫病，感青枯病和TMV。

外观质量 原烟颜色金黄色，油分有，身份适中，光泽较强，叶片结构较疏松。

化学成分 总糖30.70%，还原糖26.76%，两糖差3.94%，总氮1.80%，烟碱1.19%，氯0.46%，糖碱比25.80，氮碱比1.51，钾1.85%。

213 黔南7号 全国统一编号599

黔南7号是由中国农业科学院烟草研究所收集保存的地方品种。

特征特性 株式筒形，腰叶长椭圆形，叶面较平，叶缘波浪，叶尖渐尖，叶色绿色，叶耳大，主脉中等，叶片较厚，茎叶角度中等，花序集中，花色淡红色。自然株高209.6cm，打顶株高135.0cm，自然叶数52.6片，有效叶数22.6片，茎围11.8cm，节距4.5cm，腰叶长54.0cm、宽24.4cm。移栽至现蕾76天，移栽至中心花开放82天，大田生育期131天。

抗病性 中感黑胫病和根结线虫病，感青枯病、TMV和PVY。

外观质量 原烟颜色金黄色，油分有，身份适中，光泽较强，叶片结构较疏松。

化学成分 总糖11.91%，还原糖9.03%，两糖差2.88%，总氮3.13%，烟碱0.83%，氯0.15%，糖碱比14.35，氮碱比3.77，钾3.68%。

214　黔南9号　全国统一编号601

黔南9号是由中国农业科学院烟草研究所收集保存的地方品种。

特征特性　株式筒形，腰叶长椭圆形，叶面较皱，叶缘波浪，叶尖渐尖，叶色绿色，叶耳大，主脉中等，叶片较厚，茎叶角度小，花序集中，花色淡红色。自然株高212.0cm，打顶株高148.2cm，自然叶数30.4片，有效叶数22.1片，茎围13.2cm，节距4.2cm，腰叶长71.2cm、宽38.6cm。移栽至现蕾52天，移栽至中心花开放60天，大田生育期124天。

抗 病 性　感黑胫病、青枯病、根结线虫病、TMV和PVY。

外观质量　原烟颜色金黄色，油分有，身份适中，光泽较强，叶片结构较疏松。

化学成分　总糖7.60%，还原糖5.03%，两糖差2.57%，总氮2.84%，烟碱0.80%，氯0.26%，糖碱比9.50，氮碱比3.55，钾3.41%。

215　黔南10号　全国统一编号602

黔南10号是由中国农业科学院烟草研究所收集保存的地方品种。

特征特性　株式筒形，腰叶长椭圆形，叶面较平，叶缘波浪，叶尖渐尖，叶色绿色，叶耳中等，主脉中等，叶片较厚，茎叶角度大，花序集中，花色淡红色。自然株高190.0cm，打顶株高145.0cm，自然叶数26.5片，有效叶数20.5片，茎围9.3cm，节距5.3cm，腰叶长75.0cm、宽35.5cm。移栽至现蕾61天，移栽至中心花开放69天，大田生育期124天。

抗 病 性　中感黑胫病、根结线虫病和TMV，感青枯病。

外观质量　原烟颜色金黄色，油分有，身份适中，光泽较强，叶片结构较疏松。

化学成分　总糖22.52%，还原糖17.24%，两糖差5.28%，总氮2.26%，烟碱2.45%，氯0.15%，糖碱比9.19，氮碱比0.92，钾2.35%。

216 曲沃柳叶烟　全国统一编号79

曲沃柳叶烟是由中国农业科学院烟草研究所收集保存的地方品种。

特征特性　株式筒形，腰叶长椭圆形，叶面较皱，叶缘波浪，叶尖渐尖，叶色绿色，叶耳中等，主脉中等，叶片厚度中等，茎叶角度中等，花序集中，花色淡红色。自然株高179.0cm，打顶株高130.3cm，自然叶数25.4片，有效叶数20.7片，茎围11.6cm，节距4.6cm，腰叶长66.2cm、宽33.0cm。移栽至现蕾52天，移栽至中心花开放60天，大田生育期124天。

抗病性　中感根结线虫病和TMV，感黑胫病、青枯病和PVY。

外观质量　原烟颜色橘黄色，油分较多，身份适中，光泽强，叶片结构较疏松。

化学成分　总糖12.05%，还原糖10.37%，两糖差1.68%，总氮2.77%，烟碱3.59%，氯0.21%，糖碱比3.36，氮碱比0.77，钾2.48%。

217 三八烟　全国统一编号368

三八烟是由河南省农业科学院烟草研究所收集保存的地方品种。

特征特性　株式塔形，腰叶长椭圆形，叶面较皱，叶缘波浪，叶尖渐尖，叶色绿色，叶耳中等，主脉中等，叶片较厚，茎叶角度中等，花序集中，花色淡红色。自然株高150.3cm，打顶株高128.4cm，自然叶数19.6片，有效叶数17.3片，茎围8.8cm，节距4.8cm，腰叶长57.0cm、宽31.0cm。移栽至现蕾60天，移栽至中心花开放65天，大田生育期124天。

抗病性　中抗TMV，感黑胫病、根结线虫病和PVY。

外观质量　原烟颜色橘黄色，油分多，身份适中，光泽强，叶片结构较疏松。

化学成分　总糖14.97%，还原糖10.61%，两糖差4.36%，总氮2.96%，烟碱3.63%，氯0.47%，糖碱比4.12，氮碱比0.82，钾2.09%。

218 三保险2440　全国统一编号360

三保险2440是由河南省农业科学院烟草研究所收集保存的地方品种。

特征特性　株式筒形，腰叶长椭圆形，叶面较皱，叶缘波浪，叶尖渐尖，叶色绿色，叶耳中等，主脉中等，叶片厚度中等，茎叶角度小，花序集中，花色淡红色。自然株高124.3cm，打顶株高84.0cm，自然叶数19.8片，有效叶数16.0片，茎围10.0cm，节距3.8cm，腰叶长64.2cm、宽26.2cm。移栽至现蕾61天，移栽至中心花开放67天，大田生育期124天。

抗病性　中感TMV，感黑胫病、根结线虫病和PVY。

外观质量　原烟颜色金黄色，油分有，身份适中，光泽较强，叶片结构较疏松。

化学成分　总糖4.79%，还原糖3.70%，两糖差1.09%，总氮3.33%，烟碱1.49%，氯0.12%，糖碱比3.21，氮碱比2.23，钾3.15%。

219 色烟1063　全国统一编号69

色烟1063是由中国农业科学院烟草研究所收集保存的地方品种。

特征特性　株式塔形，腰叶长椭圆形，叶面较皱，叶缘波浪，叶尖渐尖，叶色绿色，叶耳大，主脉中等，叶片厚度中等，茎叶角度中等，花序集中，花色淡红色。自然株高179.7cm，打顶株高105.5cm，自然叶数22.5片，有效叶数19.8片，茎围9.6cm，节距5.4cm，腰叶长65.0cm、宽34.0cm。移栽至现蕾51天，移栽至中心花开放56天，大田生育期124天。

抗病性　中抗TMV，中感PVY和根结线虫病，感黑胫病和青枯病。

外观质量　原烟颜色金黄色，油分有，身份适中，光泽较强，叶片结构较疏松。

化学成分　总糖9.49%，还原糖7.99%，两糖差1.50%，总氮3.06%，烟碱0.81%，氯0.11%，糖碱比11.72，氮碱比3.78，钾2.65%。

220 构把2467 全国统一编号359

构把2467是由河南省农业科学院烟草研究所从河南鄢陵县柏梁收集保存的地方品种。

特征特性 株式筒形,腰叶椭圆形,叶面较平,叶缘平滑,叶尖渐尖,叶色绿色,主脉细,茎叶角度较大,花序集中,花色淡红色。自然株高111.4cm,打顶株高75.8cm,自然叶数21.4片,有效叶数15.8片,茎围7.3cm,节距4.0cm,腰叶长52.1cm、宽23.9cm。移栽至现蕾35天,移栽至中心花开放43天,大田生育期114天。

抗病性 中感黑胫病,感白粉病。

外观质量 原烟颜色金黄色,油分多,身份适中,光泽强,叶片结构疏松。

化学成分 总糖38.02%,还原糖34.35%,两糖差3.67%,总氮1.65%,烟碱1.90%,氯1.34%,糖碱比20.01,氮碱比0.87,钾1.21%。

221 神烟 全国统一编号20

神烟是由中国农业科学院烟草研究所收集保存的地方品种。

特征特性 株式筒形,腰叶长椭圆形,叶面较平,叶缘波浪,叶尖渐尖,叶色绿色,叶耳中等,主脉中等,叶片较厚,茎叶角度小,花序集中,花色淡红色。自然株高176.3cm,打顶株高121.6cm,自然叶数23.6片,有效叶数20.0片,茎围10.0cm,节距4.9cm,腰叶长65.3cm、宽32.8cm。移栽至现蕾60天,移栽至中心花开放66天,大田生育期124天。

抗病性 中感根结线虫病和TMV,感黑胫病和青枯病。

外观质量 原烟颜色金黄色,油分有,身份适中,光泽较强,叶片结构较疏松。

化学成分 总糖17.30%,还原糖12.37%,两糖差4.93%,总氮2.78%,烟碱2.69%,氯0.11%,糖碱比6.43,氮碱比1.03,钾3.09%。

222 竖把2129　全国统一编号223

竖把2129是由河南省农业科学院烟草研究所收集保存的地方品种。

特征特性　株式塔形，腰叶长椭圆形，叶面较皱，叶缘波浪，叶尖渐尖，叶色绿色，叶耳中等，主脉中等，叶片较厚，茎叶角度中等，花序集中，花色淡红色。自然株高181.0cm，打顶株高156.4cm，自然叶数23.6片，有效叶数20.0片，茎围11.8cm，节距5.0cm，腰叶长76.2cm、宽32.4cm。移栽至现蕾46天，移栽至中心花开放50天，大田生育期124天。

抗病性　抗TMV，中感黑胫病和根结线虫病，感青枯病。

外观质量　原烟颜色金黄色，油分有，身份适中，光泽较强，叶片结构较疏松。

化学成分　总糖17.57%，还原糖12.59%，两糖差4.98%，总氮2.02%，烟碱2.28%，氯0.15%，糖碱比7.71，氮碱比0.89，钾1.24%。

223 竖把2135　全国统一编号229

竖把2135是由河南省农业科学院烟草研究所收集保存的地方品种。

特征特性　株式塔形，腰叶长椭圆形，叶面较皱，叶缘波浪，叶尖渐尖，叶色绿色，叶耳中等，主脉中等，叶片厚度中等，茎叶角度大，花序分散，花色淡红色。自然株高172.0cm，打顶株高116.6cm，自然叶数19.8片，有效叶数16.6片，茎围9.8cm，节距6.4cm，腰叶长54.2cm、宽24.6cm。移栽至现蕾38天，移栽至中心花开放45天，大田生育期124天。

抗病性　抗黑胫病和TMV，中感PVY，感根结线虫病和青枯病。

外观质量　原烟颜色金黄色，油分有，身份适中，光泽较强，叶片结构较疏松。

化学成分　总糖14.16%，还原糖9.62%，两糖差4.54%，总氮3.16%，烟碱2.61%，氯0.22%，糖碱比5.43，氮碱比1.21，钾2.09%。

224 竖把大柳叶2131 全国统一编号225

竖把大柳叶2131是由河南省农业科学院烟草研究所收集保存的地方品种。

特征特性 株式筒形，腰叶长椭圆形，叶面较皱，叶缘波浪，叶尖渐尖，叶色绿色，叶耳大，主脉中等，叶片较厚，茎叶角度中等，花序集中，花色淡红色。自然株高155.0cm，打顶株高82.5cm，自然叶数20.3片，有效叶数15.4片，茎围12.6cm，节距5.3cm，腰叶长66.6cm、宽33.4cm。移栽至现蕾52天，移栽至中心花开放56天，大田生育期124天。

抗病性 抗TMV，中抗黑胫病，感青枯病、根结线虫病和PVY。

外观质量 原烟颜色金黄色，油分有，身份适中，光泽较强，叶片结构较疏松。

化学成分 总糖9.66%～21.93%，还原糖7.29%～14.24%，两糖差2.37%～7.69%，总氮1.94%～2.80%，烟碱1.59%～2.39%，氯0.11%～0.12%，糖碱比6.07～9.19，氮碱比0.81～1.22，钾1.23%～2.00%。

225 竖把大柳叶2133 全国统一编号227

竖把大柳叶2133是由河南省农业科学院烟草研究所收集保存的地方品种。

特征特性 株式筒形，腰叶长椭圆形，叶面较平，叶缘波浪，叶尖渐尖，叶色绿色，叶耳中等，主脉中等，叶片较厚，茎叶角度小，花序集中，花色淡红色。自然株高141.3cm，打顶株高74.6cm，自然叶数21.4片，有效叶数18.2片，茎围10.8cm，节距3.4cm，腰叶长60.8cm、宽22.4cm。移栽至现蕾54天，移栽至中心花开放61天，大田生育期109天。

抗病性 中感TMV，感黑胫病、根结线虫病和PVY。

外观质量 原烟颜色金黄色，油分有，身份适中，光泽较强，叶片结构较疏松。

化学成分 总糖24.17%，还原糖19.71%，两糖差4.46%，总氮2.41%，烟碱3.61%，氯0.40%，糖碱比6.70，氮碱比0.67，钾2.03%。

226　竖把老母鸡2113　全国统一编号185

竖把老母鸡2113是由河南省农业科学院烟草研究所收集保存的地方品种。

特征特性　株式塔形，腰叶椭圆形，叶尖急尖，叶面皱，叶缘平滑，叶色绿色，叶耳大，主脉细，叶片较厚，茎叶角度较大，花序分散，花色淡红色。自然株高188.2cm，打顶株高108.4cm，自然叶数20.3片，有效叶数16.2片，茎围10.1cm，节距6.0cm，腰叶长74.7cm、宽38.3cm。移栽至现蕾54天，移栽至中心花开放60天，大田生育期132天。

抗病性　中感黑胫病、根结线虫病和TMV。

外观质量　成熟颜色青黄色，身份稍厚，油分少，光泽弱，叶片结构紧密。

化学成分　总糖22.16%，还原糖19.60%，两糖差2.56%，总氮2.34%，烟碱2.05%，氯1.30%，糖碱比10.81，氮碱比1.14，钾1.57%。

227　竖把柳叶2110　全国统一编号207

竖把柳叶2110是由河南省农业科学院烟草研究所收集保存的地方品种。

特征特性　株式筒形，腰叶长椭圆形，叶面较平，叶缘波浪，叶尖渐尖，叶色绿色，叶耳中等，主脉中等，叶片较厚，茎叶角度中等，花序集中，花色淡红色。自然株高115.3cm，打顶株高92.0cm，自然叶数21.3片，有效叶数16.8片，茎围8.3cm，节距4.0cm，腰叶长61.0cm、宽25.6cm。移栽至现蕾45天，移栽至中心花开放52天，大田生育期109天。

抗病性　中抗TMV，感黑胫病和PVY。

外观质量　原烟颜色金黄色，油分有，身份适中，光泽较强，叶片结构较疏松。

化学成分　总糖2.72%，还原糖2.43%，两糖差0.29%，总氮3.81%，烟碱1.93%，氯0.09%，糖碱比1.41，氮碱比1.97，钾2.52%。

228　竖把柳叶2116　全国统一编号212

竖把柳叶2116是由河南省农业科学院烟草研究所收集保存的地方品种。

特征特性　株式筒形，腰叶长椭圆形，叶面较平，叶缘波浪，叶尖渐尖，叶色绿色，叶耳中等，主脉中等，叶片较厚，茎叶角度小，花序集中，花色淡红色。自然株高114.3cm，打顶株高78.2cm，自然叶数19.6片，有效叶数16.5片，茎围10.4cm，节距3.9cm，腰叶长67.0cm、宽33.0cm。移栽至现蕾46天，移栽至中心花开放50天，大田生育期109天。

抗病性　抗TMV，感黑胫病、根结线虫病和PVY。

外观质量　原烟颜色金黄色，油分有，身份适中，光泽较强，叶片结构较疏松。

化学成分　总糖7.63%～11.59%，还原糖5.06%～9.31%，两糖差2.28%～2.57%，总氮2.47%～3.06%，烟碱4.28%～6.29%，氯0.09%～0.13%，糖碱比1.21～2.71，氮碱比0.39～0.71，钾1.12%～1.62%。

229　竖把小柳叶　全国统一编号228

竖把小柳叶是由河南省农业科学院烟草研究所收集保存的地方品种。

特征特性　株式筒形，腰叶长椭圆形，叶面较平，叶缘波浪，叶尖渐尖，叶色绿色，叶耳中等，主脉中等，叶片较厚，茎叶角度中等，花序集中，花色淡红色。自然株高139.5cm，打顶株高66.8cm，自然叶数21.6片，有效叶数18.1片，茎围11.2cm，节距3.2cm，腰叶长60.0cm、宽23.0cm。移栽至现蕾60天，移栽至中心花开放67天，大田生育期118天。

抗病性　中抗TMV，感黑胫病、根结线虫病和PVY。

外观质量　原烟颜色金黄色，油分有，身份适中，光泽较强，叶片结构较疏松。

化学成分　总糖9.68%～14.72%，还原糖6.43%～13.11%，两糖差1.61%～3.24%，总氮2.47%～2.64%，烟碱1.23%～4.52%，氯0.08%～0.11%，糖碱比2.14～11.97，氮碱比0.55～2.15，钾1.27%～2.43%。

230　竖叶子0982　全国统一编号15

竖叶子0982是由中国农业科学院烟草研究所收集保存的地方品种。

特征特性　株式筒形，腰叶长椭圆形，叶面较平，叶缘波浪，叶尖渐尖，叶色绿色，叶耳中等，主脉中等，叶片较厚，茎叶角度中等，花序集中，花色淡红色。自然株高211.0cm，打顶株高171.2cm，自然叶数23.4片，有效叶数19.8片，茎围11.2cm，节距5.8cm，腰叶长77.4cm、宽39.6cm。移栽至现蕾60天，移栽至中心花开放66天，大田生育期124天。

抗病性　抗TMV，中抗黑胫病，感青枯病、根结线虫病和PVY。

外观质量　原烟颜色金黄色，油分有，身份适中，光泽较强，叶片结构较疏松。

化学成分　总糖4.14%～13.73%，还原糖3.38%～9.31%，两糖差0.76%～4.42%，总氮2.33%～3.48%，烟碱2.30%～3.82%，氯0.12%～0.18%，糖碱比1.80～3.59，氮碱比0.61～1.51，钾2.24%～4.10%。

231　竖叶子0987　全国统一编号17

竖叶子0987是由中国农业科学院烟草研究所收集保存的地方品种。

特征特性　株式筒形，腰叶长椭圆形，叶面较皱，叶缘波浪，叶尖渐尖，叶色绿色，叶耳中等，主脉中等，叶片较厚，茎叶角度小，花序集中，花色淡红色。自然株高203.0cm，打顶株高172.4cm，自然叶数22.6片，有效叶数18.6片，茎围11.0cm，节距5.2cm，腰叶长70.0cm、宽35.8cm。移栽至现蕾60天，移栽至中心花开放66天，大田生育期127天。

抗病性　中抗TMV，中感根结线虫病，感黑胫病、青枯病和PVY。

外观质量　原烟颜色金黄色，油分有，身份适中，光泽较强，叶片结构较疏松。

化学成分　总糖8.70%～16.31%，还原糖6.92%～10.71%，两糖差1.78%～5.61%，总氮2.48%～3.25%，烟碱2.81%～4.74%，氯0.13%～0.20%，糖碱比3.10～3.44，氮碱比0.52～1.16，钾2.05%～3.16%。

232　水头选　全国统一编号446

水头选是由福建省农业科学院龙岩分院收集保存的地方品种。

特征特性　株式塔形，腰叶长椭圆形，叶面较皱，叶缘波浪，叶尖渐尖，叶色绿色，叶耳大，主脉细，叶片较薄，茎叶角度大，花序集中，花色淡红色。自然株高180.3cm，打顶株高160.5cm，自然叶数24.0片，有效叶数19.2片，茎围13.2cm，节距4.1cm，腰叶长76.2cm、宽40.8cm。移栽至现蕾61天，移栽至中心花开放69天，大田生育期127天。

抗病性　中感TMV，感黑胫病。

外观质量　原烟颜色金黄色，油分有，身份适中，光泽较强，叶片结构较疏松。

化学成分　总糖18.80%，还原糖14.08%，两糖差4.72%，总氮2.63%，烟碱2.22%，氯0.11%，糖碱比8.47，氮碱比1.18，钾1.97%。

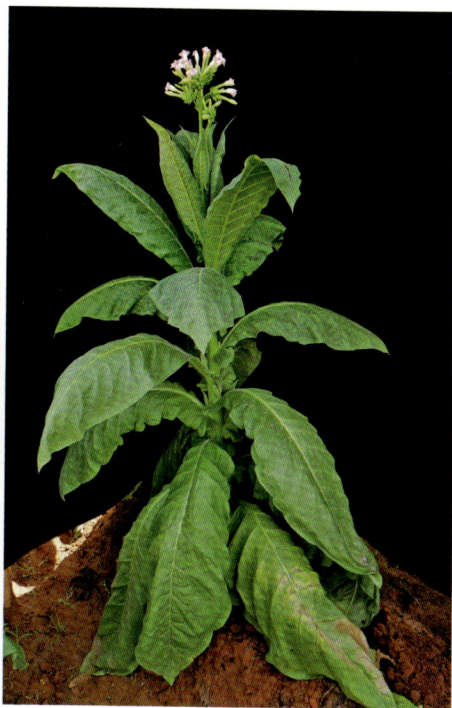

233　松边　全国统一编号393

松边是由河南省农业科学院烟草研究所收集保存的地方品种。

特征特性　株式塔形，腰叶长椭圆形，叶面较平，叶缘波浪，叶尖渐尖，叶色绿色，叶耳中等，主脉中等，叶片较薄，茎叶角度大，花序集中，花色淡红色。自然株高186.3cm，打顶株高157.5cm，自然叶数22.3片，有效叶数19.5片，茎围9.8cm，节距4.3cm，腰叶长66cm、宽36cm。移栽至现蕾61天，移栽至中心花开放69天，大田生育期127天。

抗病性　抗TMV，感黑胫病。

外观质量　原烟颜色橘黄色，油分有，身份适中，光泽强，叶片结构较疏松。

化学成分　总糖15.11%，还原糖12.51%，两糖差2.60%，总氮2.28%，烟碱2.25%，氯0.29%，糖碱比6.72，氮碱比1.01，钾1.89%。

234 松边黄苗榆2202　全国统一编号241

松边黄苗榆2202是由河南省农业科学院烟草研究所收集保存的地方品种。

特征特性 株式塔形，腰叶长椭圆形，叶面较皱，叶缘波浪，叶尖渐尖，叶色绿色，叶耳小，主脉细，叶片较厚，茎叶角度较大，花序分散，花色淡红色。自然株高207.5cm，打顶株高135.4cm，自然叶数20.2片，有效叶数16.9片，茎围11.4cm，节距6.1cm，腰叶长56.0cm、宽25.4cm。移栽至现蕾43天，移栽至中心花开放48天，大田生育期118天。

抗病性 中抗黑胫病，中感TMV，感根结线虫病和PVY。

外观质量 原烟颜色金黄色，油分有，身份适中，光泽较强，叶片结构较疏松。

化学成分 总糖15.84%，还原糖10.39%，两糖差5.45%，总氮3.47%，烟碱5.14%，氯0.12%，糖碱比3.08，氮碱比0.68，钾1.66%。

235 胎里富1060　全国统一编号66

胎里富1060是由中国农业科学院烟草研究所收集保存的地方品种。

特征特性 株式筒形，腰叶宽椭圆形，叶面较皱，叶缘波浪，叶尖渐尖，叶色绿色，叶耳大，主脉中等，叶片较厚，茎叶角度中等，花序集中，花色淡红色。自然株高201.0cm，打顶株高132.0cm，自然叶数22.8片，有效叶数19.0片，茎围13.0cm，节距5.0cm，腰叶长65.2cm、宽43.6cm。移栽至现蕾74天，移栽至中心花开放80天，大田生育期127天。

抗病性 抗TMV，中抗黑胫病，感青枯病和根结线虫病。

外观质量 原烟颜色金黄色，油分有，身份适中，光泽较强，叶片结构较疏松。

化学成分 总糖11.56%～11.86%，还原糖9.02%～9.24%，两糖差2.32%～2.84%，总氮2.31%～3.33%，烟碱2.59%～3.98%，氯0.13%～0.21%，糖碱比2.98～4.47，氮碱比0.84～0.89，钾2.18%～2.34%。

236 胎里富1061　全国统一编号67

胎里富1061是由中国农业科学院烟草研究所收集保存的地方品种。

特征特性　株式筒形，腰叶宽椭圆形，叶面较皱，叶缘波浪，叶尖渐尖，叶色绿色，叶耳大，主脉中等，叶片较厚，茎叶角度中等，花序集中，花色淡红色。自然株高166.3cm，打顶株高104.6cm，自然叶数21.6片，有效叶数19.4片，茎围12.2cm，节距5.2cm，腰叶长68.8cm、宽35.0cm。移栽至现蕾54天，移栽至中心花开放62天，大田生育期118天。

抗病性　抗TMV，感黑胫病、青枯病、根结线虫病和PVY。

外观质量　原烟颜色金黄色，油分有，身份适中，光泽较强，叶片结构较疏松。

化学成分　总糖9.66%，还原糖7.29%，两糖差2.37%，总氮2.80%，烟碱1.59%，氯0.11%，糖碱比6.08，氮碱比1.76，钾2.00%。

237 太空K326

太空K326是原K326的烟草种子在我国的第十六颗返回式卫星（1994年7月18日成功发射，飞行15天后成功返回）处理（编号941008）后，经过系统选育而成。

特征特性　株式筒形，腰叶长椭圆形，叶尖渐尖，叶面平，叶缘波浪，叶色绿色，叶耳大，主脉粗，叶片较厚，茎叶角度中等，花序集中，花色淡红色。自然株高181.1cm，打顶株高126.8cm，自然叶数27.4片，有效叶数21.8片，茎围10.6cm，节距4.2cm，腰叶长66.2cm、宽26.0cm，移栽至现蕾61天，移栽至中心花开放69天，大田生育期139天。

抗病性　中抗青枯病、黑胫病、根结线虫病，感PVY。

外观质量　原烟颜色金黄色，油分多，身份适中，光泽较强，叶片结构较疏松。

化学成分　总糖33.35%，还原糖14.42%，两糖差18.93%，总氮1.62%，烟碱1.57%，氯0.18%，糖碱比21.24，氮碱比1.03，钾2.05%。

238 太空红大

太空红大是原红花大金元的烟草种子在我国的第十六颗返回式卫星（1994年7月18日成功发射，飞行15天后成功返回）处理（编号941008）后，经过系统选育而成。

特征特性　株式筒形，腰叶椭圆形，叶尖渐尖，叶面较皱，叶缘波浪，叶色绿色，叶耳大，主脉粗，叶片较厚，茎叶角度中等，花序集中，花色淡红色。自然株高179.5cm，打顶株高132.0cm，自然叶数25.6片，有效叶数21.0片，茎围10.1cm，节距4.3cm，腰叶长77.3cm、宽35.0cm。移栽至现蕾46天，移栽至中心花开放52天，大田生育期130天。

抗病性　感黑胫病和根结线虫病。

外观质量　原烟颜色金黄色，油分多，身份适中，光泽较强，叶片结构较疏松。

化学成分　总糖31.25%，还原糖21.90%，两糖差9.35%，总氮1.86%，烟碱1.24%，氯0.56%，糖碱比25.20，氮碱比1.50，钾1.87%。

239 特字8号　全国统一编号804

特字8号由福建省农业科学院龙岩分院用永定401×7206杂交选育而成。

特征特性　株式筒形，腰叶长椭圆形，叶面较皱，叶缘波浪，叶尖渐尖，叶色绿色，叶耳大，主脉细，叶片较厚，茎叶角度中等，花序集中，花色淡红色。自然株高192.0cm，打顶株高161.0cm，自然叶数22.5片，有效叶数18.4片，茎围11.5cm，节距7.4cm，腰叶长62.35cm、宽38.15cm。移栽至现蕾76天，移栽至中心花开放82天，大田生育期120天。

抗病性　中感TMV，感黑胫病。

外观质量　原烟颜色金黄色，油分有，身份适中，光泽较强，叶片结构较疏松。

化学成分　总糖5.06%，还原糖2.98%，两糖差2.08%，总氮2.91%，烟碱1.64%，氯0.23%，糖碱比3.09，氮碱比1.77，钾3.16%。

240 滕县金星　全国统一编号77

滕县金星是由中国农业科学院烟草研究所收集保存的地方品种。

特征特性　株式筒形，腰叶长椭圆形，叶面较皱，叶缘波浪，叶尖渐尖，叶色绿色，叶耳大，主脉中等，叶片较厚，茎叶角度小，花序集中，花色淡红色。自然株高211.0cm，打顶株高163.4cm，自然叶数23.4片，有效叶数19.2片，茎围12.6cm，节距5.3cm，腰叶长70.4cm、宽36.4cm。移栽至现蕾44天，移栽至中心花开放52天，大田生育期118天。

抗病性　中抗黑胫病，中感TMV，感青枯病、根结线虫病和PVY。

外观质量　原烟颜色金黄色，油分有，身份适中，光泽较强，叶片结构较疏松。

化学成分　总糖11.40%，还原糖8.55%，两糖差2.85%，总氮3.30%，烟碱1.72%，氯0.13%，糖碱比6.63，氮碱比1.92，钾2.48%。

241 弯梗子　全国统一编号155

弯梗子是由安徽省农业科学院烟草研究所收集保存的地方品种。

特征特性　株式筒形，腰叶长椭圆形，叶面较皱，叶缘波浪，叶尖渐尖，叶色绿色，叶耳中等，主脉中等，叶片较厚，茎叶角度较大，花序集中，花色淡红色。自然株高162.0cm，打顶株高146.0cm，自然叶数24.6片，有效叶数19.7片，茎围12.0cm，节距4.9cm，腰叶长80.6cm、宽30.6cm。移栽至现蕾43天，移栽至中心花开放47天，大田生育期127天。

抗病性　中抗TMV，感黑胫病、根结线虫病和PVY。

外观质量　原烟颜色金黄色，油分有，身份适中，光泽较强，叶片结构较疏松。

化学成分　总糖13.04%，还原糖10.57%，两糖差2.47%，总氮3.09%，烟碱3.00%，氯0.18%，糖碱比4.35，氮碱比1.03，钾2.39%。

242　王坡二　全国统一编号369

王坡二是由河南省农业科学院烟草研究所收集保存的地方品种。

特征特性　株式塔形，腰叶长椭圆形，叶面较皱，叶缘波浪，叶尖渐尖，叶色绿色，叶耳中等，主脉中等，叶片较厚，茎叶角度中等，花序集中，花色淡红色。自然株高175.0cm，打顶株高106.8cm，自然叶数24.8片，有效叶数20.6片，茎围11.4cm，节距5.2cm，腰叶长87.8cm、宽37.2cm。移栽至现蕾52天，移栽至中心花开放60天，大田生育期127天。

抗 病 性　中感TMV，感黑胫病和PVY。

外观质量　原烟颜色金黄色，油分有，身份适中，光泽较强，叶片结构较疏松。

化学成分　总糖14.59%，还原糖10.67%，两糖差3.92%，总氮3.19%，烟碱2.90%，氯0.20%，糖碱比5.03，氮碱比1.10，钾2.35%。

243　未岗小白筋　全国统一编号152

未岗小白筋是由安徽省农业科学院烟草研究所收集保存的地方品种。

特征特性　株式塔形，腰叶长椭圆形，叶面较皱，叶缘波浪，叶尖渐尖，叶色绿色，叶耳中等，主脉中等，叶片厚度中等，茎叶角度中等，花序分散，花色淡红色。自然株高171.8cm，打顶株高103.2cm，自然叶数23.5片，有效叶数19.4片，茎围10.4cm，节距4.0cm，腰叶长62.4cm、宽25.4cm。移栽至现蕾39天，移栽至中心花开放44天，大田生育期101天。

抗 病 性　中感TMV，感黑胫病、根结线虫病和PVY。

外观质量　原烟颜色金黄色，油分有，身份适中，光泽较强，叶片结构较疏松。

化学成分　总糖19.17%，还原糖12.98%，两糖差6.19%，总氮2.03%，烟碱2.68%，氯0.14%，糖碱比7.15，氮碱比0.76，钾1.68%。

244　瓮安大毛叶　全国统一编号475

瓮安大毛叶是由贵州省烟草科学研究院收集保存的地方品种。

特征特性　株式塔形，腰叶披针形，叶面较平，叶缘皱折，叶尖渐尖，叶色绿色，叶耳中等，主脉细，叶片较厚，茎叶角度小，花序集中，花色淡红色。自然株高101.5cm，打顶株高80.8cm，自然叶数21.4片，有效叶数17.5片，茎围9.0cm，节距3.3cm，腰叶长56.6cm、宽24.6cm。移栽至现蕾34天，移栽至中心花开放52天，大田生育期101天。

抗病性　中感TMV，感黑胫病、根结线虫病和PVY。

外观质量　原烟颜色金黄色，油分有，身份适中，光泽较强，叶片结构较疏松。

化学成分　总糖20.05%，还原糖14.21%，两糖差5.84%，总氮2.80%，烟碱2.39%，氯0.08%，糖碱比8.39，氮碱比1.17，钾1.75%。

245　窝里黄0774　全国统一编号14

窝里黄0774是由中国农业科学院烟草研究所收集保存的地方品种。

特征特性　株式塔形，腰叶长椭圆形，叶面较平，叶缘平滑，叶尖渐尖，叶色绿色，叶耳小，主脉中等，叶片较厚，茎叶角度大，花序集中，花色淡红色。自然株高171.6cm，打顶株高91.0cm，自然叶数28.0片，有效叶数22.1片，茎围10.2cm，节距5.1cm，腰叶长61.8cm、宽26.0cm。移栽至现蕾48天，移栽至中心花开放55天，大田生育期101天。

抗病性　抗黑胫病，中抗TMV，中感根结线虫病，感青枯病和PVY。

外观质量　原烟颜色金黄色，油分有，身份适中，光泽较强，叶片结构较疏松。

化学成分　总糖24.37%，还原糖21.81%，两糖差2.56%，总氮1.86%，烟碱2.34%，氯0.15%，糖碱比10.41，氮碱比0.79，钾2.27%。

246　窝罗心　全国统一编号146

窝罗心是由安徽省农业科学院烟草研究所收集保存的地方品种。

特征特性　株式筒形，腰叶长椭圆形，叶面较皱，叶缘波浪，叶尖渐尖，叶色绿色，叶耳中等，主脉粗，叶片厚度中等，茎叶角度中等，花序集中，花色淡红色。自然株高155.1cm，打顶株高117.8cm，自然叶数27.5片，有效叶数21.2片，茎围12.0cm，节距4.3cm，腰叶长71.7cm、宽37.0cm。移栽至现蕾52天，移栽至中心花开放60天，大田生育期124天。

抗病性　抗黑胫病，感TMV和PVY。

外观质量　原烟颜色金黄色，油分有，身份适中，光泽较强，叶片结构较疏松。

化学成分　总糖21.67%～22.13%，还原糖16.63%～19.76%，两糖差2.37%～5.04%，总氮2.09%～2.51%，烟碱3.18%～3.68%，氯0.19%～0.35%，糖碱比5.89～6.96，氮碱比0.57～0.79，钾1.47%～2.09%。

247　无名烟　全国统一编号388

无名烟是由河南省农业科学院烟草研究所收集保存的地方品种。

特征特性　株式筒形，腰叶长椭圆形，叶面较平，叶缘平滑，叶尖渐尖，叶色绿色，叶耳中等，主脉细，叶片较厚，茎叶角度中等，花序集中，花色红色。自然株高96.5cm，打顶株高60.5cm，自然叶数16.5片，有效叶数13.0片，茎围6.0cm，节距1.7cm，腰叶长52.8cm、宽24.6cm。移栽至现蕾39天，移栽至中心花开放44天，大田生育期109天。

抗病性　抗TMV，感黑胫病和PVY。

外观质量　原烟颜色金黄色，油分有，身份适中，光泽较强，叶片结构较疏松。

化学成分　总糖31.10%，还原糖20.95%，两糖差10.15%，总氮1.78%，烟碱1.90%，氯0.79%，糖碱比16.37，氮碱比0.94，钾1.19%。

248　梧桐白1068　全国统一编号74

梧桐白1068是由中国农业科学院烟草研究所收集保存的地方品种。

特征特性　株式塔形，腰叶长椭圆形，叶面较皱，叶缘波浪，叶尖渐尖，叶色绿色，叶耳中等，主脉中等，叶片厚度中等，茎叶角度中等，花序集中，花色红色。自然株高151.3cm，打顶株高99.0cm，自然叶数23.8片，有效叶数19.8片，茎围10.3cm，节距3.8cm，腰叶长70.3cm、宽29.4cm。移栽至现蕾44天，移栽至中心花开放48天，大田生育期109天。

抗病性　感黑胫病、青枯病、根结线虫病、TMV和PVY。

外观质量　原烟颜色金黄色，油分有，身份适中，光泽较强，叶片结构较疏松。

化学成分　总糖18.12%，还原糖15.73%，两糖差2.39%，总氮2.39%，烟碱3.54%，氯1.37%，糖碱比5.12，氮碱比0.68，钾1.96%。

249　梧桐白1069　全国统一编号75

梧桐白1069是由中国农业科学院烟草研究所收集保存的地方品种。

特征特性　株式塔形，腰叶长椭圆形，叶面平整，叶缘波浪，叶尖渐尖，叶色绿色，叶耳中等，主脉中等，叶片厚度中等，茎叶角度中等，花序集中，花色红色。自然株高164.5cm，打顶株高116.5cm，自然叶数20.6片，有效叶数17.2片，茎围9.0cm，节距3.9cm，腰叶长74.0cm、宽34.5cm。移栽至现蕾54天，移栽至中心花开放61天，大田生育期109天。

抗病性　中感TMV，感黑胫病、青枯病、根结线虫病。

外观质量　原烟颜色金黄色，油分有，身份适中，光泽较强，叶片结构较疏松。

化学成分　总糖29.74%，还原糖25.97%，两糖差3.77%，总氮1.83%，烟碱2.41%，氯1.57%，糖碱比12.34，氮碱比0.76，钾1.79%。

250　武鸣4号　全国统一编号630

武鸣4号是由中国农业科学院烟草研究所收集保存的地方品种。

特征特性　株式筒形，腰叶宽椭圆形，叶面平整，叶缘平滑，叶尖渐尖，叶色绿色，叶耳中等，主脉中等，叶片薄，茎叶角度小，花序集中，花色红色。自然株高140.0cm，打顶株高109.4cm，自然叶数23.7片，有效叶数20.2片，茎围10.7cm，节距3.5cm，腰叶长61.7cm、宽33.2cm。移栽至现蕾76天，移栽至中心花开放82天，大田生育期124天。

抗病性　感黑胫病、青枯病、根结线虫病、TMV和PVY。

外观质量　原烟颜色金黄色，油分少，身份适中，光泽中等，叶片结构紧密。

化学成分　总糖8.39%～21.93%，还原糖6.04%～12.69%，两糖差2.35%～9.24%，总氮1.76%～3.10%，烟碱0.88%～3.13%，氯0.14%～0.21%，糖碱比7.01～9.53，氮碱比0.56～3.52，钾1.76%～3.41%。

251　小白筋0948　全国统一编号44

小白筋0948是由中国农业科学院烟草研究所收集保存的地方品种。

特征特性　株式筒形，腰叶长椭圆形，叶面平整，叶缘波浪，叶尖渐尖，叶色绿色，叶耳中等，主脉中等，叶片厚度中等，茎叶角度小，花序集中，花色淡红色。自然株高205.0cm，打顶株高135.5cm，自然叶数21.3片，有效叶数18.5片，茎围10.3cm，节距3.5cm，腰叶长66.8cm、宽27.9cm。移栽至现蕾76天，移栽至中心花开放82天，大田生育期109天。

抗病性　感黑胫病、青枯病、根结线虫病、TMV和PVY。

外观质量　原烟颜色金黄色，油分有，身份适中，光泽较强，叶片结构较疏松。

化学成分　总糖27.25%，还原糖19.70%，两糖差7.55%，总氮1.99%，烟碱2.34%，氯0.92%，糖碱比11.65，氮碱比0.85，钾1.62%。

252　小白筋2507　全国统一编号412

小白筋2507是由河南省农业科学院烟草研究所收集保存的地方品种。

特征特性　株式塔形，腰叶长椭圆形，叶面较皱，叶缘波浪，叶尖渐尖，叶色绿色，叶耳中等，主脉中等，叶片厚度中等，茎叶角度中等，花序分散，花色淡红色。自然株高170.0cm，打顶株高127.0cm，自然叶数26.0片，有效叶数20.4片，茎围11.0cm，节距4.0cm，腰叶长74.2cm、宽28.0cm。移栽至现蕾76天，移栽至中心花开放82天，大田生育期127天。

抗病性　中感TMV，感黑胫病和PVY。

外观质量　原烟颜色金黄色，油分有，身份适中，光泽较强，叶片结构较疏松。

化学成分　总糖11.20%，还原糖8.97%，两糖差2.23%，总氮3.06%，烟碱3.24%，氯0.09%，糖碱比3.46，氮碱比0.94，钾2.30%。

253　小白筋2514　全国统一编号419

小白筋2514是由河南省农业科学院烟草研究所收集保存的地方品种。

特征特性　株式塔形，腰叶长椭圆形，叶面较皱，叶缘波浪，叶尖渐尖，叶色绿色，叶耳中等，主脉中等，叶片厚度中等，茎叶角度中等，花序集中，花色淡红色。自然株高213.0cm，打顶株高136.3cm，自然叶数26.4片，有效叶数21.8片，茎围9.8cm，节距5.3cm，腰叶长75.6cm、宽39.4cm。移栽至现蕾44天，移栽至中心花开放48天，大田生育期131天。

抗病性　中感TMV，感黑胫病、根结线虫病和PVY。

外观质量　原烟颜色金黄色，油分有，身份适中，光泽较强，叶片结构较疏松。

化学成分　总糖17.08%，还原糖13.82%，两糖差3.26%，总氮2.45%，烟碱1.96%，氯0.11%，糖碱比8.71，氮碱比1.25，钾1.92%。

254　小白筋2515　全国统一编号420

小白筋2515是由河南省农业科学院烟草研究所收集保存的地方品种。

特征特性　株式筒形，腰叶长椭圆形，叶面较皱，叶缘皱折，叶尖渐尖，叶色绿色，叶耳中等，主脉中等，叶片较厚，茎叶角度小，花序集中，花色淡红色。自然株高185.0cm，打顶株高129.6cm，自然叶数24.3片，有效叶数20.6片，茎围9.6cm，节距3.3cm，腰叶长60.0cm、宽20.8cm。移栽至现蕾76天，移栽至中心花开放82天，大田生育期127天。

抗病性　感黑胫病、TMV和PVY。

外观质量　原烟颜色金黄色，油分有，身份适中，光泽较强，叶片结构较疏松。

化学成分　总糖15.95%，还原糖13.96%，两糖差1.99%，总氮2.75%，烟碱2.45%，氯0.08%，糖碱比6.51，氮碱比1.12，钾2.13%。

255　小白筋2516　全国统一编号421

小白筋2516是由河南省农业科学院烟草研究所收集保存的地方品种。

特征特性　株式塔形，腰叶长椭圆形，叶面较皱，叶缘波浪，叶尖渐尖，叶色绿色，叶耳中等，主脉中等，叶片较厚，茎叶角度中等，花序分散，花色淡红色。自然株高155.0cm，打顶株高101.6cm，自然叶数21.2片，有效叶数18.2片，茎围7.4cm，节距3.4cm，腰叶长56.6cm、宽18.2cm。移栽至现蕾34天，移栽至中心花开放44天，大田生育期124天。

抗病性　中感TMV，感黑胫病和PVY。

外观质量　原烟颜色金黄色，油分有，身份适中，光泽较强，叶片结构较疏松。

化学成分　总糖15.57%，还原糖12.95%，两糖差2.62%，总氮3.14%，烟碱1.15%，氯0.12%，糖碱比13.54，氮碱比2.73，钾3.84%。

256 小白筋变种　全国统一编号 422

小白筋变种是由河南省农业科学院烟草研究所收集保存的地方品种。

特征特性　株式塔形，腰叶长椭圆形，叶面较皱，叶缘波浪，叶尖渐尖，叶色绿色，叶耳大，主脉中等，叶片较厚，茎叶角度大，花序集中，花色淡红色。自然株高144.0cm，打顶株高124.0cm，自然叶数26.0片，有效叶数18.8片，茎围8.0cm，节距4.0cm，腰叶长61.0cm、宽25.0cm。移栽至现蕾74天，移栽至中心花开放80天，大田生育期94天。

抗病性　中感TMV，感黑胫病、根结线虫病和PVY。

外观质量　原烟成熟颜色杂色，油分少，身份薄，光泽中等，叶片结构紧密。

化学成分　总糖9.33%，还原糖7.41%，两糖差1.92%，总氮2.95%，烟碱1.80%，氯0.09%，糖碱比5.18，氮碱比1.64，钾1.92%。

257 小黑柳　全国统一编号 150

小黑柳是由安徽省农业科学院烟草研究所收集保存的地方品种。

特征特性　株式筒形，腰叶长椭圆形，叶面较平，叶缘波浪，叶尖渐尖，叶色绿色，叶耳大，主脉中等，叶片厚度中等，茎叶角度中等，花序集中，花色淡红色。自然株高208.0cm，打顶株高157.0cm，自然叶数25.8片，有效叶数20.6片，茎围11.0cm，节距4.7cm，腰叶长76.6cm、宽36.6cm。移栽至现蕾62天，移栽至中心花开放69天，大田生育期124天。

抗病性　中感TMV和黑胫病，感根结线虫病和PVY。

外观质量　原烟颜色金黄色，油分有，身份薄，光泽较强，叶片结构较疏松。

化学成分　总糖22.07%～22.27%，还原糖13.37%～15.57%，两糖差6.50%～8.89%，总氮1.98%～2.42%，烟碱3.30%～4.04%，氯0.16%～0.21%，糖碱比5.52～6.69，氮碱比0.49～0.73，钾1.13%～1.97%。

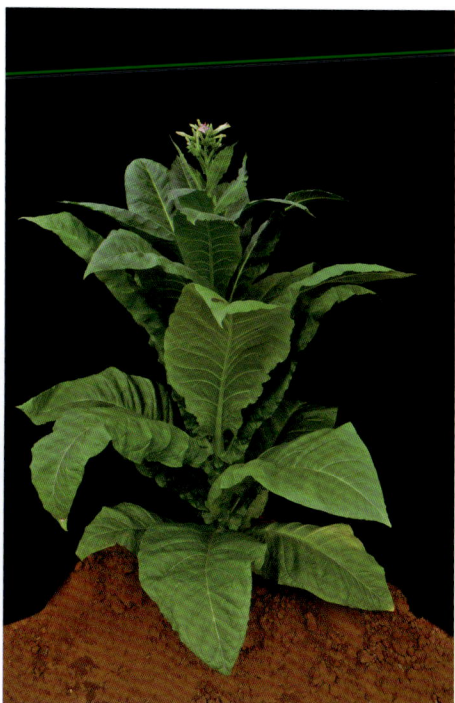

258 小黄金0003　全国统一编号12

小黄金0003是由中国农业科学院烟草研究所收集保存的地方品种。

特征特性　株式筒形，腰叶长椭圆形，叶面较皱，叶缘波浪，叶尖渐尖，叶色绿色，叶耳大，主脉中等，叶片薄，茎叶角度中等，花序集中，花色淡红色。自然株高195.0cm，打顶株高131.4cm，自然叶数22.6片，有效叶数18.0片，茎围8.8cm，节距5.1cm，腰叶长61.6cm、宽26.1cm。移栽至现蕾74天，移栽至中心花开放80天，大田生育期131天。

抗病性　中感TMV，感黑胫病、青枯病、根结线虫病和PVY。

外观质量　原烟颜色杂、青黄色，油分有，身份适中，光泽中等，叶片结构较紧密。

化学成分　总糖14.34%，还原糖9.52%，两糖差4.82%，总氮2.80%，烟碱0.56%，氯0.08%，糖碱比25.61，氮碱比5.00，钾2.43%。

259 小黄金0007　全国统一编号31

小黄金0007是由中国农业科学院烟草研究所收集保存的地方品种。

特征特性　株式塔形，腰叶长椭圆形，叶面较平，叶缘波浪，叶尖渐尖，叶色绿色，叶耳大，主脉中等，叶片厚度中等，茎叶角度大，花序集中，花色淡红色。自然株高223.0cm，打顶株高176.0cm，自然叶数30.7片，有效叶数22.3片，茎围10.6cm，节距5.7cm，腰叶长71.4cm、宽35.3cm。移栽至现蕾74天，移栽至中心花开放80天，大田生育期127天。

抗病性　抗黑胫病，中抗TMV，中感PVY和根结线虫病，感青枯病。

外观质量　原烟颜色橘黄色，油分较多，身份适中，光泽强，叶片结构较疏松。

化学成分　总糖20.97%～24.46%，还原糖14.49%～17.41%，两糖差6.48%～7.05%，总氮2.17%～2.7%，烟碱2.89%～4.07%，氯0.16%～0.33%，糖碱比6.01～7.26，氮碱比0.53～0.93，钾1.02%～1.84%。

260　小黄金0008　全国统一编号21

小黄金0008是由中国农业科学院烟草研究所收集保存的地方品种。

特征特性　株式塔形，腰叶长椭圆形，叶面较皱，叶缘波浪，叶尖渐尖，叶色绿色，叶耳大，主脉中等，叶片较厚，茎叶角度中等，花序集中，花色淡红色。自然株高226.0cm，打顶株高176.3cm，自然叶数24.6片，有效叶数21.4片，茎围10.2cm，节距5.5cm，腰叶长75.8cm、宽36.0cm。移栽至现蕾62天，移栽至中心花开放69天，大田生育期127天。

抗病性　抗黑胫病，中感TMV，感PVY、青枯病和根结线虫病。

外观质量　原烟成熟颜色金黄色，油分有，身份适中，光泽较强，叶片结构较疏松。

化学成分　总糖21.46%～22.01%，还原糖15.49%～16.36%，两糖差5.65%～5.97%，总氮2.21%～2.96%，烟碱3.38%～3.45%，氯0.18%～0.21%，糖碱比6.21～6.51，氮碱比0.64～0.88，钾1.25%～1.5%。

261　小黄金0009　全国统一编号18

小黄金0009是由中国农业科学院烟草研究所收集保存的地方品种。

特征特性　株式塔形，腰叶长椭圆形，叶面较平，叶缘锯齿，叶尖渐尖，叶色绿色，叶耳大，主脉中等，叶片较厚，茎叶角度大，花序集中，花色淡红色。自然株高221.0cm，打顶株高159.5cm，自然叶数26.8片，有效叶数21.6片，茎围10.2cm，节距4.9cm，腰叶长73.2cm、宽35.4cm。移栽至现蕾52天，移栽至中心花开放60天，大田生育期139天。

抗病性　抗黑胫病、TMV，感青枯病、根结线虫病和PVY。

外观质量　原烟颜色金黄色，油分有，身份适中，光泽较强，叶片结构较疏松。

化学成分　总糖25.63%～26.18%，还原糖16.18%～18.62%，两糖差7.56%～9.45%，总氮2.22%～2.55%，烟碱2.77%～3.37%，氯0.18%～0.23%，糖碱比7.61～9.45，氮碱比0.66～0.92，钾1.07%～1.67%。

262 小黄金0019　全国统一编号32

小黄金0019是由中国农业科学院烟草研究所收集保存的地方品种。

特征特性　株式塔形，腰叶长椭圆形，叶面较皱，叶缘波浪，叶尖渐尖，叶色绿色，叶耳大，主脉中等，叶片薄，茎叶角度中等，花序分散，花色淡红色。自然株高195.0cm，打顶株高152.0cm，自然叶数23.8片，有效叶数17.6片，茎围9.8cm，节距4.6cm，腰叶长67.0cm、宽28.6cm。移栽至现蕾62天，移栽至中心花开放69天，大田生育期131天。

抗病性　感黑胫病、根结线虫病和PVY。

外观质量　原烟颜色橘、杂、褐色，油分少，身份适中，光泽较弱，叶片结构较紧密。

化学成分　总糖8.38%，还原糖6.97%，两糖差1.41%，总氮2.69%，烟碱1.39%，氯0.12%，糖碱比6.03，氮碱比1.94，钾3.09%。

263 小黄金0022　全国统一编号24

小黄金0022是由中国农业科学院烟草研究所收集保存的地方品种。

特征特性　株式塔形，腰叶长椭圆形，叶面较平，叶缘锯齿，叶尖渐尖，叶色绿色，叶耳中等，主脉中等，叶片较厚，茎叶角度大，花序集中，花色淡红色。自然株高227.5cm，打顶株高164.6cm，自然叶数26.1片，有效叶数21.6片，茎围10.2cm，节距5.5cm，腰叶长74.0cm、宽32.7cm。移栽至现蕾76天，移栽至中心花开放82天，大田生育期139天。

抗病性　中抗黑胫病，中感PVY，感根结线虫病和TMV。

外观质量　原烟颜色橘黄色，油分较多，身份适中，光泽强，叶片结构较疏松。

化学成分　总糖18.16%～20.08%，还原糖11.55%～14.15%，两糖差4.01%～8.54%，总氮2.23%～2.90%，烟碱3.63%～3.99%，氯0.14%～0.26%，糖碱比5.00～5.04，氮碱比0.56～0.80，钾1.21%～1.58%。

264 小黄金0029 全国统一编号25

小黄金0029是由中国农业科学院烟草研究所收集保存的地方品种。

特征特性 株式塔形，腰叶长椭圆形，叶面较平，叶缘波浪，叶尖渐尖，叶色绿色，叶耳大，主脉中等，叶片较厚，茎叶角度中等，花序集中，花色淡红色。自然株高136.4cm，打顶株高118.7cm，自然叶数23.0片，有效叶数18.6片，茎围9.8cm，节距4.4cm，腰叶长61.7cm、宽28.5cm。移栽至现蕾44天，移栽至中心花开放48天，大田生育期109天。

抗病性 抗黑胫病，中感TMV，感青枯病、根结线虫病和PVY。

外观质量 原烟颜色柠檬黄色，油分少，身份适中，光泽中等，叶片结构较疏松。

化学成分 总糖10.91%～14.52%，还原糖8.13%～8.16%，两糖差2.78%～6.36%，总氮2.7%～3.0%，烟碱3.77%～5.35%，氯0.24%～0.25%，糖碱比2.71～2.89，氮碱比0.51～0.80，钾1.38%～2.05%。

265 小黄金0091 全国统一编号27

小黄金0091是由中国农业科学院烟草研究所收集保存的地方品种。

特征特性 株式塔形，腰叶长椭圆形，叶面较平，叶缘波浪，叶尖渐尖，叶色绿色，叶耳大，主脉中等，叶片较厚，茎叶角度中等，花序集中，花色淡红色。自然株高192.0cm，打顶株高137.0cm，自然叶数23.5片，有效叶数18.9片，茎围9.5cm，节距3.8cm，腰叶长48.5cm、宽26.0cm。移栽至现蕾74天，移栽至中心花开放80天，大田生育期124天。

抗病性 中抗TMV，中感根结线虫病，感黑胫病、青枯病和PVY。

外观质量 原烟颜色金黄色，油分有，身份适中，光泽较强，叶片结构较疏松。

化学成分 总糖7.10%～10.23%，还原糖5.70%～5.95%，两糖差1.15%～4.53%，总氮2.03%～2.87%，烟碱1.53%～3.12%，氯0.09%～0.18%，糖碱比3.28～4.64，氮碱比0.65～1.88，钾1.29%～2.44%。

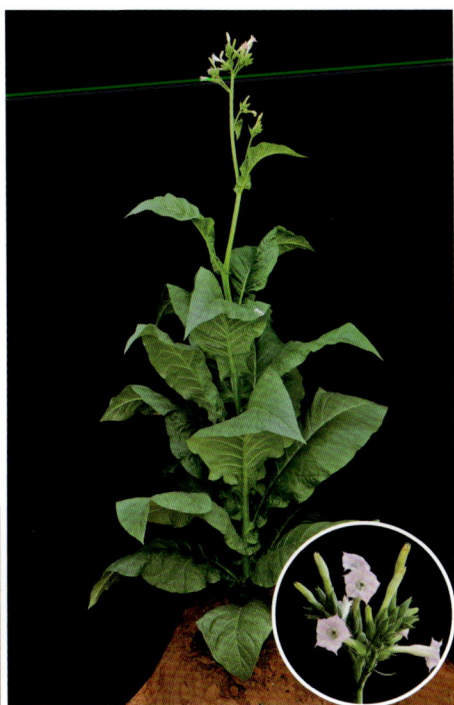

266　小黄金0137　全国统一编号33

小黄金0137是由中国农业科学院烟草研究所收集保存的地方品种。

特征特性　株式塔形，腰叶长椭圆形，叶面较皱，叶缘波浪，叶尖渐尖，叶色绿色，叶耳大，主脉中等，叶片较厚，茎叶角度中等，花序集中，花色淡红色。自然株高195.0cm，打顶株高157.0cm，自然叶数23.7片，有效叶数20.2片，茎围8.4cm，节距4.6cm，腰叶长57.2cm、宽23.5cm。移栽至现蕾74天，移栽至中心花开放80天，大田生育期127天。

抗病性　中感根结线虫病和TMV，感黑胫病、青枯病和PVY。

外观质量　原烟颜色金黄色，油分有，身份适中，光泽较强，叶片结构较疏松。

化学成分　总糖8.71%，还原糖6.88%，两糖差1.83%，总氮3.17%，烟碱2.24%，氯0.08%，糖碱比3.89，氮碱比1.42，钾2.49%。

267　小黄金0138　全国统一编号22

小黄金0138是由中国农业科学院烟草研究所收集保存的地方品种。

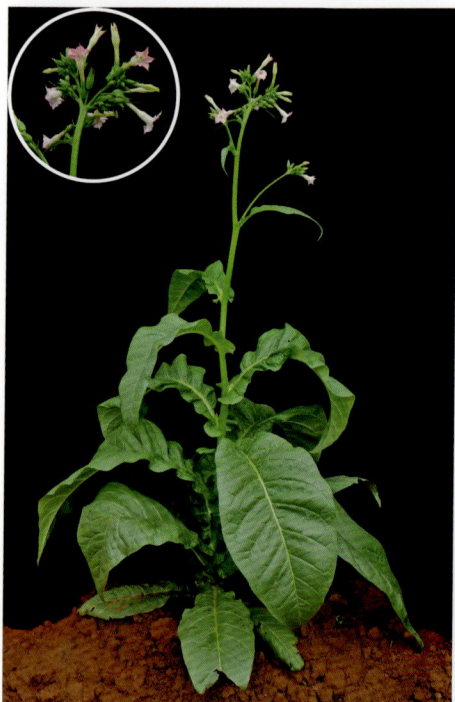

特征特性　株式塔形，腰叶长椭圆形，叶面较皱，叶缘波浪，叶尖渐尖，叶色绿色，叶耳大，主脉中等，叶片较厚，茎叶角度中等，花序集中，花色淡红色。自然株高190.0cm，打顶株高127.4cm，自然叶数20.4片，有效叶数16.6片，茎围8.8cm，节距3.7cm，腰叶长61.8cm、宽31.2cm。移栽至现蕾74天，移栽至中心花开放80天，大田生育期124天。

抗病性　中抗根结线虫病，中感TMV，感黑胫病和青枯病。

外观质量　原烟颜色金黄色，油分有，身份适中，光泽较强，叶片结构较疏松。

化学成分　总糖8.87%，还原糖8.54%，两糖差0.33%，总氮2.60%，烟碱1.31%，氯0.08%，糖碱比6.77，氮碱比1.98，钾2.19%。

268 小黄金0203　全国统一编号34

小黄金0203是由中国农业科学院烟草研究所收集保存的地方品种。

特征特性　株式塔形，腰叶长椭圆形，叶面较皱，叶缘波状，叶尖渐尖，叶色绿色，叶耳大，主脉中等，叶片较厚，茎叶角度大，花序集中，花色淡红色。自然株高201.2cm，打顶株高117.8cm，自然叶数24.8片，有效叶数21.6片，茎围10.8cm，节距5.4cm，腰叶长68.2cm、宽32.8cm。移栽至现蕾54天，移栽至中心花开放60天，大田生育期139天。

抗病性　中抗黑胫病，感青枯病、根结线虫病和PVY。

外观质量　原烟颜色金黄色，油分有，身份适中，光泽较强，叶片结构较疏松。

化学成分　总糖19.98%～20.40%，还原糖12.67%～15.33%，两糖差4.65%～7.73%，总氮2.40%～2.82%，烟碱3.53%～4.02%，氯0.18%～0.33%，糖碱比5.07～5.66，氮碱比0.60～0.80，钾1.36%～1.80%。

269 小黄金0644　全国统一编号55

小黄金0644是由中国农业科学院烟草研究所收集保存的地方品种。

特征特性　株式塔形，腰叶长椭圆形，叶尖渐尖，叶面较皱，叶缘波浪，叶色绿色，叶耳中等，主脉细，叶片厚度中等，茎叶角度中等，花序分散，花色淡红色。自然株高210.8cm，打顶株高109.8cm，自然叶数23.5片，有效叶数17.6片，茎围8.9cm，节距6.5cm，腰叶长70.3cm、宽28.5cm。移栽至现蕾54天，移栽至中心花开放60天，大田生育期132天。

抗病性　抗黑胫病，中抗根结线虫病，感青枯病。

外观质量　原烟颜色杂色、金黄色，身份适中，油分有，光泽较弱，叶片结构紧密。

化学成分　总糖17.10%，还原糖15.68%，两糖差1.42%，总氮2.49%，烟碱3.31%，氯1.43%，糖碱比5.17，氮碱比0.75，钾2.24%。

270　小黄金5209　全国统一编号562

小黄金5209由中国农业科学院烟草研究所从小黄金中系统选育而成。

特征特性　株式筒形，腰叶长椭圆形，叶面较平，叶缘波浪，叶尖渐尖，叶色绿色，叶耳大，主脉中等，叶片较薄，茎叶角度中等，花序集中，花色淡红色。自然株高227.5cm，打顶株高159.5cm，自然叶数26.4片，有效叶数18.2片，茎围11.3cm，节距5.4cm，腰叶长77.0cm、宽36.4cm。移栽至现蕾74天，移栽至中心花开放80天，大田生育期139天。

抗病性　中抗TMV，中感黑胫病，感根结线虫病和PVY。

外观质量　原烟颜色金黄色，油分有，身份适中，光泽较强，叶片结构较疏松。

化学成分　总糖14.04%～16.31%，还原糖7.58%～11.28%，两糖差5.03%～6.46%，总氮2.56%～2.87%，烟碱3.08%～5.12%，氯0.23%～0.27%，糖碱比2.74～5.30，氮碱比0.50～0.93，钾1.80%～2.44%。

271　小尖梢　全国统一编号127

小尖梢是由安徽省农业科学院烟草研究所收集保存的地方品种。

特征特性　株式塔形，腰叶长椭圆形，叶面较皱，叶缘波浪，叶尖渐尖，叶色绿色，叶耳中等，主脉中等，叶片较厚，茎叶角度大，花序分散，花色淡红。自然株高193.0cm，打顶株高155.2cm，自然叶数23.8片，有效叶数16.2片，茎围11.4cm，节距5.8cm，腰叶长73.2cm、宽33.4cm。移栽至现蕾38天，移栽至中心花开放46天，大田生育期139天。

抗病性　抗黑胫病，中感TMV，感PVY。

外观质量　原烟颜色金黄色，油分有，身份适中，光泽较强，叶片结构较疏松。

化学成分　总糖8.82%，还原糖5.94%，两糖差2.88%，总氮3.36%，烟碱4.05%，氯0.33%，糖碱比2.18，氮碱比0.83，钾2.45%。

272 小老母鸡 全国统一编号8

小老母鸡是由辽宁省丹东农业科学院收集保存的地方品种。

特征特性 株式筒形，腰叶长椭圆形，叶面较皱，叶缘波浪，叶尖渐尖，叶色绿色，叶耳大，主脉中等，叶片较厚，茎叶角度中等，花序集中，花色淡红色。自然株高169.0cm，打顶株高116.7cm，自然叶数25.8片，有效叶数21.0片，茎围8.8cm，节距3.8cm，腰叶长55.2cm、宽23.1cm。移栽至现蕾76天，移栽至中心花开放82天，大田生育期139天。

抗 病 性 感黑胫病、根结线虫病、TMV和PVY。

外观质量 原烟颜色金黄色，油分有，身份适中，光泽较强，叶片结构较疏松。

化学成分 总糖7.78%～14.26%，还原糖6.13%～8.74%，两糖差1.65%～5.53%，总氮2.60%～3.04%，烟碱2.36%～4.72%，氯0.12%～0.19%，糖碱比3.02～3.30，氮碱比0.64～1.10，钾1.71%～2.32%。

273 小柳叶2006 全国统一编号165

小柳叶2006是由河南省农业科学院烟草研究所收集保存的地方品种。

特征特性 株式塔形，腰叶长椭圆形，叶面较平，叶缘波浪，叶尖渐尖，叶色绿色，叶耳大，主脉中等，叶片较厚，茎叶角度大，花序集中，花色淡红色。自然株高164.0cm，打顶株高84.4cm，自然叶数25.5片，有效叶数18.2片，茎围7.6cm，节距3.2cm，腰叶长51.5cm、宽19.0cm。移栽至现蕾52天，移栽至中心花开放57天，大田生育期109天。

抗 病 性 中感根结线虫病，感黑胫病、青枯病和TMV。

外观质量 原烟颜色金黄色，油分有，身份适中，光泽较强，叶片结构较疏松。

化学成分 总糖11.11%，还原糖10.45%，两糖差0.66%，总氮3.14%，烟碱2.40%，氯0.12%，糖碱比4.63，氮碱比1.31，钾2.48%。

274 小柳叶2027　全国统一编号185

小柳叶2027是由河南省农业科学院烟草研究所收集保存的地方品种。

特征特性　株式筒形，腰叶长椭圆形，叶面较皱，叶缘波浪，叶尖渐尖，叶色绿色，叶耳大，主脉中等，叶片较厚，茎叶角度中等，花序集中，花色淡红色。自然株高135.0cm，打顶株高82.8cm，自然叶数20.6片，有效叶数16.8片，茎围9.8cm，节距3.0cm，腰叶长63.2cm、宽25.2cm。移栽至现蕾46天，移栽至中心花开放53天，大田生育期124天。

抗病性　感黑胫病、根结线虫病和PVY。

外观质量　原烟颜色金黄色，油分有，身份适中，光泽较强，叶片结构较疏松。

化学成分　总糖11.26%～13.93%，还原糖8.70%～9.63%，两糖差2.56%～4.30%，总氮1.95%～2.77%，烟碱1.33%～2.62%，氯0.12%～0.18%，糖碱比5.31～8.47，氮碱比0.74～2.08，钾1.38%～2.22%。

275 小竖把2137　全国统一编号231

小竖把2137是由河南省农业科学院烟草研究所收集保存的地方品种。

特征特性　株式塔形，腰叶长椭圆形，叶面较平，叶缘波浪，叶尖渐尖，叶色绿色，叶耳大，主脉中等，叶片较厚，茎叶角度中等，花序集中，花色淡红色。自然株高113.0cm，打顶株高74.0cm，自然叶数23.7片，有效叶数19.6片，茎围9.2cm，节距3.1cm，腰叶长68.8cm、宽28.3cm。移栽至现蕾44天，移栽至中心花开放48天，大田生育期124天。

抗病性　抗TMV，感黑胫病和PVY。

外观质量　原烟颜色金黄色，油分有，身份适中，光泽较强，叶片结构较疏松。

化学成分　总糖14.17%，还原糖11.67%，两糖差2.50%，总氮2.47%，烟碱1.96%，氯0.08%，糖碱比7.23，氮碱比1.26，钾2.48%。

276 小竖把2146 全国统一编号237

小竖把2146是由河南省农业科学院烟草研究所收集保存的地方品种。

特征特性 株式塔形，腰叶长椭圆形，叶面较平，叶缘波浪，叶尖渐尖，叶色绿色，叶耳大，主脉中等，叶片较厚，茎叶角度中等，花序集中，花色淡红色。自然株高175.0cm，打顶株高105.8cm，自然叶数19.6片，有效叶数16.8片，茎围11.0cm，节距3.4cm，腰叶长71.9cm、宽29.4cm。移栽至现蕾62天，移栽至中心花开放69天，大田生育期124天。

抗病性 中抗TMV，感黑胫病、根结线虫病和PVY。

外观质量 原烟颜色金黄色，油分有，身份适中，光泽较强，叶片结构较疏松。

化学成分 总糖10.95%，还原糖8.78%，两糖差2.17%，总氮3.06%，烟碱2.25%，氯0.11%，糖碱比4.87，氮碱比1.36，钾2.48%。

277 新农3-1号 全国统一编号529

新农3-1号由贵州省烟草科学研究院用特字400×金星6007杂交选育而成。

特征特性 株式塔形，腰叶椭圆形，叶尖渐尖，叶面较皱，叶缘波浪，叶色绿色，叶耳中等，主脉细，叶片厚度中等，茎叶角度中等，花序集中，花色淡红色。自然株高208.2cm，打顶株高110.8cm，自然叶数22.3片，有效叶数17.2片，茎围9.7cm，节距5.3cm，腰叶长64.9cm、宽31.2cm。移栽至现蕾55天，移栽至中心花开放61天，大田生育期144天。

抗病性 中抗根结线虫病，中感黑胫病，感青枯病。

外观质量 原烟颜色青黄、杂色，身份厚，油分少，光泽弱，叶片结构紧密。

化学成分 总糖19.96%，还原糖15.87%，两糖差4.09%，总氮2.67%，烟碱2.25%，氯1.25%，糖碱比8.87，氮碱比1.19，钾1.74%。

278 新铺1号　全国统一编号1342

新铺1号由贵州省烟草科学研究院用特字400×金星6007杂交选育而成。

特征特性　株式筒形，腰叶长椭圆形，叶面较平，叶缘波浪，叶尖渐尖，叶色绿色，叶耳大，主脉中等，叶片厚度中等，茎叶角度中等，花序集中，花色淡红色。自然株高251.5cm，打顶株高173.1cm，自然叶数30.4片，有效叶数22.4片，茎围10.2cm，节距5.2cm，腰叶长74.1cm、宽37.9cm。移栽至现蕾62天，移栽至中心花开放69天，大田生育期131天。

抗病性　抗黑胫病，中感根结线虫病，感青枯病、TMV和PVY。

外观质量　原烟颜色金黄色，油分较多，身份适中，光泽较强，叶片结构较疏松。

化学成分　总糖16.20%，还原糖13.07%，两糖差3.13%，总氮2.79%，烟碱2.47%，氯0.41%，糖碱比6.56，氮碱比1.13，钾2.40%。

279 新铺2号　全国统一编号1343

新铺2号是由中国农业科学院烟草研究所收集保存的地方品种。

特征特性　株式筒形，腰叶长椭圆形，叶面较平，叶缘波浪，叶尖渐尖，叶色绿色，叶耳大，主脉中等，叶片较厚，茎叶角度中等，花序集中，花色淡红色。自然株高210.0cm，打顶株高145.6cm，自然叶数28.6片，有效叶数20.3片，茎围10.8cm，节距4.9cm，腰叶长69.6cm、宽38.8cm。移栽至现蕾74天，移栽至中心花开放80天，大田生育期131天。

抗病性　抗TMV，中感根结线虫病，感黑胫病、青枯病和PVY。

外观质量　原烟颜色金黄色，油分有，身份适中，光泽较强，叶片结构较疏松。

化学成分　总糖12.05%～23.62%，还原糖7.79%～15.55%，两糖差4.26%～8.07%，总氮2.51%～2.55%，烟碱2.5%～2.81%，氯0.16%～0.20%，糖碱比4.29～9.45，氮碱比0.91～1.00，钾1.98%～2.05%。

280　掩心烟2441　全国统一编号361

掩心烟2441是由河南省农业科学院烟草研究所收集保存的地方品种。

特征特性　株式塔形，腰叶长椭圆形，叶面较平，叶缘波浪，叶尖渐尖，叶色绿色，叶耳大，主脉中等，叶片较厚，茎叶角度中等，花序集中，花色淡红色。自然株高197.0cm，打顶株高167.5cm，自然叶数21.9片，有效叶数17.8片，茎围10.0cm，节距5.2cm，腰叶长71.1cm、宽34.4cm。移栽至现蕾39天，移栽至中心花开放44天，大田生育期109天。

抗病性　中感黑胫病，感根结线虫病、TMV和PVY。

外观质量　原烟颜色金黄色，油分有，身份适中，光泽较强，叶片结构较疏松。

化学成分　总糖12.29%，还原糖7.68%，两糖差4.61%，总氮2.86%，烟碱2.44%，氯0.18%，糖碱比5.04，氮碱比1.17，钾3.42%。

281　一丈青　全国统一编号334

一丈青是由河南省农业科学院烟草研究所收集保存的地方品种。

特征特性　株式筒形，腰叶长椭圆形，叶面较平，叶缘波浪，叶尖渐尖，叶色绿色，叶耳中等，主脉中等，叶片厚度中等，茎叶角度小，花序集中，花色淡红色。自然株高200.0cm，打顶株高119.4cm，自然叶数24.0片，有效叶数19.6片，茎围11.0cm，节距4.3cm，腰叶长60.0cm、宽27.4cm。移栽至现蕾62天，移栽至中心花开放69天，大田生育期124天。

抗病性　中感TMV，感黑胫病、根结线虫病和PVY。

外观质量　原烟颜色金黄色，油分有，身份适中，光泽较强，叶片结构较疏松。

化学成分　总糖15.95%，还原糖7.63%，两糖差8.32%，总氮2.72%，烟碱3.81%，氯0.19%，糖碱比4.19，氮碱比0.71，钾1.48%。

282 原黑苗　全国统一编号293

原黑苗是由河南省农业科学院烟草研究所收集保存的地方品种。

特征特性　株式塔形，腰叶长椭圆形，叶面较皱，叶耳小，叶缘波浪，叶尖渐尖，叶色绿色，叶耳中等，主脉中等，叶片厚度中等，茎叶角度中等，花序集中，花色淡红色。自然株高162.0cm，打顶株高104.0cm，自然叶数20.2片，有效叶数17.3片，茎围7.7cm，节距5.0cm，腰叶长54.0cm、宽26.3cm。移栽至现蕾47天，移栽至中心花开放52天，大田生育期124天。

抗病性　中抗TMV，感黑胫病、根结线虫病和PVY。

外观质量　原烟颜色金黄色，油分有，身份适中，光泽较强，叶片结构较疏松。

化学成分　总糖6.72%，还原糖5.89%，两糖差0.83%，总氮2.86%，烟碱1.69%，氯0.11%，糖碱比3.98，氮碱比1.69，钾2.43%。

283 圆叶稠码　全国统一编号342

圆叶稠码是由河南省农业科学院烟草研究所收集保存的地方品种。

特征特性　株式筒形，腰叶长椭圆形，叶面较平，叶缘波浪，叶尖渐尖，叶色绿色，叶耳小，主脉中等，叶片厚度中等，茎叶角度小，花序集中，花色淡红色。自然株高186.0cm，打顶株高147.6cm，自然叶数24.4片，有效叶数18.6片，茎围11.4cm，节距5.5cm，腰叶长70.4cm、宽30.6cm。移栽至现蕾44天，移栽至中心花开放47天，大田生育期146天。

抗病性　抗TMV，中感黑胫病，感根结线虫病和PVY。

外观质量　原烟颜色金黄色，油分有，身份适中，光泽较强，叶片结构较疏松。

化学成分　总糖13.80%，还原糖9.85%，两糖差3.95%，总氮3.17%，烟碱3.39%，氯0.16%，糖碱比4.07，氮碱比0.94，钾2.35%。

284 云80-1 全国统一编号805

云80-1由福建省农业科学院龙岩分院从云花1号中系统选育而成。

特征特性 株式筒形，腰叶长椭圆形，叶面较皱，叶缘锯齿状，叶尖渐尖，叶色绿色，叶耳大，主脉中等，叶片较薄，茎叶角度大，花序集中，花色淡红色。自然株高160.0cm，打顶株高94.6cm，自然叶数20.8片，有效叶数16.5片，茎围8.0cm，节距5.4cm，腰叶长53.8cm、宽28.3cm。移栽至现蕾57天，移栽至中心花开放62天，大田生育期124天。

抗病性 感黑胫病和根结线虫病。

外观质量 原烟颜色金黄色，油分有，身份适中，光泽较强，叶片结构较疏松。

化学成分 总糖7.90%，还原糖6.68%，两糖差1.22%，总氮2.89%，烟碱1.32%，氯0.09%，糖碱比5.98，氮碱比2.19，钾2.28%。

285 云选1号 全国统一编号797

云选1号由福建省农业科学院龙岩分院从401号中系统选育而成。

特征特性 株式筒形，腰叶宽椭圆形，叶面较皱，叶缘波浪，叶尖渐尖，叶色绿色，叶耳大，主脉中等，叶片较厚，茎叶角度大，花序集中，花色淡红色。自然株高187.0cm，打顶株高157.2cm，自然叶数23.6片，有效叶数18.5片，茎围10.7cm，节距4.4cm，腰叶长61.7cm、宽34.4cm。移栽至现蕾47天，移栽至中心花开放57天，大田生育期131天。

抗病性 中抗根结线虫病和PVY，中感TMV，感黑胫病和青枯病。

外观质量 原烟颜色金黄色，油分有，身份适中，光泽较强，叶片结构较疏松。

化学成分 总糖26.93%，还原糖21.76%，两糖差5.17%，总氮1.80%，烟碱1.86%，氯1.40%，糖碱比14.48，氮碱比0.97，钾1.83%。

286　云选2号　全国统一编号798

云选2号由福建省农业科学院龙岩分院选育而成。

特征特性　株式筒形，腰叶长椭圆形，叶面较平，叶缘波浪，叶尖渐尖，叶色绿色，叶耳大，主脉中等，叶片厚度中等，茎叶角度中等，花序集中，花色淡红色。自然株高146.8cm，打顶株高92.0cm，自然叶数22.6片，有效叶数19.0片，茎围9.2cm，节距4.8cm，腰叶长56.6cm、宽27.8cm。移栽至现蕾62天，移栽至中心花开放69天，大田生育期124天。

抗病性　中抗TMV，中感根结线虫病，感黑胫病、青枯病。

外观质量　原烟颜色金黄色，油分有，身份适中，光泽较强，叶片结构较疏松。

化学成分　总糖20.32%，还原糖16.38%，两糖差3.94%，总氮2.14%，烟碱1.90%，氯1.41%，糖碱比10.69，氮碱比1.12，钾2.06%。

287　自来黄2243　全国统一编号277

自来黄2243是由河南省农业科学院烟草研究所收集保存的地方品种。

特征特性　株式塔形，腰叶长椭圆形，叶面较皱，叶缘波浪，叶尖渐尖，叶色绿色，叶耳大，主脉中等，叶片较厚，茎叶角度中等，花序集中，花色淡红色。自然株高161.0cm，打顶株高148.2cm，自然叶数23.8片，有效叶数18.4片，茎围11.6cm，节距4.7cm，腰叶长69.4cm、宽34.0cm。移栽至现蕾39天，移栽至中心花开放44天，大田生育期124天。

抗病性　中感根结线虫病，感黑胫病、TMV和PVY。

外观质量　原烟颜色金黄色，油分有，身份适中，光泽较强，叶片结构较疏松。

化学成分　总糖11.04%，还原糖7.50%，两糖差3.54%，总氮3.69%，烟碱5.21%，氯0.15%，糖碱比2.12，氮碱比0.71，钾1.75%。

288 4-4 全国统一编号1436

4-4由福建省农业科学院龙岩分院用401×G-140杂交选育而成。

特征特性 株式筒形，腰叶椭圆形，叶面较平，叶尖渐尖，叶色绿色，叶缘波浪，主脉细，叶耳中等，茎叶角度中等，花序集中，花色淡红色。自然株高182.0cm，打顶株高138.8cm，自然叶数21.4片，有效叶数19.2片，茎围11.0cm，节距5.1cm，腰叶长71.3cm、宽37.9cm。移栽至现蕾65天，移栽至中心花开放73天，大田生育期121天。

抗病性 中感白粉病和赤星病。

外观质量 原烟颜色柠檬黄色，油分多，身份稍薄，光泽强，叶片结构疏松。

化学成分 总糖41.20%，还原糖33.98%，两糖差7.22%，总氮1.50%，烟碱1.55%，氯1.36%，糖碱比26.58，氮碱比0.97，钾1.97%。

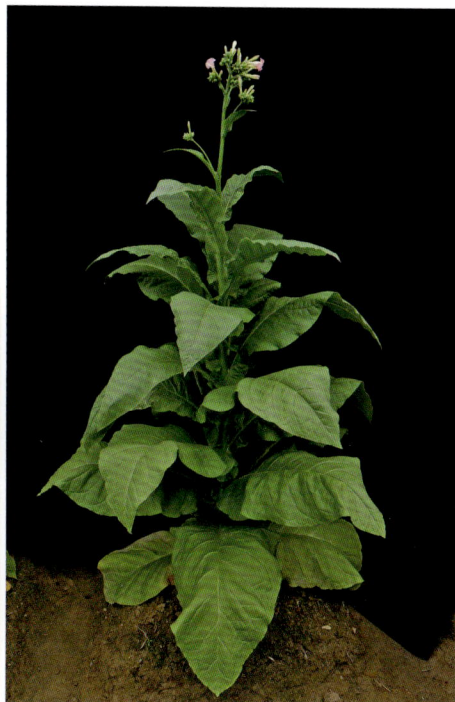

289 520 全国统一编号1339

520由中国农业科学院烟草研究所用摺烟×辽烟1号杂交选育而成。

特征特性 株式筒形，腰叶椭圆形，叶面较平，叶尖渐尖，叶色绿色，叶缘波浪，主脉中等，叶耳中等，茎叶角度中等，花序集中，花色淡红色。自然株高204.6cm，打顶株高162.2cm，自然叶数25.0片，有效叶数22.8片，茎围10.0cm，节距6.0cm，腰叶长72.9cm、宽30.7cm。移栽至现蕾57天，移栽至中心花开放65天，大田生育期121天。

抗病性 感白粉病和赤星病。

外观质量 原烟颜色橘黄色，油分多，身份适中，光泽强，叶片结构疏松。

化学成分 总糖44.82%，还原糖40.71%，两糖差4.11%，总氮1.52%，烟碱1.06%，氯1.08%，糖碱比42.28，氮碱比1.43，钾1.60%。

290

6103　全国统一编号479

6103由福建省农业科学院龙岩分院从400号中系统选育而成。

特征特性　株式筒形，腰叶长椭圆形，叶面较平，叶尖渐尖，叶色浅绿色，叶缘平滑，主脉粗，叶耳小，茎叶角度中等，花序集中，花色淡红色。自然株高103.3cm，打顶株高80.6cm，自然叶数23.5片，有效叶数18.2片，茎围9.9cm，节距4.1cm，腰叶长70.0cm、宽28.0cm。移栽至现蕾41天，移栽至中心花开放48天，大田生育期110天。

抗病性　中感根结线虫病，感黑胫病和青枯病。

外观质量　原烟颜色金黄色，油分多，身份适中，光泽强，叶片结构疏松。

化学成分　总糖24.53%，还原糖22.12%，两糖差2.41%，总氮2.01%，烟碱1.61%，氯1.62%，糖碱比15.24，氮碱比1.25，钾1.84%。

291

6110　全国统一编号470

6110由辽宁省丹东农业科学院用金星×辽烟1号杂交选育而成。

特征特性　株式筒形，腰叶长椭圆形，叶色浅绿色，叶面较皱，叶尖尾尖，叶缘波浪，主脉细，叶耳中等，茎叶角度中等，花序集中，花色淡红色。自然株高92.8cm，打顶株高70.0cm，自然叶数31.8片，有效叶数22.0片，茎围9.5cm，节距1.9cm，腰叶长59.5cm、宽22.4cm。移栽至现蕾75天，移栽至中心花开放83天，大田生育期121天。

抗病性　中感根结线虫病和赤星病，感黑胫病和青枯病。

外观质量　原烟颜色金黄色，油分有，身份厚，光泽较弱，叶片结构较紧密。

化学成分　总糖35.67%，还原糖32.62%，两糖差3.05%，总氮1.40%，烟碱0.93%，氯0.75%，糖碱比38.35，氮碱比1.51，钾1.31%。

292　6401　全国统一编号469

6401由辽宁省丹东农业科学院用5203×大叶黄杂交选育而成。

特征特性　株式塔形，腰叶长椭圆形，叶面较平，叶尖渐尖，叶色深绿色，主脉粗，茎叶角度大，花序集中，花色淡红色。自然株高92.8cm，打顶株高78.0cm，自然叶数19.4片，有效叶数15.2片，茎围8.5cm，节距5.8cm，腰叶长55.0cm、宽23.0cm。移栽至现蕾66天，移栽至中心花开放74天，大田生育期110天。

抗 病 性　感黑胫病。

外观质量　原烟颜色金黄色，油分多，身份适中，光泽强，叶片结构疏松。

化学成分　总糖19.11%，还原糖17.39%，两糖差1.72%，总氮2.01%，烟碱2.94%，氯0.37%，糖碱比6.50，氮碱比0.68，钾1.29%。

293　7202　全国统一编号1456

7202由贵州省烟草科学研究院从春雷3号中系统选育而成。

特征特性　株式筒形，腰叶椭圆形，叶面较平，叶尖渐尖，叶色绿色，叶缘波浪，主脉中等，叶耳较大，茎叶角度大，花序集中，花色淡红色。自然株高198.2cm，打顶株高155.2cm，自然叶数23.0片，有效叶数20.0片，茎围9.0cm，节距6.2cm，腰叶长60.8cm、宽34.7cm。移栽至现蕾57天，移栽至中心花开放67天，大田生育期105天。

抗 病 性　感赤星病。

外观质量　原烟颜色金黄色，油分多，身份适中，光泽强，叶片结构疏松。

化学成分　总糖41.14%，还原糖39.59%，两糖差1.55%，总氮1.72%，烟碱2.16%，氯1.42%，糖碱比19.05，氮碱比0.80，钾1.02%。

294　731-1　全国统一编号2574

731-1由福建省农业科学院龙岩分院用（7201×401）F1×401杂交选育而成。

特征特性　株式塔形，腰叶长椭圆形，叶面较皱，叶缘波浪，叶尖渐尖，叶色绿色，主脉中等，叶耳较大，茎叶角度小，花序集中，花色淡红色。自然株高128.4cm，打顶株高100.6cm，自然叶数20.2片，有效叶数15.8片，茎围9.8cm，节距4.3cm，腰叶长68.9cm、宽31.2cm。移栽至现蕾71天，移栽至中心花开放80天，大田生育期110天。

抗病性　感黑胫病和赤星病。

外观质量　原烟颜色金黄色，油分多，身份适中，光泽强，叶片结构疏松。

化学成分　总糖36.77%，还原糖31.44%，两糖差5.33%，总氮1.73%，烟碱1.56%，氯0.98%，糖碱比23.57，氮碱比1.11，钾1.33%。

295　73A-1　全国统一编号1458

73A-1由贵州省烟草科学研究院用［（H60B007×抵字101）×6302］×H68-B杂交选育而成。

特征特性　株式筒形，腰叶椭圆形，叶面较平，叶尖渐尖，叶色深绿色，叶缘波浪，主脉中等，叶耳小，茎叶角度中等，花序集中，花色淡红色。自然株高227.6cm，打顶株高186.6cm，自然叶数36.2片，有效叶数28.8片，茎围10.2cm，节距5.9cm，腰叶长61.3cm、宽33.8cm。移栽至现蕾70天，移栽至中心花开放80天，大田生育期105天。

抗病性　感赤星病。

外观质量　原烟颜色金黄色，油分多，身份适中，光泽强，叶片结构疏松。

化学成分　总糖36.85%，还原糖36.57%，两糖差0.28%，总氮1.61%，烟碱1.38%，氯1.03%，糖碱比26.70，氮碱比1.17，钾1.22%。

296 7417 全国统一编号1338

7417由辽宁省丹东农业科学院用（辽烟10号×延烟1号）×Hicks杂交选育而成。

特征特性 株式塔形，腰叶长椭圆形，叶面较皱，叶尖渐尖，叶缘波浪，叶色绿色，主脉细，叶耳较大，茎叶角度小，花序集中，花色淡红色。自然株高145.9cm，打顶株高108.2cm，自然叶数19.4片，有效叶数17.4片，茎围10.7cm，节距4.8cm，腰叶长75.2cm，宽30.4cm。移栽至现蕾58天，移栽至中心花开放64天，大田生育期127天。

抗病性 中感黑胫病，感赤星病。

外观质量 原烟颜色金黄色，油分多，身份适中，光泽强，叶片结构疏松。

化学成分 总糖39.39%，还原糖39.03%，两糖差0.36%，总氮1.53%，烟碱1.33%，氯1.67%，糖碱比29.62，氮碱比1.15，钾1.64%。

297 7505 全国统一编号1359

7505由中国农业科学院烟草研究所用青梗×雄革杂交选育而成。

特征特性 株式塔形，腰叶椭圆形，叶面较皱，叶尖渐尖，叶缘波浪，叶色深绿色，主脉细，叶耳大，茎叶角度中等，花序集中，花色淡红色。自然株高144.6cm，打顶株高107.4cm，自然叶数17.6片，有效叶数15.6片，茎围9.6cm，节距4.8cm，腰叶长61.5cm，宽35.3cm。移栽至现蕾69天，移栽至中心花开放79天，大田生育期121天。

抗病性 感黑胫病、青枯病、根结线虫病和赤星病。

外观质量 原烟颜色金黄色，油分多，身份适中，光泽强，叶片结构疏松。

化学成分 总糖39.62%，还原糖35.82%，两糖差3.80%，总氮1.44%，烟碱0.32%，氯1.08%，糖碱比123.81，氮碱比4.50，钾1.72%。

298 7514 全国统一编号1360

7514由中国农业科学院烟草研究所用青梗×大白筋599杂交选育而成。

特征特性 株式塔形，腰叶长椭圆形，叶面较平，叶尖渐尖，叶缘波浪，叶色绿色，主脉中等，叶耳中等，茎叶角度中等，花序集中，花色淡红色。自然株高163.8cm，打顶株高126.2cm，自然叶数40.4片，有效叶数30.4片，茎围8.5cm，节距3.3cm，腰叶长45.6cm、宽15.2cm。移栽至现蕾69天，移栽至中心花开放78天，大田生育期110天。

抗病性 中抗黑胫病，感青枯病、根结线虫病和赤星病。

外观质量 原烟颜色橘黄色，油分较多，身份适中，光泽强，叶片结构较疏松。

化学成分 总糖21.12%，还原糖16.89%，两糖差4.23%，总氮2.28%，烟碱0.99%，氯0.76%，糖碱比21.33，氮碱比2.30，钾2.02%。

299 75D-3 全国统一编号1459

75D-3由贵州省烟草科学研究院用春雷3号×NC2326杂交选育而成。

特征特性 株式塔形，腰叶椭圆形，叶面稍皱，叶尖渐尖，叶缘波浪，叶色深绿色，主脉细，叶耳较大，茎叶角度中等，花序集中，花色淡红色。自然株高207.6cm，打顶株高171.0cm，自然叶数22.6片，有效叶数20.8片，茎围9.7cm，节距6.4cm，腰叶长66.7cm、宽37.6cm。移栽至现蕾68天，移栽至中心花开放76天，大田生育期121天。

抗病性 感白粉病和赤星病。

外观质量 原烟颜色金黄色，油分多，身份适中，光泽强，叶片结构疏松。

化学成分 总糖37.34%，还原糖29.76%，两糖差7.58%，总氮1.38%，烟碱1.19%，氯1.48%，糖碱比31.38，氮碱比1.16，钾1.74%。

300 **7813**

7813是由云南省烟草农业科学研究院收集保存的地方品种。

特征特性 株式塔形，腰叶长椭圆形，叶面平，叶尖渐尖，叶色绿色，叶缘平滑，主脉中等，叶耳小，茎叶角度中等，花序集中，花色淡红色。自然株高190.0cm，打顶株高133.0cm，自然叶数32.8片，有效叶数22.0片，茎围10.4cm，节距4.9cm，腰叶长67.3cm、宽27.0cm。移栽至现蕾66天，移栽至中心花开放72天，大田生育期141天。

抗 病 性 感黑胫病、赤星病和根结线虫病。

外观质量 原烟颜色青黄色，油分有，身份适中，光泽弱，叶片结构较紧密。

化学成分 总糖31.84%，还原糖23.36%，两糖差8.48%，总氮1.57%，烟碱0.91%，氯0.30%，糖碱比34.99，氮碱比1.73，钾2.44%。

301 **78-20　全国统一编号1437**

78-20由福建省农业科学院龙岩分院用401×甜菜杂交选育而成。

特征特性 株式塔形，腰叶椭圆形，叶面平，叶尖渐尖，叶色绿色，叶缘波浪，主脉细，叶耳中等，茎叶角度中等，花序集中，花色淡红色。自然株高196.4cm，打顶株高162.0cm，自然叶数22.0片，有效叶数19.0片，茎围10.1cm，节距6.4cm，腰叶长61.1cm、宽33.7cm。移栽至现蕾62天，移栽至中心花开放69天，大田生育期92天。

抗 病 性 感黑胫病和赤星病。

外观质量 原烟尚熟，油分多，身份适中，颜色橘、青黄色，光泽强，叶片结构疏松。

化学成分 总糖32.27%，还原糖30.40%，两糖差1.87%，总氮1.78%，烟碱1.17%，氯1.12%，糖碱比27.58，氮碱比1.52，钾1.44%。

302　78-3012　全国统一编号1372

78-3012由中国农业科学院烟草研究所从SpeightG-28中系统选育而成。

特征特性　株式塔形，腰叶长椭圆形，叶面较平，叶尖渐尖，叶色浅绿色，叶缘波浪，主脉粗，叶耳中等，茎叶角度大，花序集中，花色淡红色。自然株高182.2cm，打顶株高135.6cm，自然叶数37.6片，有效叶数30.8片，茎围10.1cm，节距3.3cm，腰叶长67.1cm、宽26.5cm。移栽至现蕾79天，移栽至中心花开放84天，大田生育期127天。

抗病性　中感黑胫病、根结线虫病和赤星病，感青枯病。

外观质量　原烟颜色金黄色，油分多，身份适中，光泽强，叶片结构疏松。

化学成分　总糖38.08%，还原糖34.02%，两糖差4.06%，总氮1.44%，烟碱1.21%，氯1.33%，糖碱比31.47，氮碱比1.19，钾2.35%。

303　7900-3　全国统一编号1337

7900-3由辽宁省丹东农业科学院从SpeightG-28中系统选育而成。

特征特性　株式筒形，腰叶长椭圆形，叶面较皱，叶色绿色，叶缘波浪，主脉粗，叶耳中等，茎叶角度小，花序集中，花色淡红色。自然株高144.4cm，打顶株高107.8cm，自然叶数19.4片，有效叶数17.0片，茎围11.0cm，节距4.7cm，腰叶长74.4cm、宽27.6cm。移栽至现蕾63天，移栽至中心花开放70天，大田生育期127天。

抗病性　感黑胫病和赤星病。

外观质量　原烟颜色金黄、柠檬黄色，油分较多，身份适中，光泽较强，叶片结构疏松。

化学成分　总糖33.78%，还原糖33.68%，两糖差0.10%，总氮1.76%，烟碱1.89%，氯1.59%，糖碱比17.87，氮碱比0.93，钾1.53%。

304　82-77　全国统一编号1422

82-77由河南省农业科学院烟草研究所从77089中系统选育而成。

特征特性　株式筒形，腰叶椭圆形，叶面较皱，叶尖渐尖，叶色绿色，叶缘波浪，主脉中等，叶耳中等，茎叶角度小，花序集中，花色淡红色。自然株高188.0cm，打顶株高154.8cm，自然叶数22.4片，有效叶数19.6片，茎围9.7cm，节距5.8cm，腰叶长66.8cm、宽36.6cm。移栽至现蕾58天，移栽至中心花开放65天，大田生育期127天。

抗病性　感白粉病和赤星病。

外观质量　原烟颜色金黄色，油分多，身份适中，光泽强，叶片结构疏松。

化学成分　总糖41.50%，还原糖39.75%，两糖差1.75%，总氮1.34%，烟碱0.98%，氯1.13%，糖碱比42.35，氮碱比1.37，钾1.71%。

305　83-9　全国统一编号1375

83-9由中国农业科学院烟草研究所从潘圆黄中系统选育而成。

特征特性　株式筒形，腰叶长椭圆形，叶面较皱，叶尖渐尖，叶色深绿色，叶缘波浪，主脉粗，叶耳中等，茎叶角度小，花序集中，花色淡红色。自然株高213.8cm，打顶株高171.6cm，自然叶数38.4片，有效叶数32.6片，茎围9.8cm，节距5.1cm，腰叶长66.5cm、宽28.9cm。移栽至现蕾74天，移栽至中心花开放80天，大田生育期127天。

抗病性　中感黑胫病、根结线虫病和白粉病，感青枯病和赤星病。

外观质量　原烟颜色金黄色，油分多，身份适中，光泽强，叶片结构疏松。

化学成分　总糖31.37%，还原糖30.12%，两糖差1.25%，总氮1.99%，烟碱2.38%，氯1.83%，糖碱比13.18，氮碱比0.84，钾1.64%。

306 84-3117　全国统一编号1376

84-3117由中国农业科学院烟草研究所用（SpeightG140×大白筋599）H2选育而成。

特征特性　株式筒形，腰叶长椭圆形，叶面较平，叶尖渐尖，叶色绿色，叶缘波浪，主脉中等，叶耳中等，茎叶角度中等，花序集中，花色淡红色。自然株高188.2cm，打顶株高147.6cm，自然叶数23.6片，有效叶数20.6片，茎围8.8cm，节距5.3cm，腰叶长62.6cm、宽28cm。移栽至现蕾62天，移栽至中心花开放71天，大田生育期127天。

抗病性　抗青枯病，中抗根结线虫病，感黑胫病、白粉病和赤星病。

外观质量　原烟颜色金黄色，油分多，身份适中，光泽强，叶片结构疏松。

化学成分　总糖37.80%，还原糖35.52%，两糖差2.28%，总氮1.55%，烟碱1.73%，氯1.73%，糖碱比21.80，氮碱比0.90，钾2.15%。

307 86-2　全国统一编号1369

86-2由中国农业科学院烟草研究所用潘圆黄×小茄科杂交选育而成。

特征特性　株式筒形，腰叶椭圆形，叶面较平，叶尖渐尖，叶色深绿色，叶缘波浪，主脉中等，叶耳小，茎叶角度大，花序集中，花色淡红色。自然株高213.0cm，打顶株高155.2cm，自然叶数22.0片，有效叶数19.0片，茎围9.5cm，节距6.1cm，腰叶长63.9cm、宽34.8cm。移栽至现蕾48天，移栽至中心花开放62天，大田生育期127天。

抗病性　抗黑胫病，中抗根结线虫病，感青枯病和赤星病。

外观质量　原烟颜色青黄、柠檬黄色，尚熟，油分少，身份薄，光泽较暗，叶片结构紧密。

化学成分　总糖26.07%，还原糖24.64%，两糖差1.43%，总氮1.98%，烟碱3.04%，氯1.93%，糖碱比8.58，氮碱比0.65，钾1.06%。

308　Cd74191　全国统一编号1411

Cd74191由陕西省农业科学院特种作物研究所用大黄金多叶×革新3号杂交选育而成。

特征特性　株式塔形，腰叶椭圆形，叶面较平，叶尖渐尖，叶色绿色，叶缘波浪，主脉细，叶耳中等，茎叶角度中等，花序集中，花色淡红色。自然株高192.8cm，打顶株高153.4cm，自然叶数21.2片，有效叶数18.0片，茎围10.0cm，节距6.4cm，腰叶长63.8cm、宽34.9cm。移栽至现蕾58天，移栽至中心花开放67天，大田生育期127天。

抗病性　中感黑胫病、白粉病和赤星病。

外观质量　原烟颜色橘黄、金黄色，油分多，身份适中，光泽强，叶片结构疏松。

化学成分　总糖41.49%，还原糖38.20%，两糖差3.29%，总氮1.60%，烟碱1.20%，氯1.74%，糖碱比34.58，氮碱比1.33，钾1.64%。

309　G-28-46　全国统一编号1442

G-28-46由广东省农业科学院经济作物研究所从SpeightG-28中系统选育而成。

特征特性　株式筒形，腰叶长椭圆形，叶面较皱，叶尖渐尖，叶色深绿色，叶缘波浪，主脉中等，叶耳中等，茎叶角度中等，花序集中，花色淡红色。自然株高172.2cm，打顶株高127.8cm，自然叶数22.4片，有效叶数19.6片，茎围9.7cm，节距5.3cm，腰叶长72.8cm、宽34.2cm。移栽至现蕾61天，移栽至中心花开放66天，大田生育期127天。

抗病性　感赤星病。

外观质量　原烟颜色金黄色，油分多，身份适中，光泽强，叶片结构疏松。

化学成分　总糖34.96%，还原糖31.64%，两糖差3.32%，总氮1.79%，烟碱3.15%，氯1.39%，糖碱比11.10，氮碱比0.57，钾1.51%。

310　H83007　全国统一编号1414

H83007由陕西省农业科学院特种作物研究所用净叶黄×G-28杂交选育而成。

特征特性　株式塔形，腰叶长椭圆形，叶面较皱，叶尖渐尖，叶色绿色，叶缘波浪，主脉中等，叶耳小，茎叶角度小，花序集中，花色淡红色。自然株高126.4cm，打顶株高89.4cm，自然叶数23.6片，有效叶数20.0片，茎围8.1cm，节距3.3cm，腰叶长54.6cm、宽22.2cm。移栽至现蕾55天，移栽至中心花开放60天，大田生育期121天。

抗病性　感黑胫病。

外观质量　原烟颜色金黄色，油分多，身份适中，光泽强，叶片结构疏松。

化学成分　总糖38.38%，还原糖36.00%，两糖差2.38%，总氮1.75%，烟碱1.71%，氯0.90%，糖碱比22.50，氮碱比1.02，钾1.57%。

311　K抗1

K抗1由云南省烟草农业科学研究院从K326系统选育而成。

特征特性　株式塔形，腰叶椭圆形，叶尖钝尖，叶面较皱，叶缘波浪，叶色绿色，叶耳小，主脉粗，叶片较厚，茎叶角度小，花序集中，花色淡红色。自然株高138.4cm，打顶株高105.3cm，自然叶数24.6片，有效叶数18.8片，茎围7.7cm，节距4.6cm，腰叶长63.1cm、宽28.2cm。移栽至现蕾50天，移栽至中心花开放58天，大田生育期120天。

抗病性　中抗TMV。

外观质量　原烟颜色橘黄色，身份稍厚，油分多，光泽强，叶片结构疏松。

化学成分　总糖30.96%，还原糖28.23%，两糖差2.73%，总氮1.90%，烟碱2.63%，氯1.28%，糖碱比11.77，氮碱比0.72，钾1.21%。

312 K抗2

K抗2由云南省烟草农业科学研究院从K326中系统选育而成。

特征特性 株式塔形，腰叶长椭圆形，叶尖钝尖，叶面较皱，叶缘波浪，叶色绿色，叶耳小，主脉中等，叶片较厚，茎叶角度中等，花序集中，花色淡红色。自然株高146.8cm，打顶株高125.3cm，自然叶数26.3片，有效叶数19.0片，茎围8.2cm，节距3.9cm，腰叶长64.8cm、宽28.5cm。移栽至现蕾50天，移栽至中心花开放58天，大田生育期128天。

抗病性 中抗TMV。

外观质量 原烟颜色橘黄色，身份稍厚，油分较多，光泽强，叶片结构较疏松。

化学成分 总糖29.23%，还原糖25.31%，两糖差3.92%，总氮2.00%，烟碱2.16%，氯0.88%，糖碱比13.53，氮碱比0.93，钾1.55%。

313 r72（4）E-2 全国统一编号1454

r72（4）E-2由贵州省烟草科学研究院用春雷3号×NC2326杂交选育而成。

特征特性 株式筒形，腰叶椭圆形，叶面较皱，叶尖渐尖，叶色绿色，叶缘波浪，主脉中等，叶耳小，茎叶角度大，花序集中，花色淡红色。自然株高210.0cm，打顶株高175.6cm，自然叶数27.4片，有效叶数23.8片，茎围9.7cm，节距5.5cm，腰叶长65.4cm、宽32.1cm。移栽至现蕾71天，移栽至中心花开放79天，大田生育期127天。

抗病性 中感黑胫病和赤星病。

外观质量 原烟颜色金黄色，油分多，身份适中，有挂灰，光泽强，叶片结构较紧密。

化学成分 总糖39.49%，还原糖35.57%，两糖差3.92%，总氮1.67%，烟碱1.43%，氯0.89%，糖碱比27.59，氮碱比1.17，钾1.12%。

（二）烤烟国外种质资源

001 安南　全国统一编号3587

安南原产地为韩国，由延边朝鲜族自治州农业科学院烟草研究所引进保存。

特征特性　株式塔形，腰叶长椭圆形，叶面较皱，叶缘波浪，叶尖渐尖，叶色浅绿色，主脉粗，叶耳小，茎叶角度中等，花序集中，花色淡红色。自然株高150.8cm，打顶株高106.4cm，自然叶数16.8片，有效叶数14.0片，茎围8.8cm，节距5.4cm，腰叶长69.8cm、宽28.9cm。移栽至现蕾46天，移栽至中心花开放57天，大田生育期121天。

抗病性　中感TMV，感赤星病。

外观质量　原烟颜色有柠檬黄、金黄和橘黄色，油分多，身份适中，光泽强，叶片结构疏松。

化学成分　总糖39.86%，还原糖37.67%，两糖差2.19%，总氮1.55%，烟碱1.36%，氯1.49%，糖碱比29.31，氮碱比1.14，钾1.41%。

002 白色种　全国统一编号3588

白色种原产地为朝鲜，由延边朝鲜族自治州农业科学院烟草研究所引进保存。

特征特性　株式塔形，腰叶长椭圆形，叶面较皱，叶尖渐尖，叶缘波浪，叶色浅绿色，主脉中等，叶耳小，茎叶角度中等，花序集中，花色淡红色。自然株高163.6cm，打顶株高120.4cm，自然叶数21.6片，有效叶数18.8片，茎围9.0cm，节距4.8cm，腰叶长69.3cm、宽29.6cm。移栽至现蕾49天，移栽至中心花开放60天，大田生育期121天。

抗病性　中感TMV，感赤星病。

外观质量　原烟颜色橘黄色，油分多，身份较厚，光泽强，叶片结构较疏松。

化学成分　总糖40.02%，还原糖36.62%，两糖差3.40%，总氮1.62%，烟碱1.27%，氯1.29%，糖碱比31.51，氮碱比1.28，钾1.50%。

003 韩国1号 全国统一编号 3592

韩国1号原产地为韩国，由延边朝鲜族自治州农业科学院烟草研究所引进保存。

特征特性 株式筒形，腰叶长椭圆形，叶面较皱，叶缘波浪，叶尖渐尖，叶色浅绿色，主脉中等，叶耳中等，茎叶角度中等，花序集中，花色淡红色。自然株高183.0cm，打顶株高131.0cm，自然叶数19.2片，有效叶数17.2片，茎围9.3cm，节距6.0cm，腰叶长70.4cm、宽35.2cm。移栽至现蕾48天，移栽至中心花开放57天，大田生育期121天。

抗病性 中感TMV，感白粉病和赤星病。

外观质量 原烟颜色金黄色，油分多，身份适中，光泽强，叶片结构疏松。

化学成分 总糖41.51%，还原糖39.47%，两糖差2.04%，总氮1.54%，烟碱1.02%，氯1.23%，糖碱比40.70，氮碱比1.51，钾1.60%。

004 卡瓦

卡瓦由云南省考察团从瓦努阿图共和国引进保存。

特征特性 株式塔形，腰叶披针形，叶尖尾尖，叶面较皱，叶缘波浪，叶色绿色，叶耳小，主脉细，叶片厚度中等，茎叶角度较大，花序集中，花色淡红色。自然株高156.4cm，打顶株高133.6cm，自然叶数23.6片，有效叶数18.4片，茎围7.2cm，节距5.9cm，腰叶长68.2cm、宽18.1cm。移栽至现蕾52天，移栽至中心花开放57天，大田生育期157天。

抗病性 感黑胫病。

外观质量 原烟颜色金黄色，油分有，身份适中，光泽强，叶片结构疏松。

化学成分 总糖29.95%，还原糖23.65%，两糖差6.30%，总氮1.93%，烟碱1.71%，氯0.09%，糖碱比17.51，氮碱比1.13，钾2.17%。

005　索马里4号

索马里4号原产地为索马里，中国农业科学院烟草研究所引进保存。

特征特性　株式塔形，腰叶长椭圆形，叶面较皱，叶尖渐尖，叶缘波浪，叶色绿色，主脉粗，叶耳小，茎叶角度大，花序分散，花色红色。自然株高159.8cm，打顶株高116.8cm，自然叶数15.4片，有效叶数13.2片，茎围8.6cm，节距5.9cm，腰叶长65.1cm、宽28.6cm。移栽至现蕾47天，移栽至中心花开放51天，大田生育期121天。

抗 病 性　中感白粉病，感赤星病。

外观质量　原烟颜色橘黄、金黄色，油分较多，身份适中，光泽强，叶片结构疏松。

化学成分　总糖33.81%，还原糖32.74%，两糖差1.07%，总氮1.86%，烟碱2.16%，氯1.15%，糖碱比15.65，氮碱比0.86，钾1.62%。

006　347　全国统一编号1118

347原产地为美国，由中国农业科学院烟草研究所引进保存。

特征特性　株式筒形，腰叶椭圆形，叶面较平，叶尖急尖，叶色绿色，叶缘波浪，叶耳大，叶肉组织细致，主脉粗，茎叶角度中等，花序分散，花色淡红色。自然株高176.6cm，打顶株高127.6cm，自然叶数22.8片，有效叶数19.4片，茎围11.8cm，节距4.2cm，腰叶长67.9cm、宽34.2cm。移栽至现蕾50天，移栽至中心花开放55天，大田生育期105天。

抗 病 性　中感根结线虫病、白粉病和赤星病，感黑胫病和青枯病。

外观质量　原烟颜色橘黄、青黄色，身份薄，油分少，光泽暗，叶片结构紧密。

化学成分　总糖26.87%，还原糖25.41%，两糖差1.46%，总氮2.16%，烟碱2.24%，氯2.09%，糖碱比12.00，氮碱比0.96，钾1.76%。

007　Ba Sma Vovina

Ba Sma Vovina由福建省烟草科学研究所从国外引进保存。

特征特性　株式筒形，腰叶宽椭圆形，叶面较皱，叶尖渐尖，叶色绿色，叶缘波浪，主脉细，叶耳大，茎叶角度大，花序集中，花色淡红色。自然株高121.2cm，打顶株高91.4cm，自然叶数29.0片，有效叶数22.0片，茎围6.3cm，节距3.8cm，腰叶长55.2cm、宽36.1cm。移栽至现蕾35天，移栽至中心花开放39天，大田生育期109天。

抗 病 性　中抗黑胫病和TMV。

外观质量　原烟颜色金黄色，油分多，身份适中，光泽强，叶片结构疏松。

化学成分　总糖29.92%，还原糖24.69%，两糖差5.23%，总氮1.37%，烟碱1.52%，氯0.11%，糖碱比19.68，氮碱比0.90，钾2.17%。

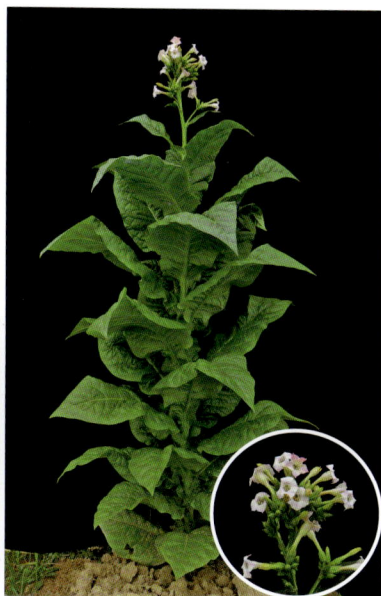

008　Banau　全国统一编号997

Banau由辽宁省丹东农业科学院从国外引进保存。

特征特性　株式塔形，腰叶长椭圆形，叶面较皱，叶尖急尖，叶色绿色，叶缘波浪，叶耳中等，主脉细，茎叶角度大，花序集中，花色红色。自然株高202.8cm，打顶株高167.4cm，自然叶数25.0片，有效叶数20.8片，茎围9.7cm，节距5.0cm，腰叶长75.8cm、宽32.0cm。移栽至现蕾60天，移栽至中心花开放65天，大田生育期105天。

抗 病 性　中感赤星病，感黑胫病。

外观质量　原烟颜色金黄色，油分多，身份适中，光泽强，叶片结构疏松。

化学成分　总糖29.36%，还原糖23.18%，两糖差6.18%，总氮2.29%，烟碱2.14%，氯1.11%，糖碱比13.72，氮碱比1.07，钾1.62%。

009　Bell 29

Bell 29原产地为美国，由云南省烟草农业科学研究院引进保存。

特征特性　株式筒形，腰叶长椭圆形，叶面较皱，叶缘波浪，叶尖渐尖，叶色绿色，叶耳大，主脉细，叶片较薄，茎叶角度大，花序集中，花色深红色。自然株高182.8cm，打顶株高131.1cm，自然叶数20.2片，有效叶数16.4片，茎围11.7cm，节距6.0cm，腰叶长73.8cm、宽34.9cm。移栽至现蕾55天，移栽至中心花开放65天，大田生育期126天。

抗病性　中感黑胫病、根结线虫病和TMV。

外观质量　原烟颜色金、橘黄色，油分较多，身份适中，光泽强，叶片结构较疏松。

化学成分　总糖15.59%，还原糖7.84%%，两糖差7.75%，总氮2.41%，烟碱2.54%，氯0.15%%，糖碱比6.14，氮碱比0.95，钾2.65%。

010　C6160

C6160原产地为加拿大，由云南省烟草农业科学研究院收集保存。

特征特性　株式塔形，腰叶长椭圆形，叶面较皱，叶缘波浪，叶尖渐尖，叶色浅绿色，主脉中，叶耳中等，茎叶角度大，花序紧密，花色淡红色。自然株高140.6cm，打顶株高103.4cm，自然叶数17.8片，有效叶数14.0片，茎围7.4cm，节距3.7cm，腰叶长47.2cm、宽22.0cm。移栽至现蕾60天，移栽至中心花开放66天，大田生育期133天。

抗病性　TMV免疫，感黑胫病、白粉病和赤星病，高感靶斑病。

外观质量　原烟颜色褐红色，油分有，身份稍厚，叶片结构较紧密，光泽中等。

化学成分　总糖22.31%，还原糖20.74%，两糖差1.57%，总氮1.48%，烟碱0.07%，氯1.58%，糖碱比318.71，氮碱比21.14，钾1.88%。

011

Canadel

Canadel原产地为加拿大，由云南省烟草农业科学研究院收集保存。

特征特性　株式筒形，腰叶长椭圆形，叶面较平，叶缘波浪，叶尖渐尖，叶色绿色，叶耳大，主脉中，叶片厚度中等，茎叶角度中等，花序集中，花色淡红色。自然株高204.0cm，打顶株高145.8cm，自然叶数25.2片，有效叶数20.6片，茎围12.7cm，节距6.5cm，腰叶长80.0cm、宽36.8cm。移栽至现蕾55天，移栽至中心花开放60天，大田生育期132天。

抗病性　抗TMV，中感黑胫病、根结线虫病和赤星病，高感靶斑病。

外观质量　原烟颜色橘黄色，油分多，身份适中，光泽强，叶片结构疏松。

化学成分　总糖36.00%，还原糖31.92%，两糖差4.08%，总氮1.89%，烟碱2.01%，氯1.93%，糖碱比17.91，氮碱比0.94，钾1.12%。

012

Carolla　全国统一编号 1008

Carolla由中国农业科学院烟草研究所从国外引进保存。

特征特性　株式筒形，腰叶长椭圆形，叶面较皱，叶尖渐尖，叶色浅绿色，叶缘波浪，叶耳大，主脉细，茎叶角度中等，花序集中，花色红色。自然株高179.2cm，打顶株高135.8cm，自然叶数20.2片，有效叶数17.0片，茎围8.9cm，节距5.5cm，腰叶长64.6cm、宽32.3cm。移栽至现蕾58天，移栽至中心花开放64天，大田生育期110天。

抗病性　中感根结线虫病，感黑胫病、青枯病。

外观质量　原烟颜色金黄色，油分多，身份适中，光泽强，叶片结构疏松。

化学成分　总糖28.23%，还原糖17.13%，两糖差11.10%，总氮1.92%，烟碱3.30%，氯0.33%，糖碱比8.55，氮碱比0.58，钾1.46%。

013 Delcrest

Delcrest原产地为加拿大，由云南省烟草农业科学研究院收集保存。

特征特性 株式筒形，腰叶长椭圆形，叶面平，叶缘波浪，叶尖渐尖，叶色绿色，叶耳中等，主脉中等，叶片稍厚，茎叶角度中等，花序集中，花色白色。自然株高152.7cm，打顶株高122.6cm，自然叶数21.4片，有效叶数17.0片，茎围9.4cm，节距6.1cm，腰叶长78.6cm、宽29.8cm。移栽至现蕾46天，移栽至中心花开放52天，大田生育期132天。

抗病性 中抗TMV，感黑胫病和靶斑病。

外观质量 原烟颜色金黄色，油分较多，身份适中，光泽较强，叶片结构较疏松。

化学成分 总糖17.08%～23.11%，还原糖11.78%～22.19%，两糖差0.92%～5.30%，总氮2.08%～2.12%，烟碱2.60%～3.22%，氯0.32%～1.18%，糖碱比5.31～8.90，氮碱比0.66～0.80，钾1.08%～1.55%。

014 Delhi 61

Delhi 61原产地为加拿大，由云南省烟草农业科学研究院收集保存。

特征特性 株式塔形，腰叶长椭圆形，叶尖渐尖，叶面平，叶缘波浪，叶色绿色，叶耳中等，主脉粗，叶片厚度中等，茎叶角度中等，花序分散，花色淡红色。自然株高152.5cm，打顶株高109.6cm，自然叶数18.0片，有效叶数15.2片，茎围9.3cm，节距4.7cm，腰叶长62.5cm、宽24.5cm。移栽至现蕾58天，移栽至中心花开放65天，大田生育期135天。

抗病性 中感赤星病，感黑胫病、靶斑病、TMV和PVY。

外观质量 原烟颜色金黄色，油分有，身份适中，光泽较强，叶片结构较疏松。

化学成分 总糖12.51%，还原糖9.48%，两糖差3.03%，总氮2.62%，烟碱3.13%，氯0.11%，糖碱比4.00，氮碱比0.84，钾2.14%。

015

D H Currin

D H Currin 原产地为美国，由云南省烟草农业科学研究院引进保存。

特征特性　株式筒形，腰叶长椭圆形，叶面较平，叶缘较平，叶尖渐尖，叶色绿色，叶耳中等，主脉细，叶片较薄，茎叶角度大，花序集中，花色淡红色。自然株高136.0cm，打顶株高90.2cm，自然叶数20.0片，有效叶数14.6片，茎围8.0cm，节距4.1cm，腰叶长59.0cm、宽26.3cm。移栽至现蕾55天，移栽至中心花开放68天，大田生育期121天。

抗病性　中感TMV，感黑胫病，高感靶斑病。

外观质量　原烟颜色金黄色，油分有，身份适中，光泽较强，叶片结构较疏松。

化学成分　总糖18.09%，还原糖11.88%，两糖差6.21%，总氮2.46%，烟碱4.87%，氯0.27%，糖碱比3.72，氮碱比0.51，钾1.54%。

016

FC 2

FC 2由云南省烟草公司昆明市公司从巴西引进保存。

特征特性　株式塔形，腰叶长椭圆形，叶面较皱，叶尖渐尖，叶色绿色，叶缘波浪，叶耳较小，主脉粗，茎叶角度小，花序集中，花色淡红色。自然株高176.4cm，打顶株高130.6cm，自然叶数26.4片，有效叶数21.2片，茎围9.9cm，节距4.6cm，腰叶长80.2cm、宽27.7cm。移栽至现蕾61天，移栽至中心花开放70天，大田生育期122天。

抗病性　感赤星病。

外观质量　原烟颜色金黄色，油分多，身份适中，光泽强，叶片结构疏松。

化学成分　总糖30.94%，还原糖25.88%，两糖差5.06%，总氮2.15%，烟碱3.46%，氯1.47%，糖碱比8.94，氮碱比0.62，钾1.53%。

017 G. H. 全国统一编号1029

G. H.原产地为美国，由安徽省农业科学院烟草研究所引进保存。

特征特性 株式塔形，腰叶长椭圆形，叶面较平，叶尖渐尖，叶色绿色，叶缘波浪，叶耳小，主脉中等，茎叶角度大，花序集中，花色淡红色。自然株高145.7cm，打顶株高103.3cm，自然叶数19.6片，有效叶数17.2片，茎围12.4cm，节距3.4cm，腰叶长72.3cm、宽29.2cm。移栽至现蕾49天，移栽至中心花开放54天，大田生育期121天。

抗病性 感白粉病和赤星病。

外观质量 原烟颜色金黄色，油分少，身份薄，光泽暗，叶片结构紧密。

化学成分 总糖23.49%，还原糖21.22%，两糖差2.27%，总氮2.56%，烟碱3.65%，氯1.17%，糖碱比6.44，氮碱比0.70，钾1.31%。

018 Kentucky MI 425

Kentucky MI 425原产地为意大利，由云南省烟草农业科学研究院收集保存。

特征特性 株式橄榄形，腰叶椭圆形，叶尖急尖，叶面平，叶缘平滑，叶色绿色，叶耳中等，主脉粗，叶片较厚，茎叶角度大，花序集中，花色淡红色。自然株高160.6cm，打顶株高125.6cm，自然叶数18.2片，有效叶数16.0片，茎围10.0cm，节距4.8cm，腰叶长55.7cm、宽28.8cm。移栽至现蕾51天，移栽至中心花开放59天，大田生育期120天。

抗病性 中抗TMV，中感赤星病和番茄斑萎病毒病（TSWV），感黑胫病、PVY和靶斑病。

外观质量 原烟颜色橘黄色，身份适中，油分有，光泽强，叶片结构较疏松。

化学成分 总糖13.42%，还原糖12.12%，两糖差1.30%，总氮2.47%，烟碱1.45%，氯0.13%，糖碱比9.26，氮碱比1.70，钾2.76%。

019 KM 10

KM 10由云南省烟草农业科学研究院从津巴布韦引进保存。

特征特性 株式塔形，腰叶长椭圆形，叶尖渐尖，叶面较皱，叶缘波折，叶色绿色，叶耳中等，主脉中等，茎叶角度中等，叶片厚度中等，花序集中，花色淡红色。自然株高180.6cm，打顶株高140.7cm，自然叶数43.5片，有效叶数23.8片，茎围10.9cm，节距4.5cm，腰叶长80.1cm、宽29.8cm。移栽至现蕾76天，移栽至中心花开放82天，大田生育期157天。

抗病性 感黑胫病。

外观质量 原烟颜色橘黄、金黄色，身份适中，油分有，光泽强，叶片结构较疏松。

化学成分 总糖33.84%，还原糖29.35%，两糖差4.49%，总氮1.86%，烟碱2.09%，氯0.97%，糖碱比16.19，氮碱比0.89，钾1.23%。

020 LAFC 53 全国统一编号3571

LAFC 53原产地为美国，由安徽省农业科学院烟草研究所引进保存。

特征特性 株式筒形，腰叶椭圆形，叶尖尾尖，叶面皱，叶色浅绿色，叶缘波浪，叶耳大，主脉中等，茎叶角度中等，花序集中，花色淡红色。自然株高185.4cm，打顶株高134.6cm，自然叶数21.8片，有效叶数18.8片，茎围9.4cm，节距4.6cm，腰叶长72.9cm、宽32.5cm。移栽至现蕾55天，移栽至中心花开放61天，大田生育期127天。

抗病性 中感白粉病，感赤星病。

外观质量 原烟颜色柠檬黄、金黄色，油分较少，身份适中，光泽中等，叶片结构疏松。

化学成分 总糖36.60%，还原糖33.57%，两糖差3.03%，总氮1.61%，烟碱0.16%，氯1.51%，糖碱比228.75，氮碱比10.06，钾1.90%。

021　LMAFC 34　全国统一编号3572

LMAFC 34原产地为美国，由安徽省农业科学院烟草研究所引进保存。

特征特性　株式筒形，腰叶长椭圆形，叶尖急尖，叶色绿色，叶面皱，叶缘波浪，叶耳大，主脉粗，茎叶角度中等，花序分散，花色淡红色。自然株高159.0cm，打顶株高117.6cm，自然叶数23.0片，有效叶数19.8片，茎围9.5cm，节距5.5cm，腰叶长72.2cm、宽34.5cm。移栽至现蕾58天，移栽至中心花开放64天，大田生育期127天。

抗病性　中感黑胫病、TMV和白粉病，感靶斑病和赤星病。

外观质量　原烟颜色金黄、橘黄色，油分较多，身份适中，光泽强，叶片结构疏松。

化学成分　总糖35.41%～37.25%，还原糖32.84%～35.27%，两糖差1.99%～2.57%，总氮1.65%～1.81%，烟碱0.95%～1.21%，氯1.46%～2.04%，糖碱比29.32～39.35，氮碱比1.50～1.74，钾1.67%～1.92%。

022　Ilopango

Ilopango原产地为萨尔瓦多，由云南省烟草农业科学研究院收集保存。

特征特性　株式塔形，腰叶椭圆形，叶尖渐尖，叶面平，叶缘波浪，叶色绿色，叶耳中等，主脉细，叶片厚度中等，茎叶角度小，花序集中，花色白色。自然株高99.4cm，打顶株高70.2cm，自然叶数13.0片，有效叶数10.8片，茎围9.0cm，节距6.9cm，腰叶长62.9cm、宽27.7cm。移栽至现蕾33天，移栽至中心花开放40天，大田生育期120天。

抗病性　中感黑胫病和TMV，感PVY、靶斑病。

外观质量　原烟颜色棕褐色，油分少，身份厚，光泽暗，叶片结构紧密。

化学成分　总糖7.37%，还原糖6.13%，两糖差1.24%，总氮3.32%，烟碱4.36%，氯0.32%，糖碱比1.69，氮碱比0.76，钾0.94%。

023 Italian 2b Resistant 142

Italian 2b Resistant 142原产地为波兰，由云南省烟草农业科学研究院收集保存。

特征特性 株式橄榄形，腰叶椭圆形，叶尖急尖，叶面平，叶缘平滑，叶色浅绿色，叶耳中等，主脉粗，叶片厚度中等，茎叶角度大，花序集中，花色淡红色。自然株高132.8cm，打顶株高94.8cm，自然叶数30.8片，有效叶数21.4片，茎围9.2cm，节距4.6cm，腰叶长55.0cm、宽25.4cm。移栽至现蕾46天，移栽至中心花开放51天，大田生育期133天。

抗病性 中感TMV、TSWV、赤星病和白粉病，感黑胫病和靶斑病。

外观质量 原烟颜色棕红色，油分有，身份适中，光泽中等，叶片结构较紧密。

化学成分 总糖1.66%，还原糖1.20%，两糖差0.46%，总氮3.89%，烟碱7.68%，氯0.35%，糖碱比0.22，氮碱比0.51，钾2.03%。

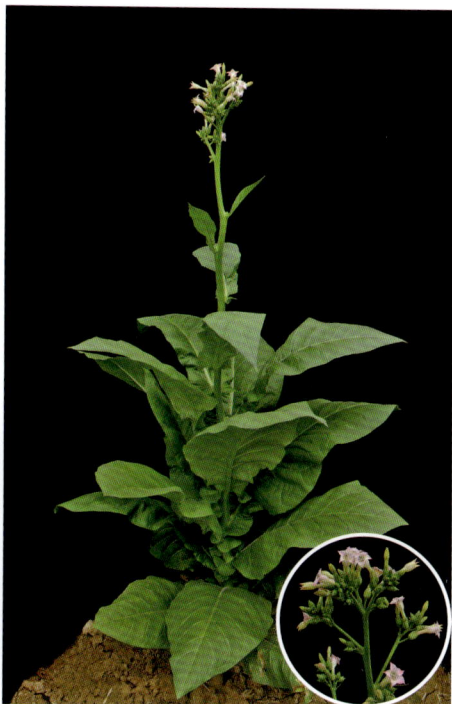

024 MAFC 5　全国统一编号3573

MAFC 5原产地为美国，由安徽省农业科学院烟草研究所引进保存。

特征特性 株式塔形，腰叶长椭圆形，叶面较皱，叶缘波浪，叶尖渐尖，叶色绿色，叶耳中等，主脉中等，叶片厚度中等，茎叶角度中等，花序集中，花色淡红色。自然株高158.0cm，打顶株高111.4cm，自然叶数18.6片，有效叶数14.8片，茎围10.0cm，节距5.3cm，腰叶长67.2cm、宽30.8cm。移栽至现蕾53天，移栽至中心花开放61天，大田生育期126天。

抗病性 抗TMV，中感黑胫病、根结线虫病、赤星病和白粉病，高感靶斑病。

外观质量 原烟颜色橘黄色，油分有，身份适中，光泽较强，叶片结构较疏松。

化学成分 总糖22.26%~33.64%，还原糖17.24%~31.48%，两糖差2.16%~5.01%，总氮1.76%~1.99%，烟碱1.00%~2.61%，氯0.19%~1.84%，糖碱比8.52~33.47，氮碱比0.76~1.75，钾1.31%~1.63%。

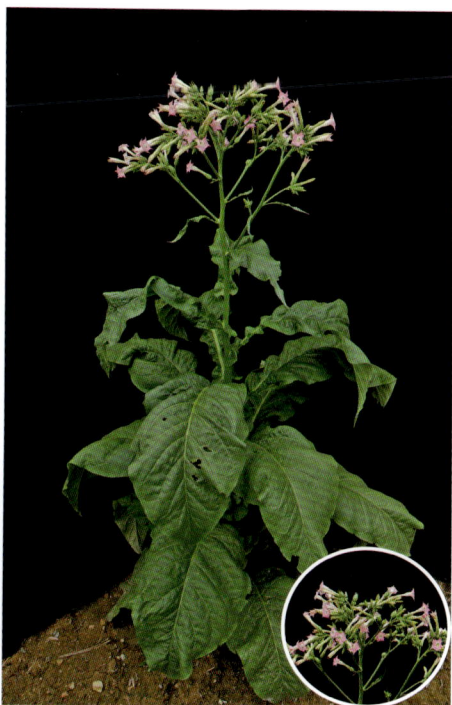

025　**Mountain　全国统一编号1058**

Mountain 由中国农业科学院烟草研究所从国外引进。

特征特性　株式塔形，腰叶披针形，叶尖急尖，叶面平，叶缘波浪，叶色浓绿色，叶耳较大，主脉粗，叶片厚，花序集中，花色淡红色。自然株高118.3cm，打顶株高94.0cm，自然叶数18.3片，有效叶数13.8片，茎围8.7cm，节距3.6cm，腰叶长59.2cm、宽17.2cm。移栽至现蕾66天，移栽至中心花开放75天，大田生育期134天。

抗病性　中抗根结线虫病，感黑胫病和青枯病。

外观质量　原烟颜色金黄色，油分多，身份适中，光泽强，叶片结构疏松。

化学成分　总糖34.46%，还原糖30.64%，两糖差3.82%，总氮1.88%，烟碱2.34%，氯1.62%，糖碱比14.73，氮碱比0.80，钾1.34%。

026　**No. 12**

No. 12 原产地为哥伦比亚，由云南省烟草农业科学研究院收集保存。

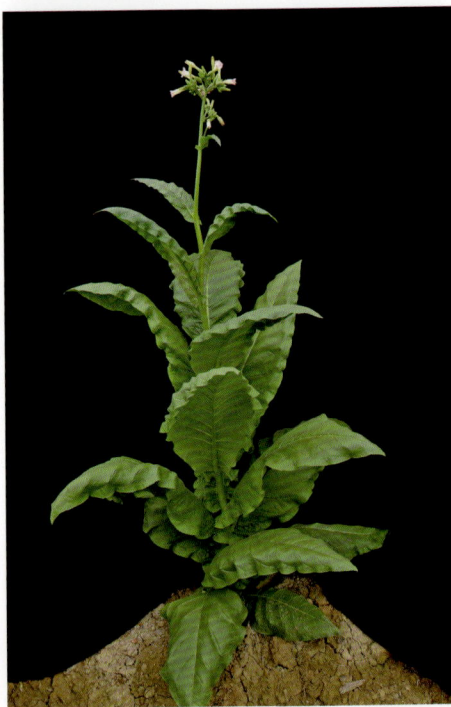

特征特性　株式筒形，腰叶椭圆形，叶面较皱，叶尖渐尖，叶缘波浪，叶色绿色，主脉粗，叶耳较大，茎叶角度大，花序松散，花色淡红色。自然株高96.0cm，打顶株高81.7cm，自然叶数16.3片，有效叶数13.3片，茎围7.3cm，节距5.7cm，腰叶长39.0cm、宽19.0cm。移栽至现蕾51天，移栽至中心花开放59天，大田生育期133天。

抗病性　中感TMV、白粉病和赤星病。

外观质量　原烟颜色浅棕红色，油分较多，身份适中，光泽较强，叶片结构较疏松。

化学成分　总糖24.58%，还原糖22.48%，两糖差2.10%，总氮1.89%，烟碱2.84%，氯1.25%，糖碱比8.65，氮碱比0.67，钾1.40%。

027

NOD 8

NOD 8原产地为南非，由云南省烟草农业科学研究院收集保存。

特征特性 株式塔形，腰叶长椭圆形，叶面较皱，叶缘波浪，叶尖渐尖，叶色绿色，叶耳中等，主脉中等，叶片厚度中等，茎叶角度中等，花序集中，花色淡红色。自然株高211.3cm，打顶株高154.0cm，自然叶数22.6片，有效叶数20.2片，茎围11.5cm，节距5.7cm，腰叶长79.8cm、宽35.4cm。移栽至现蕾74天，移栽至中心花开放82天，大田生育期135天。

抗 病 性 抗TMV，中感白粉病，感黑胫病、PVY和靶斑病。

外观质量 原烟颜色金黄色，油分有，身份适中，光泽强，叶片结构较疏松。

化学成分 总糖7.01%，还原糖6.11%，两糖差0.90%，总氮3.41%，烟碱5.10%，氯0.17%，糖碱比1.37，氮碱比0.67，钾1.39%。

028

NOD 119

NOD 119原产地为南非，由云南省烟草农业科学研究院收集保存。

特征特性 株式塔形，腰叶长椭圆形，叶尖渐尖，叶面平，叶缘波浪，叶色绿色，叶耳中等，主脉粗，叶片厚度中等，茎叶角度中等，花序集中，花色淡红色。自然株高229.5cm，打顶株高155.0cm，自然叶数25.8片，有效叶数22.0片，茎围12.7cm，节距6.2cm，腰叶长76.6cm、宽34.8cm。移栽至现蕾80天，移栽至中心花开放88天，大田生育期135天。

抗 病 性 抗TMV和靶斑病，中抗PVY，中感黑胫病、白粉病、赤星病和TSWV。

外观质量 原烟颜色金黄色，油分较多，身份适中，光泽强，叶片结构较疏松。

化学成分 总糖13.45%～27.17%，还原糖12.15%～23.92%，两糖差1.31%～3.25%，总氮2.27%～2.64%，烟碱2.53%～3.84%，氯0.17%～1.84%，糖碱比3.5～10.73，氮碱比0.69～0.90，钾0.97%～1.16%。

029 Persian Type 2

Persian Type 2原产地为伊朗，由云南省烟草农业科学研究院收集保存。

特征特性　株式橄榄形，腰叶宽椭圆形，叶尖急尖，叶面平，叶缘波浪，叶色绿色，叶耳中等，主脉细，叶片厚度中等，茎叶角度大，花序分散，花色淡红色。自然株高91.5cm，打顶株高48.3cm，自然叶数12.5片，有效叶数10.1片，茎围6.0cm，节距2.4cm，腰叶长31.5cm、宽11.3cm。移栽至现蕾57天，移栽至中心花开放63天，大田生育期120天。

抗病性　中抗靶斑病，中感TMV、赤星病和白粉病，感黑胫病、PVY和TSWV。

外观质量　原烟颜色金黄色，色度中等，油分有，身份适中，光泽鲜亮，叶片结构较疏松。

化学成分　总糖13.11%，还原糖12.21%，两糖差0.90%，总氮2.29%，烟碱3.31%，氯1.58%，糖碱比3.96，氮碱比0.69，钾0.94%。

030 S. Guacolo

S. Guacolo原产地为巴西，由云南省烟草农业科学研究院收集保存。

特征特性　株式橄榄形，腰叶长椭圆形，叶尖渐尖，叶面平，叶缘波浪，叶色绿色，叶耳大，主脉粗，叶片厚度中等，茎叶角度大，花序集中，花色淡红色。自然株高170.0cm，打顶株高120.0cm，自然叶数26.0片，有效叶数20.5片，茎围12.0cm，节距3.6cm，腰叶长70.0cm、宽26.0cm。移栽至现蕾41天，移栽至中心花开放47天，大田生育期114天。

抗病性　靶斑病免疫，中感TMV、赤星病和白粉病，感黑胫病、PVY和TSWV。

外观质量　原烟颜色红棕色，油分有，身份适中，光泽鲜亮，色度中等，叶片结构较紧密。

化学成分　总糖2.83%，还原糖2.32%，两糖差0.51%，总氮3.10%，烟碱6.53%，氯0.41%，糖碱比0.43，氮碱比0.47，钾1.81%。

031

SB Burley 1

SB Burley 1由云南省烟草农业科学研究院从国外引进保存。

特征特性 株式橄榄形，腰叶宽椭圆形，叶尖急尖，叶面皱，叶缘波浪，叶色绿色，叶耳中等，主脉粗，叶片厚度中等，茎叶角度大，花序分散，花色淡红色。自然株高166.2cm，打顶株高142.0cm，自然叶数18.4片，有效叶数16.0片，茎围8.3cm，节距7.3cm，腰叶长66.5cm、宽33.3cm。移栽至现蕾69天，移栽至中心花开放77天，大田生育期133天。

抗病性 抗靶斑病，中感赤星病，感黑胫病和PVY。

外观质量 原烟颜色红棕色，油分较多，身份适中，光泽强，叶片结构较疏松。

化学成分 总糖13.81%～26.42%，还原糖12.69%～25.20%，两糖差1.12%～1.22%，总氮1.89%～2.74%，烟碱1.12%～2.8%，氯0.25%～1.36%，糖碱比4.93～23.58，氮碱比0.98～1.69，钾1.70%～2.14%。

032

Subsample of Tl80

Subsample of Tl80原产地为马拉维，由云南省烟草农业科学研究院收集保存。

特征特性 株式筒形，腰叶椭圆形，叶尖急尖，叶面平，叶缘平滑，叶色绿色，叶耳大，主脉细，叶片厚度中等，茎叶角度中等，花序集中，花色淡红色。自然株高150.0cm，打顶株高118.0cm，自然叶数20.0片，有效叶数15.8片，茎围7.9cm，节距4.6cm，腰叶长45.6cm、宽26.2cm。移栽至现蕾54天，移栽至中心花开放59天，大田生育期133天。

抗病性 中抗靶斑病，中感TMV和赤星病，感黑胫病和PVY。

外观质量 原烟颜色微带青黄色，油分少，身份薄，光泽较强，叶片结构较紧密。

化学成分 总糖14.53%，还原糖7.39%，两糖差7.14%，总氮2.45%，烟碱3.04%，氯0.22%，糖碱比4.78，氮碱比0.81，钾1.01%。

033 Taba

Taba原产地为尼日利亚，由云南省烟草农业科学研究院收集保存。

特征特性 株式塔形，腰叶长椭圆形，叶尖渐尖，叶面平，叶缘波浪，叶色浅绿色，叶耳小，主脉细，叶片厚度中等，茎叶角度小，花序集中，花色淡红色。自然株高146.1cm，打顶株高83.0cm，自然叶数26.7片，有效叶数21.2片，茎围7.2cm，节距3.0cm，腰叶长33.0cm、宽15.7cm。移栽至现蕾46天，移栽至中心花开放52天，大田生育期120天。

抗病性 中抗靶斑病，中感TMV、白粉病和赤星病，感黑胫病、PVY。

外观质量 原烟颜色金黄色，油分少，身份适中，光泽较强，叶片结构较紧密。

化学成分 总糖16.87%，还原糖14.66%，两糖差2.21%，总氮2.08%，烟碱2.04%，氯0.16%，糖碱比8.27，氮碱比1.02，钾1.37%。

034 Telahloid 全国统一编号1089

Telahloid由中国农业科学院烟草研究所从国外引进保存。

特征特性 株式筒形，腰叶椭圆形，叶面平，叶缘平滑，叶尖渐尖，叶色绿色，主脉粗，茎叶角度中等，花序集中，花色淡红色。自然株高160.0cm，打顶株高106.4cm，自然叶数15.4片，有效叶数12.6片，茎围8.4cm，节距5.2cm，腰叶长54.7cm、宽28.2cm。移栽至现蕾40天，移栽至中心花开放46天，大田生育期92天。

抗病性 中抗根结线虫病，感黑胫病和青枯病，中感白粉病和赤星病。

外观质量 原烟颜色青黄色，油分少，身份薄，光泽中等，叶片结构紧密。

化学成分 总糖33.47%，还原糖24.83%，两糖差8.64%，总氮1.69%，烟碱2.17%，氯0.55%，糖碱比15.42，氮碱比0.78，钾1.10%。

035　TI 1223　全国统一编号3578

TI 1223原产地为美国，由中国农业科学院烟草研究所引进保存。

特征特性　株式筒形，腰叶椭圆形，叶面平，叶缘平滑，叶尖渐尖，叶色绿色，主脉粗，茎叶角度中等，花序集中，花色淡红色。自然株高122.2cm，打顶株高98.2cm，自然叶数14.8片，有效叶数11.8片，茎围6.5cm，节距4.9cm，腰叶长43.7cm、宽23.9cm。移栽至现蕾40天，移栽至中心花开放47天，大田生育期120天。

抗病性　中感赤星病，感黑胫病。

外观质量　原烟颜色金黄色，油分多，身份适中，光泽强，叶片结构疏松。

化学成分　总糖24.98%，还原糖22.25%，两糖差2.73%，总氮1.73%，烟碱2.38%，氯0.27%，糖碱比10.50，氮碱比0.73，钾2.78%。

036　Tobacco Rabo de Gallo

Tobacco Rabo de Gallo原产地为委内瑞拉，由云南省烟草农业科学研究院收集保存。

特征特性　株式橄榄形，腰叶椭圆形，叶尖急尖，叶面平，叶缘波浪，叶色绿色，叶耳中等，主脉粗，叶片厚度中等，茎叶角度大，花序集中，花色淡红色。自然株高153.3cm，打顶株高105.0cm，自然叶数24.1片，有效叶数18.2片，茎围8.1cm，节距4.3cm，腰叶长51.0cm、宽24.4cm。移栽至现蕾58天，移栽至中心花开放65天，大田生育期120天。

抗病性　抗靶斑病，中感TMV、白粉病和赤星病，感黑胫病和PVY。

外观质量　原烟颜色棕红色，油分有，身份适中，光泽强，叶片结构较疏松。

化学成分　总糖5.88%，还原糖5.07%，两糖差0.81%，总氮2.98%，烟碱5.25%，氯0.21%，糖碱比1.12，氮碱比0.57，钾1.61%。

037 Trapezund 161

Trapezund 161自美国引进，由云南省烟草农业科学研究院收集保存。

特征特性 株式塔形，腰叶长椭圆形，叶面较皱，叶尖渐尖，叶缘波浪，叶色绿色，主脉粗，叶耳大，茎叶角度大，花序松散，花色淡红色。自然株高113.0cm，打顶株高86.6cm，自然叶数22.8片，有效叶数12.2片，茎围9.4cm，节距5.2cm，腰叶长64.6cm、宽29.2cm。移栽至现蕾45天，移栽至中心花开放51天，大田生育期133天。

抗病性 TMV免疫，中抗靶斑病，中感黑胫病和白粉病。

外观质量 原烟颜色红棕褐色，油分有，身份适中，光泽中等，叶片结构较疏松。

化学成分 总糖19.06%，还原糖18.19%，两糖差0.87%，总氮2.16%，烟碱2.56%，氯1.28%，糖碱比7.45，氮碱比0.84，钾1.47%。

038 Virginia Yellow 全国统一编号1101

Virginia Yellow原产地为美国，由中国农业科学院烟草研究所引进保存。

特征特性 株式塔形，腰叶长椭圆形，叶面较皱，叶缘波浪，叶尖渐尖，叶色绿色，叶耳中等，主脉中等，茎叶角度中等，花序集中，花色淡红色。自然株高188.4cm，打顶株高136.0cm，自然叶数21.4片，有效叶数17.8片，茎围9.3cm，节距5.8cm，腰叶长66.5cm、宽27.8cm。移栽至现蕾50天，移栽至中心花开放59天，大田生育期105天。

抗病性 中感白粉病和赤星病，感黑胫病。

外观质量 原烟颜色金黄色，油分多，身份适中，光泽强，叶片结构疏松。

化学成分 总糖45.36%，还原糖40.52%，两糖差4.84%，总氮1.60%，烟碱1.72%，氯1.78%，糖碱比26.37，氮碱比0.93，钾1.26%。

039 Virginia（1） 全国统一编号1096

Virginia（1）原产地为美国，由中国农业科学院烟草研究所引进保存。

特征特性 株式塔形，腰叶长椭圆形，叶面较皱，叶缘波浪，叶尖渐尖，叶色绿色，主脉粗，叶耳小，茎叶角度中等，花序集中，花色淡红色。自然株高170.0cm，打顶株高124.4cm，自然叶数16.8片，有效叶数14.2片，茎围9.1cm，节距6.3cm，腰叶长66.4cm、宽31cm。移栽至现蕾47天，移栽至中心花开放56天，大田生育期121天。

抗病性 中抗根结线虫病，感黑胫病、青枯病、白粉病和赤星病。

外观质量 原烟颜色金黄色，油分多，身份适中，光泽强，叶片结构疏松。

化学成分 总糖34.41%，还原糖29.82%，两糖差4.59%，总氮1.76%，烟碱1.47%，氯1.17%，糖碱比23.41，氮碱比1.20，钾1.72%。

040 Volunteer Plant

Volunteer Plant原产地为波多黎各，由云南省烟草农业科学研究院收集保存。

特征特性 株式塔形，腰叶长椭圆形，叶尖渐尖，叶面平，叶缘平滑，叶色浅绿色，叶耳中等，主脉细，叶片厚度中等，茎叶角度中等，花序集中，花色淡红色。自然株高181.0cm，打顶株高149.8cm，自然叶数18.6片，有效叶数11.4片，茎围7.3cm，节距5.1cm，腰叶长49.0cm、宽24.8cm。移栽至现蕾57天，移栽至中心花开放63天，大田生育期135天。

抗病性 中感黑胫病、根结线虫病、TMV、PVY、白粉病和赤星病，高感靶斑病。

外观质量 原烟颜色棕红色，油分有，身份适中，光泽强，叶片结构较疏松。

化学成分 总糖24.27%，还原糖22.56%，两糖差1.71%，总氮2.09%，烟碱0.81%，氯0.91%，糖碱比29.96，氮碱比2.58，钾1.55%。

041 VPI 102　全国统一编号 3583

VPI 102原产地为美国，由中国农业科学院烟草研究所引进保存。

特征特性　株式塔形，腰叶长椭圆形，叶面较皱，叶尖渐尖，叶缘波浪，叶色浅绿色，主脉粗，叶耳小，茎叶角度中等，花序集中，花色淡红色。自然株高163.8cm，打顶株高120.6cm，自然叶数22.6片，有效叶数18.8片，茎围9.9cm，节距4.5cm，腰叶长73.1cm、宽30.5cm。移栽至现蕾61天，移栽至中心花开放65天，大田生育期121天。

抗病性　感白粉病和赤星病。

外观质量　原烟颜色金、柠檬黄色，油分多，身份适中，光泽强，叶片结构疏松。

化学成分　总糖34.30%，还原糖30.32%，两糖差3.98%，总氮1.91%，烟碱3.20%，氯1.52%，糖碱比10.72，氮碱比0.60，钾0.82%。

042 Warllow（1）　全国统一编号 1102

Warllow（1）由中国农业科学院烟草研究所从国外引进保存。

特征特性　株式塔形，腰叶长椭圆形，叶面较皱，叶尖渐尖，叶缘波浪，叶色浅绿色，主脉细，叶耳小，茎叶角度中等，花序集中，花色淡红色。自然株高175.2cm，打顶株高121.8cm，自然叶数19.6片，有效叶数17.0片，茎围8.5cm，节距5.1cm，腰叶长59.7cm、宽24.3cm。移栽至现蕾49天，移栽至中心花开放58天，大田生育期92天。

抗病性　中抗根结线虫病，中感白粉病和赤星病，感黑胫病和青枯病。

外观质量　原烟颜色金黄色，油分多，身份适中，光泽强，叶片结构疏松。

化学成分　总糖29.26%，还原糖24.22%，两糖差5.04%，总氮2.03%，烟碱1.73%，氯0.96%，糖碱比16.91，氮碱比1.17，钾1.62%。

043

White John　全国统一编号1104

White John 由辽宁省丹东农业科学院从国外引进保存。

特征特性　株式塔形，腰叶椭圆形，叶面较皱，叶尖渐尖，叶缘波浪，叶色浅绿色，主脉细，叶耳较大，茎叶角度中等，花序集中，花色淡红色。自然株高137.4cm，打顶株高105.4cm，自然叶数19.0片，有效叶数13.2片，茎围7.9cm，节距4.9cm，腰叶长49.2cm、宽22.5cm。移栽至现蕾61天，移栽至中心花开放69天，大田生育期121天。

抗病性　感黑胫病。

外观质量　原烟颜色金黄色，油分多，身份适中，光泽强，叶片结构疏松。

化学成分　总糖30.17%，还原糖29.29%，两糖差0.88%，总氮1.97%，烟碱2.04%，氯1.80%，糖碱比14.79，氮碱比0.97，钾1.43%。

044

Willow　全国统一编号1107

Willow 由辽宁省丹东农业科学院从国外引进保存。

特征特性　株式塔形，腰叶长椭圆形，叶面较皱，叶尖渐尖，叶缘波浪，叶色绿色，主脉粗，叶耳小，茎叶角度中等，花序集中，花色淡红色。自然株高137.8cm，打顶株高96.6cm，自然叶数19.6片，有效叶数16.2片，茎围8.2cm，节距4.2cm，腰叶长64.3cm、宽23.8cm。移栽至现蕾48天，移栽至中心花开放57天，大田生育期105天。

抗病性　中抗根结线虫病，中感赤星病，感黑胫病和青枯病。

外观质量　原烟颜色柠檬黄色、微青黄色，油分少，身份薄，光泽中等，叶片结构紧密。

化学成分　总糖25.12%，还原糖20.24%，两糖差4.88%，总氮1.94%，烟碱1.88%，氯1.33%，糖碱比13.36，氮碱比1.03，钾1.69%。

045 Yellow Special（1） 全国统一编号1113

Yellow Special（1）原产地为美国，由中国农业科学院烟草研究所引进保存。

特征特性 株式筒形，腰叶长椭圆形，叶面较皱，叶尖渐尖，叶缘波浪，叶色绿色，主脉中等，叶耳中等，茎叶角度中等，花序集中，花色淡红色。自然株高144.5cm，打顶株高98.5cm，自然叶数14.8片，有效叶数12.3片，茎围8.2cm，节距6.0cm，腰叶长68.9cm、宽30.3cm。移栽至现蕾48天，移栽至中心花开放57天，大田生育期118天。

抗病性 中感白粉病，感黑胫病。

外观质量 原烟颜色金黄色，油分多，身份适中，光泽强，叶片结构疏松。

化学成分 总糖24.97%，还原糖23.08%，两糖差1.89%，总氮2.23%，烟碱2.15%，氯1.08%，糖碱比11.61，氮碱比1.04，钾1.66%。

046 Yoka derris 全国统一编号1114

Yoka derris由中国农业科学院烟草研究所从国外引进保存。

特征特性 株式塔形，腰叶椭圆形，叶面较平，叶尖渐尖，叶色浅绿色，叶缘波浪，主脉粗，叶耳中等，茎叶角度中等，花序集中，花色淡红色。自然株高143.3cm，打顶株高106.3cm，自然叶数19.3片，有效叶数15.3片，茎围9.4cm，节距5.1cm，腰叶长56.2cm、宽19.8cm。移栽至现蕾55天，移栽至中心花开放65天，大田生育期120天。

抗病性 中感根结线虫病，感黑胫病、青枯病。

外观质量 原烟颜色金黄色，油分多，身份适中，光泽强，叶片结构疏松。

化学成分 总糖20.92%，还原糖15.51%，两糖差5.41%，总氮2.28%，烟碱2.01%，氯0.62%，糖碱比10.41，氮碱比1.13，钾2.19%。

047 Yoka Rioce　全国统一编号 1115

Yoka Rioce 由中国农业科学院烟草研究所从国外引进保存。

特征特性　株式塔形，腰叶椭圆形，叶面较皱，叶缘波浪，叶尖渐尖，叶色绿色，主脉中等，叶耳小，茎叶角度中等，花序集中，花色淡红色。自然株高193.3cm，打顶株高124.5cm，自然叶数29.0片，有效叶数21.5片，茎围8.9cm，节距4.2cm，腰叶长54.3cm、宽30.6cm。移栽至现蕾56天，移栽至中心花开放65天，大田生育期125天。

抗 病 性　感黑胫病。

外观质量　原烟颜色金黄色，油分多，身份适中，光泽强，叶片结构疏松。

化学成分　总糖14.49%，还原糖12.63%，两糖差1.86%，总氮1.69%，烟碱2.29%，氯0.70%，糖碱比6.33，氮碱比0.74，钾2.14%。

048 Zihina dance　全国统一编号 1116

Zihina dance 由中国农业科学院烟草研究所从国外引进保存。

特征特性　株式塔形，腰叶椭圆形，叶面较皱，叶缘波浪，叶尖渐尖，叶色浅绿色，叶耳小，主脉粗，茎叶角度中等，花序集中，花色淡红色。自然株高162.0cm，打顶株高121.6cm，自然叶数19.8片，有效叶数15.8片，茎围8.9cm，节距5.6cm，腰叶长63.7cm、宽29cm。移栽至现蕾45天，移栽至中心花开放56天，大田生育期118天。

抗 病 性　中感根结线虫病和赤星病，感黑胫病、青枯病。

外观质量　原烟颜色金黄色，油分多，身份适中，光泽强，叶片结构疏松。

化学成分　总糖20.20%，还原糖18.98%，两糖差1.22%，总氮2.04%，烟碱3.52%，氯0.26%，糖碱比5.74，氮碱比0.58，钾1.55%。

049 **Zihina Ruruna** 全国统一编号1117

Zihina Ruruna由中国农业科学院烟草研究所从国外引进保存。

特征特性 株式塔形，腰叶椭圆形，叶面较平，叶缘波浪，叶尖渐尖，叶缘波浪，叶色绿色，主脉中等，叶耳中等，茎叶角度中等，花序集中，花色淡红色。自然株高137.5cm，打顶株高105.8cm，自然叶数24.8片，有效叶数22.0片，茎围8.3cm，节距5.5cm，腰叶长60.4cm、宽29.5cm。移栽至现蕾55天，移栽至中心花开放65天，大田生育期121天。

抗病性 中感根结线虫病，感黑胫病、青枯病。

外观质量 原烟颜色金黄色，油分多，身份适中，光泽强，叶片结构疏松。

化学成分 总糖12.74%，还原糖11.63%，两糖差1.11%，总氮2.23%，烟碱3.65%，氯0.21%，糖碱比3.49，氮碱比0.61，钾1.36%。

二、晒烟种质资源

（一）晒烟审定品种及国内种质资源

001 云晒1号

云晒1号由红塔烟草（集团）有限责任公司和云南省烟草农业科学研究院从公会晒烟变异株中系统选育而成。2013年通过全国烟草品种审定委员会审定。

特征特性　晒黄烟。株式塔形，腰叶长椭圆形，叶面较平，叶尖渐尖，叶色浅绿色，叶缘波浪，叶耳中，主脉粗，茎叶角度中，花序松散，花色淡红色。自然株高165.0cm，打顶株高135.3cm，自然叶数32.0片，有效叶数26.3片，茎围9.3cm，节距4.7cm，腰叶长40.7cm、宽15.3cm。移栽至现蕾85天，移栽至中心花开放90天，大田生育期165天。

抗病性　抗赤星病，中抗黑胫病，中感TMV。

外观质量　原烟颜色多为正黄、金黄色，颜度较均匀，油分有至多，身份中等至稍厚，光泽尚鲜至鲜明，叶片结构疏松。

化学成分　总糖24.30%，还原糖20.75%，两糖差3.55%，总氮2.05%，烟碱2.55%，氯0.55%，糖碱比9.53，氮碱比0.80，钾2.24%。

002 矮杆晒烟　统一编号1858

矮杆晒烟是由福建省农业科学院龙岩分院从福建省三明市沙县区收集保存的地方品种。

特征特性　株式筒形，腰叶长椭圆形，叶尖渐尖，叶面较平，叶缘波浪，叶色绿色，有叶柄，主脉中等，叶片厚度中等，茎叶角度大，花序分散，花色淡红色。自然株高175.6cm，打顶株高100.5cm，自然叶数20.6片，有效叶数16.5片，茎围6.6cm，节距5.7cm，腰叶长54.7cm、宽23.5cm。移栽至现蕾56天，移栽至中心花开放60天，大田生育期117天。

抗病性　中抗青枯病和根结线虫病，感黑胫病。

外观质量　原烟颜色棕红色，油分少，身份适中，光泽亮，叶片结构较紧密。

化学成分　总糖2.14%，还原糖1.93%，两糖差0.21%，总氮2.75%，烟碱4.41%，氯0.45%，糖碱比0.49，氮碱比0.62，钾1.84%。

003　安岳烟1

安岳烟1是由云南省烟草农业科学研究院从四川省收集保存的地方品种。

特征特性　株式塔形，腰叶长椭圆形，叶尖渐尖，叶面平，叶缘皱折，叶色绿色，叶耳中，主脉中等，叶片较厚，茎叶角度大，花序集中，花色淡红色。自然株高147.4cm，打顶株高99.6cm，自然叶数20.0片，有效叶数15.4片，茎围9.1cm，节距4.9cm，腰叶长52.9cm、宽29.2cm。移栽至现蕾44天，移栽至中心花开放48天，大田生育期151天。

抗病性　中感黑胫病和根结线虫病。

外观质量　原烟颜色金黄色，油分有，身份适中，光泽较强，叶片结构较疏松。

化学成分　总糖6.84%～10.70%，还原糖6.60%～10.05%，两糖差0.24%～0.65%，总氮2.55%～2.71%，烟碱3.68%～4.73%，氯0.16%～0.37%，糖碱比1.86～2.26，氮碱比0.57～0.69，钾0.95%～1.30%。

004　安岳烟2

安岳烟2是由云南省烟草农业科学研究院从四川省收集保存的地方品种。

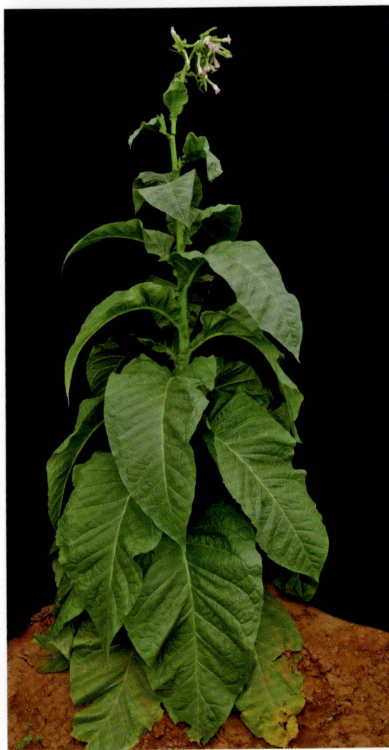

特征特性　株式筒形，腰叶长椭圆形，叶尖渐尖，叶面较皱，叶缘皱折，叶色绿色，叶耳小，主脉细，叶片较厚，茎叶角度中，花序集中，花色淡红色。自然株高140.8cm，打顶株高52.8cm，自然叶数15.2片，有效叶数13.5片，茎围10.0cm，节距4.9cm，腰叶长57.4cm、宽27.4cm。移栽至现蕾61天，移栽至中心花开放67天，大田生育期110天。

抗病性　中感黑胫病和根结线虫病。

外观质量　原烟颜色金黄色，油分有，身份适中，光泽较强，叶片结构较疏松。

化学成分　总糖9.76%，还原糖8.31%，两糖差1.45%，总氮2.91%，烟碱8.40%，氯0.81%，糖碱比1.16，氮碱比0.35，钾0.73%。

八朵香　全国统一编号1611

005

八朵香是由吉林省延边朝鲜族自治州农业科学院烟草研究所从吉林省白城市收集保存的地方品种。

特征特性　株式筒形，腰叶卵圆形，叶尖急尖，叶面较平，叶缘锯齿，叶色深绿色，叶耳小，主脉细，叶片厚度中等，茎叶角度大，花序分散，花色淡红色。自然株高83.4cm，打顶株高47.5cm，自然叶数12.6片，有效叶数11.5片，茎围7.6cm，节距5.0cm，腰叶长56.6cm、宽26.6cm。移栽至现蕾41天，移栽至中心花开放46天，大田生育期117天。

抗　病　性　中抗TMV，中感青枯病、根结线虫病、PVY，感黑胫病、CMV，高感烟蚜。

外观质量　原烟颜色棕红色，油分较多，身份适中，光泽亮，叶片结构较紧密。

化学成分　总糖2.63%，还原糖1.94%，两糖差0.69%，总氮3.09%，烟碱8.97%，氯0.40%，糖碱比0.29，氮碱比0.34，钾1.35%。

八里香　全国统一编号572

006

八里香是由辽宁省丹东农业科学院从辽宁省开原市收集保存的地方品种。

特征特性　株式塔形，腰叶椭圆形，叶尖钝尖，叶面平，叶缘平滑，叶色深绿色，叶耳大，主脉中等，叶片厚度中等，茎叶角度较大，花序集中，花色淡红色。自然株高75.8cm，打顶株高60.0cm，自然叶数10.0片，有效叶数9.5片，茎围5.8cm，节距5.0cm，腰叶长37.4cm、宽19.7cm。移栽至现蕾38天，移栽至中心花开放44天，大田生育期117天。

抗　病　性　中抗根结线虫病，感黑胫病、青枯病。

外观质量　原烟颜色棕黄色，微带青，油分少，身份稍厚，光泽亮，叶片结构紧密。

化学成分　总糖1.19%，还原糖1.09%，两糖差0.10%，总氮3.37%，烟碱9.51%，氯0.57%，糖碱比0.13，氮碱比0.35，钾0.63%。

007

把儿烟　全国统一编号769

把儿烟是由辽宁省丹东农业科学院从辽宁省开原市收集保存的地方品种。

特征特性　株式筒形，腰叶椭圆形，叶尖渐尖，叶面平，叶缘平滑，叶色深绿色，叶耳小，主脉中等，叶片厚度中等，茎叶角度大，花序集中，花色淡红色。自然株高60.4cm，打顶株高42.5cm，自然叶数9.0片，有效叶数8.5片，茎围5.4cm，节距5.1cm，腰叶长31.6cm、宽20.8cm。移栽至现蕾34天，移栽至中心花开放38天，大田生育期117天。

抗病性　中抗根结线虫病、赤星病，中感青枯病、TMV、PVY，感黑胫病、CMV，高感烟蚜。

外观质量　原烟颜色棕黄色，微带青，油分少，身份稍厚，光泽亮，叶片结构紧密。

化学成分　总糖0.85%，还原糖0.65%，两糖差0.20%，总氮2.82%，烟碱6.39%，氯0.70%，糖碱比0.13，氮碱比0.44，钾0.77%。

008

白骨细尾牛利

白骨细尾牛利是由中国农业科学院烟草研究所从陕西省宝鸡市收集保存的地方品种。

特征特性　株式筒形，腰叶椭圆形，叶尖渐尖，叶面平，叶缘微波，叶色绿色，叶耳大，主脉细，叶片厚度中等，茎叶角度大，花序分散，花色淡红色。自然株高152.0cm，打顶株高100.0cm，自然叶数21.0片，有效叶数20.5片，茎围7.8cm，节距3.5cm，腰叶长45.0cm、宽15.9cm。移栽至现蕾46天，移栽至中心花开放54天，大田生育期126天。

抗病性　中抗根结线虫病，感黑胫病、青枯病。

外观质量　原烟颜色棕红、青黄色，油分有，身份适中，光泽中，叶片结构紧密。

化学成分　总糖5.83%，还原糖5.09%，两糖差0.74%，总氮2.67%，烟碱4.99%，氯0.74%，糖碱比1.17，氮碱比0.54，钾1.55%。

009 白花铁杆毛烟 全国统一编号1851

白花铁杆毛烟是由湖北省烟草科学研究院从湖北省五峰县收集保存的地方品种。

特征特性 株式筒形，腰叶椭圆形，叶尖渐尖，叶面平，叶缘平滑，叶色绿色，叶耳中，主脉细，叶片厚度中等，茎叶角度大，花序集中，花色淡红色。自然株高174.2cm，打顶株高118.5cm，自然叶数18.4片，有效叶数18.0片，茎围9.6cm，节距6.4cm，腰叶长56.2cm、宽33.2cm。移栽至现蕾58天，移栽至中心花开放63天，大田生育期126天。

抗病性 抗TMV，中抗黑胫病和根结线虫病，中感青枯病。

外观质量 原烟颜色棕红色，油分多，身份适中，光泽亮，叶片结构疏松。

化学成分 总糖4.09%、还原糖3.91%，两糖差0.18%，总氮3.00%，烟碱5.96%，氯0.52%，糖碱比0.69，氮碱比0.50，钾2.41%。

010 白花烟2169 全国统一编号724

白花烟2169是由中国农业科学院烟草研究所从贵州省湄潭县收集保存的地方品种。

特征特性 株式塔形，腰叶长椭圆形，叶尖渐尖，叶面较平，叶缘微波，叶色绿色，叶耳小，主脉中等，叶片厚度中等，茎叶角度大，花序集中，花色淡红色。自然株高145.0cm，打顶株高84.5cm，自然叶数16.4片，有效叶数16.0片，茎围8.6cm，节距5.1cm，腰叶长65.8cm、宽30.3cm。移栽至现蕾56天，移栽至中心花开放60天，大田生育期126天。

抗病性 抗黑胫病，中感根结线虫病，感青枯病。

外观质量 原烟颜色棕红色，油分多，身份适中，光泽亮，叶片结构疏松。

化学成分 总糖7.82%、还原糖7.15%，两糖差0.67%，总氮2.67%，烟碱6.02%，氯0.48%，糖碱比1.30，氮碱比0.44，钾1.25%。

011 白花Robertson

白花Robertson由云南省烟草农业科学研究院从引进品种Robertson的变异株中系统选育而成。

特征特性 株式筒形，腰叶宽椭圆形，叶尖急尖，叶面较皱，叶缘波浪，叶色绿色，叶耳大，主脉细，叶片厚度中等，茎叶角度较大，花序集中，花色白色。自然株高175.4cm，打顶株高130.1cm，自然叶数18.9片，有效叶数16.5片，茎围8.0cm，节距5.3cm，腰叶长56.2cm、宽28.4cm。移栽至现蕾50天，移栽至中心花开放55天，大田生育期126天。

抗病性 中抗黑胫病、青枯病，中感根结线虫病。

外观质量 原烟颜色棕红色，油分有，身份适中，光泽较亮，叶片结构较紧密。

化学成分 总糖4.87%，还原糖4.28%，两糖差0.59%，总氮2.36%，烟碱7.18%，氯0.41%，糖碱比0.68，氮碱比0.33，钾1.32%。

012 白颈丫头大种　全国统一编号815

白颈丫头大种是由广东省农业科学院经济作物研究所从广东省新兴县收集保存的地方品种。

特征特性 株式筒形，腰叶椭圆形，叶尖渐尖，叶面较皱，叶缘波浪，叶色浅绿色，有叶柄，主脉粗，叶片厚度中等，茎叶角度大，花序集中，花色淡红色。自然株高126.4cm，打顶株高83.0cm，自然叶数26.4片，有效叶数25.0片，茎围9.8cm，节距3.2cm，腰叶长50.0cm、宽19.7cm。移栽至现蕾60天，移栽至中心花开放66天，大田生育期117天。

抗病性 感黑胫病。

外观质量 原烟颜色深棕红色，油分较多，身份薄，光泽亮，叶片结构较疏松。

化学成分 总糖0.58%，还原糖0.51%，两糖差0.07%，总氮3.10%，烟碱3.77%，氯0.50%，糖碱比0.15，氮碱比0.82，钾2.21%。

013　白颈丫头细种　全国统一编号817

白颈丫头细种是由广东省农业科学院经济作物研究所从广东省新兴县收集保存的地方品种。

特征特性　株式塔形，腰叶椭圆形，叶尖急尖，叶面较皱，叶缘波浪，叶色浅绿色，有叶柄，主脉中等，叶片厚度中等，茎叶角度大，花序集中，花色白色。自然株高128.3cm，打顶株高75.5cm，自然叶数29.7片，有效叶数27.5片，茎围8.1cm，节距3.1cm，腰叶长48.0cm、宽14.4cm。移栽至现蕾70天，移栽至中心花开放76天，大田生育期117天。

抗 病 性　抗青枯病，感黑胫病。

外观质量　原烟颜色棕黄色，油分少，身份薄，光泽亮，叶片结构较紧密。

化学成分　总糖1.42%，还原糖1.17%，两糖差0.25%，总氮2.19%，烟碱2.13%，氯1.02%，糖碱比0.67，氮碱比1.03，钾3.48%。

014　半铁泡　全国统一编号843

半铁泡是由贵州省烟草科学研究院从四川省收集保存的地方品种。

特征特性　株式塔形，腰叶椭圆形，叶尖急尖，叶面较皱，叶缘波浪，叶色绿色，有叶柄，主脉中等，叶片厚度中等，茎叶角度较大，花序分散，花色红色。自然株高153.0cm，打顶株高108.5cm，自然叶数22.0片，有效叶数20.5片，茎围8.7cm，节距4.1cm，腰叶长49.0cm、宽26.6cm。移栽至现蕾47天，移栽至中心花开放64天，大田生育期126天。

抗 病 性　抗黑胫病，中感根结线虫病、PVY、CMV，感青枯病。

外观质量　原烟颜色棕红色，油分少，身份适中，光泽亮，叶片结构较紧密。

化学成分　总糖5.88%，还原糖5.19%，两糖差0.69%，总氮2.51%，烟碱5.52%，氯0.53%，糖碱比1.07，氮碱比0.45，钾1.58%。

015 笨烟子 全国统一编号756

笨烟子是由中国农业科学院烟草研究所从陕西省渭南市收集保存的地方品种。

特征特性 株式筒形，腰叶椭圆形，叶尖渐尖，叶面较平，叶缘平滑，叶色绿色，叶耳中，主脉中等，叶片厚度中等，茎叶角度中等，花序集中，花色淡红色。自然株高126.0cm，打顶株高82.5cm，自然叶数12.0片，有效叶数9.0片，茎围8.1cm，节距6.5cm，腰叶长56.4cm、宽26.2cm。移栽至现蕾34天，移栽至中心花开放39天，大田生育期117天。

抗病性 抗TMV、根结线虫病，感黑胫病、青枯病。

外观质量 原烟颜色棕红色，油分少，身份适中，光泽亮，叶片结构较紧密。

化学成分 总糖3.52%，还原糖3.10%，两糖差0.42%，总氮2.77%，烟碱6.44%，氯0.47%，糖碱比0.55，氮碱比0.43，钾1.07%。

016 弊叶烟 全国统一编号825

弊叶烟是由广东省农业科学院经济作物研究所从广东省廉江市收集保存的地方品种。

特征特性 株式筒形，腰叶长椭圆形，叶尖尾尖，叶面较平，叶缘平滑，叶色深绿色，叶耳小，主脉粗，叶片较厚，茎叶角度较大，花序分散，花色淡红色。自然株高110.0cm，打顶株高69.0cm，自然叶数14.2片，有效叶数12.5片，茎围8.2cm，节距4.2cm，腰叶长55.8cm、宽18.2cm。移栽至现蕾40天，移栽至中心花开放49天，大田生育期117天。

抗病性 中感青枯病，感黑胫病、根结线虫病。

外观质量 原烟颜色棕红色，油分少，身份适中，光泽亮，叶片结构较紧密。

化学成分 总糖1.13%，还原糖1.01%，两糖差0.12%，总氮3.22%，烟碱6.78%，氯0.51%，糖碱比0.17，氮碱比0.47，钾1.08%。

017 仓边烟 全国统一编号133

仓边烟是由广东省农业科学院经济作物研究所从广东省南雄市收集保存的地方品种。

特征特性 株式塔形，腰叶长椭圆形，叶尖急尖，叶面较平，叶缘皱折，叶色绿色，叶耳小，主脉中等，叶片厚度中等，茎叶角度中等，花序分散，花色淡红色。自然株高184.6cm，打顶株高115.5cm，自然叶数24.6片，有效叶数22.5片，茎围8.3cm，节距5.1cm，腰叶长59.3cm、宽30.0cm。移栽至现蕾61天，移栽至中心花开放70天，大田生育期126天。

抗病性 中感黑胫病。

外观质量 原烟颜色棕红色，油分有，身份适中，光泽亮，叶片结构较紧密。

化学成分 总糖18.15%，还原糖16.71%，两糖差1.44%，总氮2.19%，烟碱4.21%，氯0.33%，糖碱比4.31，氮碱比0.52，钾1.12%。

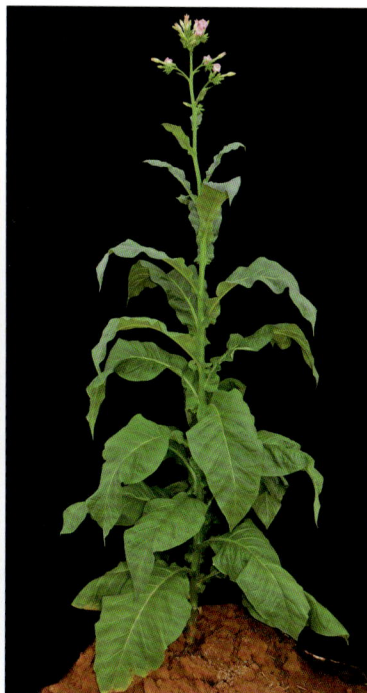

018 茶山烟 全国统一编号828

茶山烟是由广东省农业科学院经济作物研究所从广东省东莞市收集保存的地方品种。

特征特性 株式塔形，腰叶披针形，叶尖尾尖，叶面较皱，叶缘波浪，叶色绿色，有叶柄，叶耳较大，主脉中等，叶片厚度中等，茎叶角度较大，花序集中，花色淡红色。自然株高118.2cm，打顶株高58.0cm，自然叶数27.0片，有效叶数25.0片，茎围6.4cm，节距2.3cm，腰叶长44.5cm、宽12.5cm。移栽至现蕾63天，移栽至中心花开放73天，大田生育期117天。

抗病性 中感根结线虫病，感黑胫病、青枯病。

外观质量 原烟颜色棕黄色，油分少，身份薄，光泽亮，叶片结构较紧密。

化学成分 总糖1.68%，还原糖1.38%，两糖差0.30%，总氮1.78%，烟碱2.26%，氯0.57%，糖碱比0.74，氮碱比0.79，钾2.16%。

019 长治小叶烟

长治小叶烟是由山西农业大学从山西长治收集保存的地方品种。

特征特性　株式筒形，腰叶长椭圆形，叶面较皱，叶尖渐尖，叶缘波浪，叶色绿色，叶耳较大，主脉中等，叶片厚度中等，茎叶角度大，花序分散，花色红色。自然株高97.8cm，打顶株高45.0cm，自然叶数14.8片，有效叶数14.5片，茎围6.9cm，节距3.2cm，腰叶长47.4cm、宽15.8cm。移栽至现蕾36天，移栽至中心花开放40天，大田生育期126天。

抗病性　TMV免疫，感青枯病、CMV。

外观质量　原烟颜色棕红色，油分有，身份适中，光泽较亮，叶片结构较紧密。

化学成分　总糖5.16%，还原糖4.05%，两糖差1.11%，总氮2.88%，烟碱6.88%，氯0.54%，糖碱比0.75，氮碱比0.42，钾1.32%。

020 城固毛烟　全国统一编号1797

城固毛烟是由陕西省农业科学院特种作物研究所从陕西城固县董家营收集保存的地方品种。

特征特性　株式塔形，腰叶长椭圆形，叶尖渐尖，叶面较皱，叶缘波浪，叶色绿色，叶耳小，主脉细，叶片厚度中等，茎叶角度大，花序集中，花色淡红色。自然株高182.8cm，打顶株高119.0cm，自然叶数21.0片，有效叶数17.5片，茎围9.0cm，节距5.1cm，腰叶长54.8cm、宽28.9cm。移栽至现蕾61天，移栽至中心花开放66天，大田生育期126天。

抗病性　抗黑胫病、TMV、根结线虫病。

外观质量　原烟颜色棕黄色，油分较多，身份适中，光泽亮，叶片结构较疏松。

化学成分　总糖15.07%，还原糖14.00%，两糖差1.07%，总氮2.32%，烟碱2.90%，氯0.28%，糖碱比5.20，氮碱比0.80，钾1.95%。

021 达州晾烟1

达州晾烟1是由云南省烟草农业科学研究院从四川省收集保存的地方品种。

特征特性　株式筒形，腰叶披针形，叶尖尾尖，叶面较平，叶缘皱折，叶色绿色，叶耳小，主脉细，叶片较厚，茎叶角度较大，花序集中，花色淡红色。自然株高68.3cm，打顶株高27.6cm，自然叶数18.0片，有效叶数17.0片，茎围10.0cm，节距1.3cm，腰叶长44.5cm、宽15.5cm。移栽至现蕾47天，移栽至中心花开放53天，大田生育期151天。

抗病性　感黑胫病。

外观质量　原烟颜色金黄色，油分有，身份适中，光泽较强，叶片结构较疏松。

化学成分　总糖5.70%～10.58%，还原糖4.68%～10.14%，两糖差0.44%～1.02%，总氮2.23%～2.75%，烟碱2.70%～5.56%，氯0.24%～0.37%，糖碱比1.90～2.11，氮碱比0.49～0.83，钾0.9%～1.82%。

022 大虎耳　全国统一编号587

大虎耳是由吉林省延边朝鲜族自治州农业科学院烟草研究所从吉林省蛟河市收集保存的地方品种。

特征特性　株式塔形，腰叶长椭圆形，叶尖渐尖，叶面较平，叶缘波浪，叶色绿色，叶耳中，主脉细，叶片厚度中等，茎叶角度较大，花序分散，花色淡红色。自然株高124.6cm，打顶株高79.0cm，自然叶数22.6片，有效叶数20.1片，茎围8.1cm，节距3.6cm，腰叶长53.4cm、宽19.9cm。移栽至现蕾55天，移栽至中心花开放61天，大田生育期117天。

抗病性　感黑胫病。

外观质量　原烟颜色棕红色，油分较多，身份适中，光泽亮，叶片结构较疏松。

化学成分　总糖15.49%，还原糖14.40%，两糖差1.09%，总氮2.46%，烟碱4.71%，氯0.57%，糖碱比3.29，氮碱比0.52，钾1.66%。

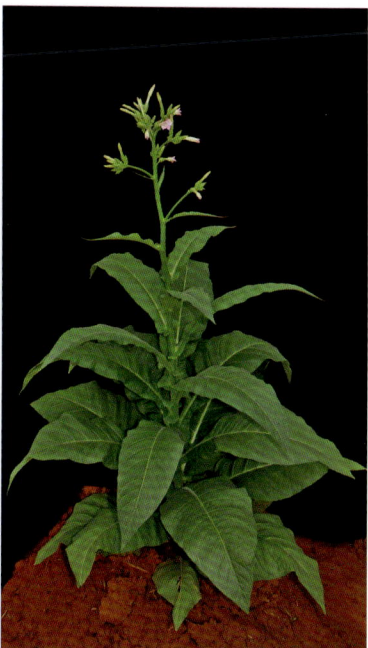

023　大护脖香　全国统一编号562

大护脖香是由辽宁省丹东农业科学院从辽宁省桓仁满族自治县收集保存的地方品种。

特征特性　株式筒形，腰叶长椭圆形，叶尖渐尖，叶面较皱，叶缘皱折，叶色绿色，叶耳大，主脉细，叶片厚度中等，茎叶角度大，花序分散，花色淡红色。自然株高115.0cm，打顶株高64.5cm，自然叶数16.6片，有效叶数14.0片，茎围8.0cm，节距3.9cm，腰叶长56.1cm、宽23.9cm。移栽至现蕾53天，移栽至中心花开放58天，大田生育期117天。

抗病性　抗黑胫病，中感赤星病，感TMV、CMV、烟蚜。

外观质量　原烟颜色棕红色，油分较多，身份稍厚，光泽亮，叶片结构较疏松。

化学成分　总糖12.90%，还原糖11.73%，两糖差1.17%，总氮2.42%，烟碱4.47%，氯0.54%，糖碱比2.89，氮碱比0.54，钾0.77%。

024　大鸡尾　全国统一编号722

大鸡尾是由中国农业科学院烟草研究所从贵州省湄潭县收集保存的地方品种。

特征特性　株式筒形，腰叶披针形，叶尖尾尖，叶面较平，叶缘皱折，叶色绿色，叶耳小，主脉细，叶片较厚，茎叶角度较大，花序集中，花色淡红色。自然株高68.3cm，打顶株高27.6cm，自然叶数18.0片，有效叶数17.0片，茎围10.0cm，节距1.3cm，腰叶长44.5cm、宽15.5cm。移栽至现蕾47天，移栽至中心花开放53天，大田生育期151天。

抗病性　感黑胫病。

外观质量　原烟颜色金黄色，油分有，身份适中，光泽较强，叶片结构较疏松。

化学成分　总糖5.70%～10.58%，还原糖4.68%～10.14%，两糖差0.44%～1.02%，总氮2.23%～2.75%，烟碱2.70%～5.56%，氯0.24%～0.37%，糖碱比1.90～2.11，氮碱比0.49～0.83，钾0.9%～1.82%。

025　大涧槽　全国统一编号744

大涧槽是由中国农业科学院烟草研究所从四川省什邡市收集保存的地方品种。

特征特性　株式筒形，腰叶椭圆形，叶尖钝尖，叶面较皱，叶缘波浪，叶色绿色，叶耳小，主脉中等，叶片厚度中等，茎叶角度大，花序分散，花色淡红色。自然株高175.8cm，打顶株高110.0cm，自然叶数19.8片，有效叶数18.0片，茎围9.2cm，节距4.6cm，腰叶长56.9cm、宽30.2cm。移栽至现蕾55天，移栽至中心花开放59天，大田生育期126天。

抗病性　中抗黑胫病，中感根结线虫病，感青枯病。

外观质量　原烟颜色棕红色，油分有，身份稍厚，光泽较亮，叶片结构较紧密。

化学成分　总糖7.41%，还原糖6.74%，两糖差0.67%，总氮3.08%，烟碱5.14%，氯0.41%，糖碱比1.44，氮碱比0.60，钾2.43%。

026　大柳叶（岫岩）　全国统一编号569

大柳叶（岫岩）是由辽宁省丹东农业科学院从辽宁省岫岩县收集保存的地方品种。

特征特性　株式筒形，腰叶宽椭圆形，叶尖钝尖，叶面较皱，叶缘波浪，叶色绿色，叶耳中，主脉细，叶片厚度中等，茎叶角度较大，花序集中，花色淡红色。自然株高90.0cm，打顶株高83.5cm，自然叶数15.5片，有效叶数12.3片，茎围5.8cm，节距3.8cm，腰叶长52.3cm、宽31.2cm。移栽至现蕾65天，移栽至中心花开放68天，大田生育期117天。

抗病性　感黑胫病。

外观质量　原烟颜色棕红色，油分有，身份适中，光泽较亮，叶片结构较紧密。

化学成分　总糖2.12%，还原糖1.86%，两糖差0.26%，总氮2.57%，烟碱2.77%，氯0.96%，糖碱比0.77，氮碱比0.93，钾1.73%。

027 大明烟　全国统一编号545

大明烟是由山西农业大学从山西省晋中市太谷区收集保存的地方品种。

特征特性　株式塔形，腰叶椭圆形，叶尖渐尖，叶面较平，叶缘波浪，叶色绿色，叶耳中，主脉细，叶片厚度中等，茎叶角度中等，花序集中，花色红色。自然株高167.4cm，打顶株高86.5cm，自然叶数22.2片，有效叶数17.0片，茎围8.8cm，节距4.5cm，腰叶长50.0cm、宽23.7cm。移栽至现蕾48天，移栽至中心花开放56天，大田生育期126天。

抗病性　抗黑胫病、根结线虫病，中感青枯病、TMV、烟蚜，感PVY、CMV。

外观质量　原烟颜色棕红色，油分较多，身份适中，光泽亮，叶片结构较疏松。

化学成分　总糖10.05%，还原糖8.88%，两糖差1.17%，总氮2.31%，烟碱2.69%，氯0.48%，糖碱比3.74，氮碱比0.86，钾1.65%。

028 大青筋　全国统一编号586

大青筋是由吉林省延边朝鲜族自治州农业科学院烟草研究所从吉林省蛟河市收集保存的地方品种。

特征特性　株式筒形，腰叶长椭圆形，叶尖渐尖，叶面较皱，叶缘波浪，叶色绿色，叶耳较大，主脉中等，叶片厚度中等，茎叶角度大，花序分散，花色淡红色。自然株高136.4cm，打顶株高71.0cm，自然叶数22.6片，有效叶数18.5片，茎围8.6cm，节距3.3cm，腰叶长57.0cm、宽17.9cm。移栽至现蕾48天，移栽至中心花开放54天，大田生育期117天。

抗病性　高抗烟蚜，抗黑胫病、TMV，中抗赤星病，感青枯病、PVY、CMV。

外观质量　原烟颜色深棕红色，油分较多，身份适中，光泽亮，叶片结构较疏松。

化学成分　总糖2.08%，还原糖1.36%，两糖差0.72%，总氮3.40%，烟碱8.93%，氯0.45%，糖碱比0.23，氮碱比0.38，钾1.14%。

029　大秋根　全国统一编号808

大秋根是由广东省农业科学院经济作物研究所从广东省高州市收集保存的地方品种。

特征特性　株式筒形，腰叶长椭圆形，叶尖渐尖，叶面较皱，叶缘波浪，叶色绿色，有叶柄，主脉中等，叶片厚度中等，茎叶角度大，花序分散，花色淡红色。自然株高135.6cm，打顶株高90.0cm，自然叶数28.2片，有效叶数27.0片，茎围7.0cm，节距2.7cm，腰叶长47.0cm、宽17.6cm。移栽至现蕾60天，移栽至中心花开放65天，大田生育期117天。

抗病性　抗黑胫病，中感青枯病，感根结线虫病。

外观质量　原烟颜色棕红色，油分有，身份适中，光泽亮，叶片结构较疏松。

化学成分　总糖1.46%，还原糖0.77%，两糖差0.69%，总氮2.79%，烟碱3.04%，氯0.62%，糖碱比0.48，氮碱比0.92，钾1.88%。

030　大筒烟　全国统一编号829

大筒烟是由广东省农业科学院经济作物研究所从广东省广州市增城区收集保存的地方品种。

特征特性　株式筒形，腰叶长椭圆形，叶尖渐尖，叶面较皱，叶缘平滑，叶色绿色，有叶柄，主脉中等，叶片厚度中等，茎叶角度大，花序分散，花色淡红色。自然株高125.8cm，打顶株高72.5cm，自然叶数29.4片，有效叶数24.5片，茎围9.0cm，节距2.0cm，腰叶长48.8cm、宽16.7cm。移栽至现蕾61天，移栽至中心花开放73天，大田生育期117天。

抗病性　抗黑胫病、青枯病、根结线虫病。

外观质量　原烟颜色棕红色，油分有，身份薄，光泽亮，叶片结构较紧密。

化学成分　总糖0.69%，还原糖0.48%，两糖差0.21%，总氮2.79%，烟碱6.76%，氯0.39%，糖碱比0.10，氮碱比0.41，钾1.60%。

031 大旭烟-1　全国统一编号1863

大旭烟-1是由广东省农业科学院经济作物研究所从广东省连山县收集保存的地方品种。

特征特性　株式塔形，腰叶椭圆形，叶尖急尖，叶面较皱，叶缘波浪，叶色绿色，叶耳大，主脉细，叶片厚度中等，茎叶角度大，花序分散，花色淡红色。自然株高148.8cm，打顶株高85.0cm，自然叶数25.2片，有效叶数21.5片，茎围7.2cm，节距3.4cm，腰叶长40.9cm、宽16.1cm。移栽至现蕾58天，移栽至中心花开放64天，大田生育期117天。

抗病性　中抗根结线虫病，中感青枯病，感黑胫病。

外观质量　原烟颜色棕红色，油分有，身份薄，光泽亮，叶片结构较疏松。

化学成分　总糖4.82%，还原糖4.15%，两糖差0.67%，总氮2.94%，烟碱4.55%，氯0.52%，糖碱比1.06，氮碱比0.65，钾1.63%。

032 大烟2112　全国统一编号752

大烟2112是由中国农业科学院烟草研究所从陕西省子长市收集保存的地方品种。

特征特性　株式筒形，腰叶椭圆形，叶尖急尖，叶面较平，叶缘平滑，叶色绿色，叶耳大，主脉中等，叶片厚度中等，茎叶角度大，花序分散，花色淡红色。自然株高145.2cm，打顶株高64.0cm，自然叶数19.6片，有效叶数17.0片，茎围7.6cm，节距3.8cm，腰叶长47.7cm、宽21.4cm。移栽至现蕾53天，移栽至中心花开放56天，大田生育期117天。

抗病性　中抗青枯病、根结线虫病、TMV，感黑胫病。

外观质量　原烟颜色棕红色，油分较多，身份适中，光泽亮，叶片结构较疏松。

化学成分　总糖3.54%，还原糖2.80%，两糖差0.74%，总氮2.68%，烟碱5.61%，氯0.58%，糖碱比0.63，氮碱比0.48，钾1.05%。

033　大烟2128

大烟2128是由中国农业科学院烟草研究所从陕西省宝鸡市收集保存的地方品种。

特征特性　株式筒形，腰叶宽椭圆形，叶尖渐尖，叶面较平，叶缘波浪，叶色绿色，叶耳大，主脉细，叶片厚度中等，茎叶角度较大，花序集中，花色淡红色。自然株高94.8cm，打顶株高55.5cm，自然叶数13.6片，有效叶数10.5片，茎围8.2cm，节距5.6cm，腰叶长50.9cm、宽32.3cm。移栽至现蕾46天，移栽至中心花开放49天，大田生育期117天。

抗 病 性　抗根结线虫病，中抗青枯病、TMV，感黑胫病。

外观质量　原烟颜色棕红色，油分有，身份适中，光泽亮，叶片结构较疏松。

化学成分　总糖6.61%，还原糖5.64%，两糖差0.97%，总氮2.52%，烟碱5.52%，氯0.35%，糖碱比1.20，氮碱比0.46，钾1.10%。

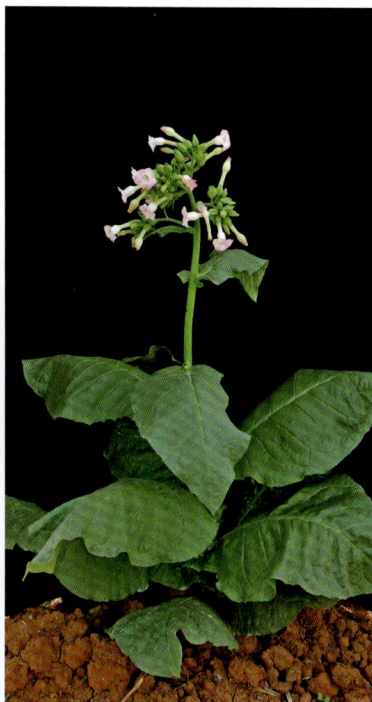

034　大叶旱烟　全国统一编号1811

大叶旱烟是由陕西省农业科学院特种作物研究所从陕西省富县钳二乡收集保存的地方品种。

特征特性　株式塔形，腰叶椭圆形，叶尖渐尖，叶面较平，叶缘波浪，叶色绿色，叶耳小，主脉细，叶片厚度中等，茎叶角度较大，花序分散，花色淡红色。自然株高69.2cm，打顶株高43.5cm，自然叶数14.4片，有效叶数11.5片，茎围9.2cm，节距2.5cm，腰叶长52.8cm、宽16.1cm。移栽至现蕾37天，移栽至中心花开放43天，大田生育期117天。

抗 病 性　中抗根结线虫病，中感青枯病，感黑胫病。

外观质量　原烟颜色棕红色，油分有，身份适中，光泽亮，叶片结构较疏松。

化学成分　总糖2.80%，还原糖2.31%，两糖差0.49%，总氮2.52%，烟碱4.67%，氯0.51%，糖碱比0.60，氮碱比0.54，钾2.28%。

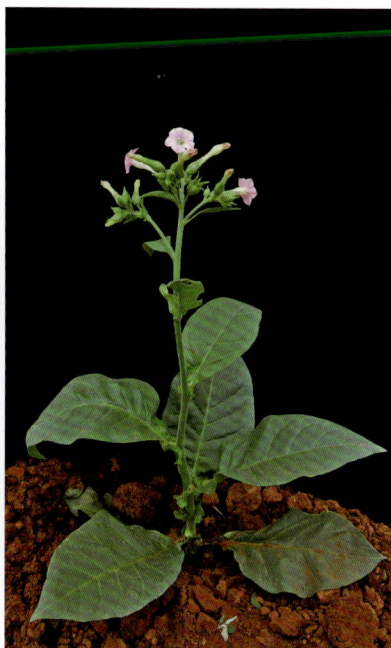

035 大叶烟2082　全国统一编号682

大叶烟2082是由中国农业科学院烟草研究所从山西省收集保存的地方品种。

特征特性　株式塔形，腰叶宽椭圆形，叶尖钝尖，叶面较皱，叶缘波浪，叶色绿色，叶耳小，主脉细，叶片厚度中等，花序集中，花色红色。自然株高126.6cm，打顶株高84.0cm，自然叶数11.6片，有效叶数11.5片，茎围6.0cm，节距7.7cm，腰叶长37.5cm、宽22.3cm。移栽至现蕾41天，移栽至中心花开放46天，大田生育期117天。

抗病性　抗TMV，中抗青枯病、根结线虫病，感黑胫病。

外观质量　原烟颜色棕黄、青黄色，油分少，身份薄，光泽较亮，叶片结构较紧密。

化学成分　总糖8.67%，还原糖7.86%，两糖差0.81%，总氮1.84%，烟碱2.12%，氯0.65%，糖碱比4.09，氮碱比0.87，钾2.42%。

036 大叶烟草　全国统一编号763

大叶烟草是由中国农业科学院烟草研究所从陕西省武功县收集保存的地方品种。

特征特性　株式塔形，腰叶长椭圆形，叶尖渐尖，叶面较皱，叶缘波浪，叶色深绿色，叶耳较大，主脉细，叶片厚度中等，茎叶角度较大，花序集中，花色淡红色。自然株高110.8cm，打顶株高76.0cm，自然叶数15.2片，有效叶数14.5片，茎围8.6cm，节距4.2cm，腰叶长57.0cm、宽31.8cm。移栽至现蕾46天，移栽至中心花开放49天，大田生育期117天。

抗病性　抗TMV，中抗青枯病和根结线虫病，感黑胫病。

外观质量　原烟颜色棕红色，油分较多，身份适中，光泽亮，叶片结构疏松。

化学成分　总糖1.59%，还原糖1.11%，两糖差0.48%，总氮3.53%，烟碱10.25%，氯0.68%，糖碱比0.16，氮碱比0.34，钾1.37%。

037　大寨山2号　全国统一编号1468

大寨山2号是由黑龙江省农业科学院牡丹江分院从黑龙江省穆棱市收集保存的地方品种。

特征特性　株式筒形，腰叶长椭圆形，叶尖渐尖，叶面较平，叶缘波浪，叶色深绿色，叶耳小，主脉细，叶片厚度中等，茎叶角度大，花序集中，花色红色。自然株高122.8cm，打顶株高81.0cm，自然叶数19.2片，有效叶数17.5片，茎围8.9cm，节距4.1cm，腰叶长57.0cm、宽24.1cm。移栽至现蕾54天，移栽至中心花开放60天，大田生育期121天。

抗病性　中感青枯病，感黑胫病、根结线虫病。

外观质量　原烟颜色棕红色，油分较多，身份较厚，光泽尚鲜明，叶片结构疏松。

化学成分　总糖7.09%，还原糖6.29%，两糖差0.80%，总氮3.72%，烟碱5.40%，氯0.75%，糖碱比1.31，氮碱比0.69，钾1.72%。

038　大寨山3号　全国统一编号1469

大寨山3号是由黑龙江省农业科学院牡丹江分院从黑龙江省穆棱市收集保存的地方品种。

特征特性　株式塔形，腰叶椭圆形，叶尖渐尖，叶面稍皱，叶缘波浪，叶色深绿色，叶耳小，主脉细，叶片厚度中等，茎叶角度大，花序集中，花色淡红色。自然株高134.2cm，打顶株高79.5cm，自然叶数20.3片，有效叶数18.1片，茎围9.1cm，节距4.2cm，腰叶长52.3cm、宽30.1cm。移栽至现蕾54天，移栽至中心花开放60天，大田生育期121天。

抗病性　感黑胫病、青枯病、根结线虫病。

外观质量　原烟颜色棕红色，油分较多，身份较厚，光泽尚鲜明，叶片结构疏松。

化学成分　总糖4.40%，还原糖4.04%，两糖差0.36%，总氮4.05%，烟碱4.99%，氯0.82%，糖碱比0.88，氮碱比0.81，钾1.57%。

039　倒挂皮　全国统一编号1754

倒挂皮是由中国农业科学院烟草研究所从湖北省秭归县收集保存的地方品种。

特征特性　株式筒形，腰叶长椭圆形，叶尖渐尖，叶面较皱，叶缘波浪，叶色绿色，叶耳较大，主脉细，叶片厚度中等，茎叶角度大，花序集中，花色淡红色。自然株高89.4cm，打顶株高49.0cm，自然叶数17.4片，有效叶数16.5片，茎围9.0cm，节距4.2cm，腰叶长64.1cm、宽26.9cm。移栽至现蕾58天，移栽至中心花开放64天，大田生育期126天。

抗病性　中感赤星病，感黑胫病、青枯病、根结线虫病、TMV、PVY、CMV，高感烟蚜。

外观质量　原烟颜色棕红色，油分较多，身份适中，光泽亮，叶片结构疏松。

化学成分　总糖8.27%，还原糖7.30%，两糖差0.97%，总氮2.62%，烟碱4.42%，氯0.30%，糖碱比1.87，氮碱比0.59，钾1.76%。

040　刁翎懒汉烟　全国统一编号1522

刁翎懒汉烟是由黑龙江省农业科学院牡丹江分院从黑龙江省林口县收集保存的地方品种。

特征特性　株式筒形，腰叶椭圆形，叶尖急尖，叶面较平，叶缘波浪，叶色绿色，叶耳较大，主脉细，叶片厚度中等，茎叶角度大，花序分散，花色淡红色。自然株高115.6cm，打顶株高58.0cm，自然叶数19.8片，有效叶数14.0片，茎围7.4cm，节距3.0cm，腰叶长41.9cm、宽20.7cm。移栽至现蕾46天，移栽至中心花开放49天，大田生育期117天。

抗病性　中感青枯病，感TMV、PVY、CMV、赤星病，高感烟蚜。

外观质量　原烟颜色棕红色，油分有，身份薄，光泽亮，叶片结构较疏松。

化学成分　总糖0.79%，还原糖0.46%，两糖差0.33%，总氮3.66%，烟碱10.65%，氯0.71%，糖碱比0.07，氮碱比0.34，钾1.37%。

041　定番　全国统一编号717

定番是由中国农业科学院烟草研究所从河南省许昌市收集保存的地方品种。

特征特性　株式筒形，腰叶宽椭圆形，叶尖急尖，叶面较平，叶缘波浪，叶色绿色，叶耳较大，主脉细，叶片厚度中等，茎叶角度较大，花序分散，花色淡红色。自然株高224.0cm，打顶株高145.0cm，自然叶数27.8片，有效叶数23.0片，茎围8.9cm，节距5.8cm，腰叶长47.0cm、宽30.2cm。移栽至现蕾59天，移栽至中心花开放66天，大田生育期126天。

抗 病 性　抗CMV，中抗赤星病，中感黑胫病、青枯病，感TMV、PVY，高感烟蚜。

外观质量　原烟颜色棕红色，油分较多，身份中、稍厚，光泽亮，叶片结构较紧密。

化学成分　总糖2.69%，还原糖2.11%，两糖差0.58%，总氮2.90%，烟碱4.56%，氯0.53%，糖碱比0.59，氮碱比0.64，钾1.59%。

042　东庄大柳叶　全国统一编号1625

东庄大柳叶是由中国农业科学院烟草研究所从山东省烟台市牟平区收集保存的地方品种。

特征特性　株式塔形，腰叶长椭圆形，叶尖渐尖，叶面较皱，叶缘皱折，叶色绿色，叶耳较大，主脉细，叶片厚度中等，茎叶角度中，花序分散，花色淡红色。自然株高125.4cm，打顶株高69.5cm，自然叶数18.8片，有效叶数17.0片，茎围8.0cm，节距3.7cm，腰叶长62.4cm、宽19.4cm。移栽至现蕾46天，移栽至中心花开放51天，大田生育期126天。

抗 病 性　中抗青枯病，感黑胫病、TMV、根结线虫病、PVY、CMV、赤星病，高感烟蚜。

外观质量　原烟颜色棕红色，油分较多，身份适中，光泽亮，叶片结构较疏松。

化学成分　总糖7.27%，还原糖6.57%，两糖差0.70%，总氮2.57%，烟碱4.98%，氯0.24%，糖碱比1.46，氮碱比0.52，钾1.86%。

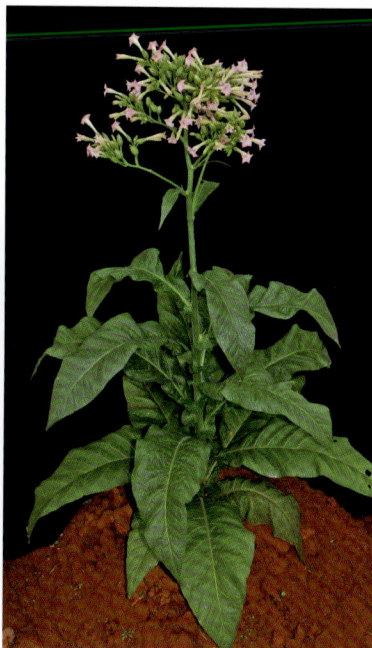

043 垛烟（泗水） 全国统一编号652

垛烟（泗水）是由中国农业科学院烟草研究所从山东省泗水县收集保存的地方品种。

特征特性 株式筒形，腰叶宽椭圆形，叶尖急尖，叶面较皱，叶缘波浪，叶色绿色，有叶柄，叶耳小，主脉中等，叶片厚度中等，茎叶角度大，花序分散，花色淡红色。自然株高103.2cm，打顶株高85.0cm，自然叶数15.2片，有效叶数11.5片，茎围8.8cm，节距3.5cm，腰叶长46.6cm、宽31.1cm。移栽至现蕾46天，移栽至中心花开放51天，大田生育期126天。

抗病性 中抗黑胫病、TMV、根结线虫病，感青枯病、PVY、CMV、赤星病，高感烟蚜。

外观质量 原烟颜色棕红色，油分少，身份薄，光泽暗，叶片结构紧密。

化学成分 总糖4.40%，还原糖3.75%，两糖差0.65%，总氮2.63%，烟碱4.05%，氯0.61%，糖碱比1.09，氮碱比0.65，钾1.41%。

044 二糙烟 全国统一编号654

二糙烟是由中国农业科学院烟草研究所从山东省嘉祥县收集保存的地方品种。

特征特性 株式塔形，腰叶椭圆形，叶尖渐尖，叶面较皱，叶缘平滑，叶色绿色，有叶柄，叶耳小，主脉中等，叶片厚度中等，茎叶角度大，花序集中，花色淡红色。自然株高102.4cm，打顶株高50.0cm，自然叶数12.0片，有效叶数10.5片，茎围8.0cm，节距3.3cm，腰叶长47.2cm、宽26.7cm。移栽至现蕾40天，移栽至中心花开放46天，大田生育期117天。

抗病性 中抗黑胫病、根结线虫病，感青枯病。

外观质量 原烟颜色棕红色，油分有，身份适中，光泽亮，叶片结构疏松。

化学成分 总糖2.26%，还原糖1.74%，两糖差0.52%，总氮2.66%，烟碱5.54%，氯0.69%，糖碱比0.41，氮碱比0.48，钾0.71%。

045 二发早-1 全国统一编号 1702

二发早-1是由中国农业科学院烟草研究所从湖北省长阳县收集保存的地方品种。

特征特性 株式筒形，腰叶椭圆形，叶尖渐尖，叶面较皱，叶缘波浪，叶色绿色，叶耳大，主脉中等，叶片厚度中等，茎叶角度大，花序分散，花色淡红色。自然株高143.2cm，打顶株高83.5cm，自然叶数19.2片，有效叶数18.0片，茎围8.2cm，节距3.8cm，腰叶长54.6cm、宽25.1cm。移栽至现蕾55天，移栽至中心花开放59天，大田生育期117天。

抗病性 中抗黑胫病，感青枯病、根结线虫病。

外观质量 原烟颜色棕红色，油分多，身份适中，光泽亮，叶片结构疏松。

化学成分 总糖2.61%，还原糖2.18%，两糖差0.43%，总氮3.63%，烟碱10.84%，氯0.62%，糖碱比0.24，氮碱比0.33，钾1.41%。

046 二发早-2 全国统一编号 1703

二发早-2是由中国农业科学院烟草研究所从湖北省长阳县收集保存的地方品种。

特征特性 株式筒形，腰叶椭圆形，叶尖渐尖，叶面较皱，叶缘波浪，叶色绿色，叶耳大，主脉中等，叶片厚度中等，茎叶角度较大，花序集中，花色淡红色。自然株高134.8cm，打顶株高75.5cm，自然叶数20.8片，有效叶数19.0片，茎围8.6cm，节距3.2cm，腰叶长52.2cm、宽23.2cm。移栽至现蕾59天，移栽至中心花开放64天，大田生育期126天。

抗病性 抗黑胫病，感青枯病、根结线虫病。

外观质量 原烟颜色棕红、青黄色，油分多，身份适中，光泽亮，叶片结构疏松。

化学成分 总糖9.61%，还原糖8.78%，两糖差0.83%，总氮3.26%，烟碱7.30%，氯0.71%，糖碱比1.32，氮碱比0.45，钾1.84%。

047　二毛烟　全国统一编号1790

二毛烟是由安徽省农业科学院烟草研究所从安徽省阜阳市收集保存的地方品种。

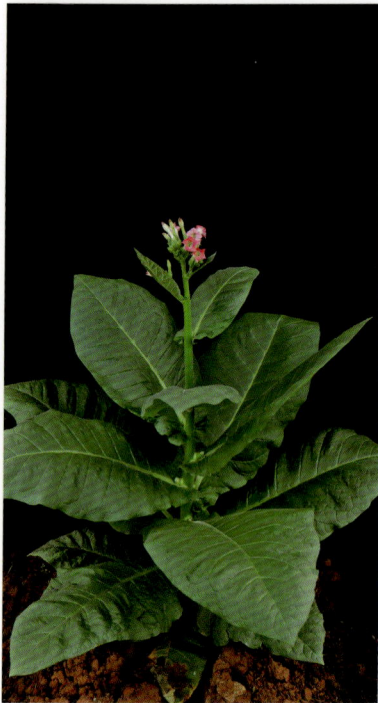

特征特性　株式筒形，腰叶宽椭圆形，叶尖钝尖，叶面较平，叶缘波浪，叶色绿色，叶耳大，主脉细，叶片厚度中等，茎叶角度大，花序集中，花色红色。自然株高101.8cm，打顶株高71.0cm，自然叶数18.2片，有效叶数15.5片，茎围9.8cm，节距3.4cm，腰叶长56.0cm、宽32.2cm。移栽至现蕾46天，移栽至中心花开放49天，大田生育期117天。

抗病性　抗TMV，中抗黑胫病、根结线虫病，感青枯病。

外观质量　原烟颜色棕红色，油分多，身份适中，光泽亮，叶片结构疏松。

化学成分　总糖9.57%，还原糖8.57%，两糖差1.00%，总氮2.57%，烟碱7.65%，氯0.64%，糖碱比1.25，氮碱比0.34，钾1.50%。

048　付耳子　全国统一编号746

付耳子是由中国农业科学院烟草研究所从四川省什邡市收集保存的地方品种。

特征特性　株式筒形，腰叶宽椭圆形，叶尖钝尖，叶面较皱，叶缘皱折，叶色绿色，叶耳小，主脉细，叶片厚度中等，茎叶角度大，花序集中，花色淡红色。自然株高159.2cm，打顶株高117.0cm，自然叶数20.2片，有效叶数19.5片，茎围8.6cm，节距4.6cm，腰叶长47.8cm、宽26.9cm。移栽至现蕾60天，移栽至中心花开放66天，大田生育期126天。

抗病性　抗黑胫病，感青枯病、根结线虫病。

外观质量　原烟颜色棕红色，油分多，身份稍厚，光泽亮，叶片结构疏松。

化学成分　总糖4.15%，还原糖3.51%，两糖差0.64%，总氮3.09%，烟碱6.09%，氯0.55%，糖碱比0.68，氮碱比0.51，钾1.94%。

049　高杆晒烟　全国统一编号1856

高杆晒烟是由福建省农业科学院龙岩分院从福建省沙县收集保存的地方品种。

特征特性　株式塔形，腰叶长椭圆形，叶尖尾尖，叶面较皱，叶缘平滑，叶色绿色，有叶柄，叶耳小，主脉中等，叶片厚度中等，茎叶角度大，花序集中，花色淡红色。自然株高157.5cm，打顶株高112.0cm，自然叶数26.5片，有效叶数23.5片，茎围8.0cm，节距4.6cm，腰叶长58.5cm、宽25.7cm。移栽至现蕾73天，移栽至中心花开放81天，大田生育期117天。

抗病性　中抗根结线虫病，中感黑胫病，感青枯病。

外观质量　原烟颜色棕红色，油分多，身份适中，光泽亮，叶片结构疏松。

化学成分　总糖1.69%，还原糖1.29%，两糖差0.40%，总氮3.15%，烟碱8.89%，氯1.01%，糖碱比0.19，氮碱比0.35，钾1.65%。

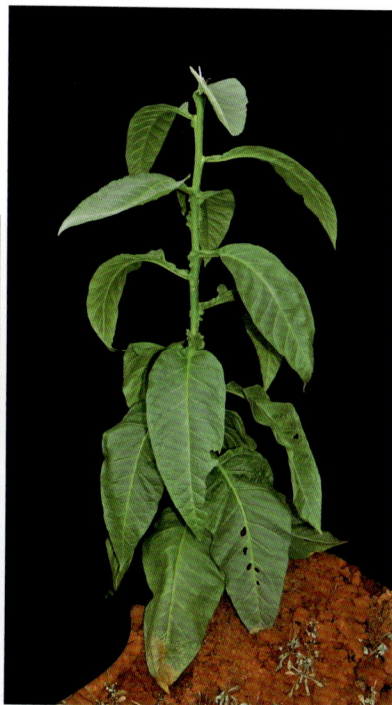

050　光把柳烟　全国统一编号733

光把柳烟是由中国农业科学院烟草研究所从贵州省湄潭县收集保存的地方品种。

特征特性　株式筒形，腰叶卵圆形，叶尖渐尖，叶面较皱，叶缘波浪，叶色绿色，有叶柄，主脉细，叶片厚度中等，茎叶角度较大，花序分散，花色淡红色。自然株高123.6cm，打顶株高48.5cm，自然叶数18.2片，有效叶数16.5片，茎围8.3cm，节距3.6cm，腰叶长51.3cm、宽18.1cm。移栽至现蕾56天，移栽至中心花开放62天，大田生育期117天。

抗病性　抗CMV、赤星病，中抗黑胫病，中感根结线虫病，感青枯病、TMV、PVY，高感烟蚜。

外观质量　原烟颜色棕红色，油分少，身份薄，光泽较亮，叶片结构较紧密。

化学成分　总糖3.81%，还原糖3.04%，两糖差0.77%，总氮1.83%，烟碱2.30%，氯0.73%，糖碱比1.66，氮碱比0.80，钾1.77%。

051 广红5624　全国统一编号852

广红5624由广东省农业科学院经济作物研究所用塘蓬×400-7杂交选育而成。

特征特性　株式塔形，腰叶长卵圆形，叶尖渐尖，叶面较皱，叶缘平滑，叶色浅绿色，有叶柄，主脉细，叶片厚度中等，茎叶角度较大，花序分散，花色淡红色。自然株高163.3cm，打顶株高98.5cm，自然叶数32.7片，有效叶数28.0片，茎围9.1cm，节距3.9cm，腰叶长53.0cm、宽19.5cm，叶柄5.1cm。移栽至现蕾62天，移栽至中心花开放74天，大田生育期126天。

抗病性　感黑胫病。

外观质量　原烟颜色棕红色，油分有，身份适中，光泽较亮，叶片结构较紧密。

化学成分　总糖10.68%，还原糖9.59%，两糖差1.09%，总氮2.02%，烟碱4.24%，氯0.65%，糖碱比2.52，氮碱比0.48，钾1.68%。

052 广红61-10　全国统一编号853

广红61-10由广东省农业科学院经济作物研究所用（金英×密节企叶）×（密节牛利×排潭）杂交选育而成。

特征特性　株式塔形，腰叶长卵圆形，叶尖渐尖，叶面较皱，叶缘波浪，叶色绿色，有叶柄，主脉细，叶片厚度中等，茎叶角度较大，花序分散，花色淡红色。自然株高154.8cm，打顶株高94.5cm，自然叶数33.8片，有效叶数30.5片，茎围9.6cm，节距3.6cm，腰叶长52.4cm、宽17.1cm，叶柄8.1cm。移栽至现蕾62天，移栽至中心花开放75天，大田生育期117天。

抗病性　中感根结线虫病，感黑胫病、青枯病。

外观质量　原烟颜色棕红色，油分有，身份适中，光泽较亮，叶片结构较紧密。

化学成分　总糖2.75%，还原糖2.18%，两糖差0.57%，总氮2.93%，烟碱7.31%，氯0.45%，糖碱比0.38，氮碱比0.40，钾1.43%。

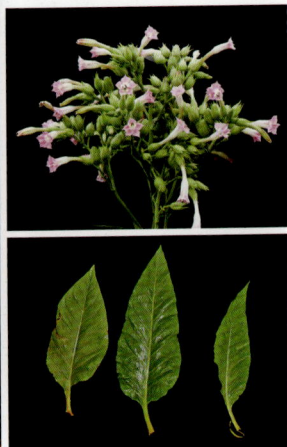

053 贵阳 全国统一编号716

贵阳是由中国农业科学院烟草研究所从河南省许昌市收集保存的地方品种。

特征特性 株式塔形，腰叶宽卵圆形，叶尖急尖，叶面较皱，叶缘波浪，叶色浅绿色，有叶柄，叶耳小，主脉细，叶片厚度中等，茎叶角度大，花序分散，花色白色。自然株高133.6cm，打顶株高77.0cm，自然叶数15.2片，有效叶数12.5片，茎围7.3cm，节距6.1cm，腰叶长42.1cm、宽30.4cm，叶柄2.2cm。移栽至现蕾36天，移栽至中心花开放43天，大田生育期126天。

抗病性 抗青枯病，感黑胫病和根结线虫病。

外观质量 原烟颜色棕红、青黄色，油分有，身份稍厚，光泽较亮，叶片结构紧密。

化学成分 总糖1.87%，还原糖1.49%，两糖差0.38%，总氮2.47%，烟碱5.99%，氯0.96%，糖碱比0.31，氮碱比0.41，钾0.61%。

054 韩城烟 全国统一编号686

韩城烟是由中国农业科学院烟草研究所从山西省石楼县收集保存的地方品种。

特征特性 株式筒形，腰叶椭圆形，叶尖钝尖，叶面较平，叶缘平滑，叶色绿色，叶耳较小，主脉细，叶片厚度中等，茎叶角度较大，花序集中，花色红色。自然株高94.0cm，打顶株高52.5cm，自然叶数9.6片，有效叶数9.0片，茎围5.3cm，节距8.5cm，腰叶长40.0cm、宽22.4cm。移栽至现蕾34天，移栽至中心花开放39天，大田生育期117天。

抗病性 抗青枯病，中抗黑胫病、根结线虫病，感TMV、PVY、CMV、赤星病、烟蚜。

外观质量 原烟颜色棕红、青黄色，油分有，身份稍厚，光泽较亮，叶片结构紧密。

化学成分 总糖3.46%，还原糖3.10%，两糖差0.36%，总氮2.45%，烟碱4.05%，氯0.46%，糖碱比0.85，氮碱比0.60，钾1.03%。

055 旱烟（陕西） 全国统一编号764

旱烟（陕西）是由中国农业科学院烟草研究所从陕西省宝鸡市凤翔区收集保存的地方品种。

特征特性 株式塔形，腰叶长椭圆形，叶尖渐尖，叶面较平滑，叶缘平滑，叶色浅绿色，叶耳中，主脉细，叶片厚度中等，茎叶角度中，花序分散，花色红色。自然株高119.2cm，打顶株高74.0cm，自然叶数15.4片，有效叶数15.0片，茎围7.0cm，节距5.2cm，腰叶长52.2cm、宽17.8cm。移栽至现蕾45天，移栽至中心花开放48天，大田生育期117天。

抗 病 性 抗TMV、根结线虫病，中抗青枯病，感黑胫病。

外观质量 原烟颜色棕红、棕黄色，油分较多，身份适中，光泽亮，叶片结构疏松。

化学成分 总糖7.54%，还原糖7.25%，两糖差0.29%，总氮2.49%，烟碱5.61%，氯0.23%，糖碱比1.34，氮碱比0.44，钾1.26%。

056 鹤山牛利 全国统一编号810

鹤山牛利是由广东省农业科学院经济作物研究所从广东省高州市收集保存的地方品种。

特征特性 株式塔形，腰叶椭圆形，叶尖渐尖，叶面较皱，叶缘波浪，叶色绿色，有叶柄，主脉细，叶片厚度中等，茎叶角度较大，花序分散，花色淡红色。自然株高184.4cm，打顶株高110.5cm，自然叶数37.0片，有效叶数33.0片，茎围8.9cm，节距3.5cm，腰叶长51.5cm、宽21.1cm。移栽至现蕾59天，移栽至中心花开放67天，大田生育期117天。

抗 病 性 中感黑胫病。

外观质量 原烟颜色棕红色，油分较多，身份适中，光泽亮，叶片结构较疏松。

化学成分 总糖5.27%，还原糖4.69%，两糖差0.58%，总氮2.80%，烟碱7.00%，氯0.53%，糖碱比0.75，氮碱比0.40，钾1.57%。

057　黑骨小湖　全国统一编号601

黑骨小湖是由福建省农业科学院龙岩分院从福建省平和县收集保存的地方品种。

特征特性　株式筒形，腰叶长椭圆形，叶尖渐尖，叶面较皱，叶缘波浪，叶色绿色，叶耳较大，主脉中等，叶片厚度中等，茎叶角度较大，花序集中，花色红色。自然株高150.4cm，打顶株高107.5cm，自然叶数23.6片，有效叶数19.5片，茎围10.0cm，节距5.0cm，腰叶长67.4cm、宽29.1cm。移栽至现蕾59天，移栽至中心花开放65天，大田生育期126天。

抗病性　中感青枯病、根结线虫病、PVY、赤星病，感黑胫病、TMV、CMV、烟蚜。

外观质量　原烟颜色棕红色，油分有，身份适中，光泽亮，叶片结构较疏松。

化学成分　总糖13.84%，还原糖12.36%，两糖差1.48%，总氮1.87%，烟碱1.67%，氯0.30%，糖碱比8.29，氮碱比1.12，钾1.67%。

058　黑苗金丝尾　全国统一编号823

黑苗金丝尾是由广东省农业科学院经济作物研究所从广东省高州市收集保存的地方品种。

特征特性　株式筒形，腰叶披针形，叶尖尾尖，叶面较皱，叶缘波浪，叶色绿色，有叶柄，主脉中等，叶片厚度中等，茎叶角度大，花序集中，花色红色。自然株高100.6cm，打顶株高63.5cm，自然叶数13.4片，有效叶数12.0片，茎围6.4cm，节距4.3cm，腰叶长51.2cm、宽17.2cm。移栽至现蕾34天，移栽至中心花开放40天，大田生育期117天。

抗病性　感黑胫病。

外观质量　原烟颜色棕红、青黄色，油分少，身份适中，光泽中，叶片结构紧密。

化学成分　总糖0.55%，还原糖0.41%，两糖差0.14%，总氮2.81%，烟碱5.41%，氯1.17%，糖碱比0.10，氮碱比0.52，钾1.12%。

059　黑牛皮烟1

黑牛皮烟1是由云南省烟草农业科学研究院从四川省收集保存的地方品种。

特征特性　株式筒形，腰叶长椭圆形，叶尖渐尖，叶面较平，叶缘皱折，叶色绿色，叶耳大，主脉细，叶片较厚，茎叶角度中，花序集中，花色淡红色。自然株高147.0cm，打顶株高83.8cm，自然叶数26.6片，有效叶数22.2片，茎围10.8cm，节距2.5cm，腰叶长43.8cm、宽21.5cm。移栽至现蕾65天，移栽至中心花开放70天，大田生育期151天。

抗病性　中抗黑胫病。

外观质量　原烟颜色金黄色，油分有，身份适中，光泽较强，叶片结构较疏松。

化学成分　总糖8.66%～13.24%，还原糖7.31%～12.82%，两糖差0.42%～1.35%，总氮2.12%～2.43%，烟碱3.04%～4.60%，氯0.13%～0.34%，糖碱比1.88～4.35，氮碱比0.53～0.70，钾1.41%～2.10%。

060　黑牛皮烟2

黑牛皮烟2是由云南省烟草农业科学研究院从四川省收集保存的地方品种。

特征特性　株式筒形，腰叶长椭圆形，叶尖渐尖，叶面较平，叶缘波浪，叶色绿色，叶耳大，主脉细，叶片较厚，茎叶角度较大，花序集中，花色淡红色。自然株高145.3cm，打顶株高76.2cm，自然叶数30.6片，有效叶数22.0片，茎围10.8cm，节距2.7cm，腰叶长43.4cm、宽21.2cm。移栽至现蕾65天，移栽至中心花开放70天，大田生育期151天。

抗病性　中感黑胫病。

外观质量　原烟颜色金黄色，油分有，身份适中，光泽较强，叶片结构较疏松。

化学成分　总糖6.13%～11.02%，还原糖5.63%～10.78%，两糖差0.24%～0.50%，总氮2.36%～2.51%，烟碱3.41%～4.74%，氯0.15%～0.43%，糖碱比1.29～3.23，氮碱比0.53～0.69，钾1.08%～1.85%。

061　红花铁秆　全国统一编号745

红花铁秆是由中国农业科学院烟草研究所从四川省什邡市收集保存的地方品种。

特征特性　株式塔形，腰叶长椭圆形，叶尖渐尖，叶面较皱，叶缘波浪，叶色绿色，叶耳小，主脉细，叶片厚度中等，茎叶角度大，花序分散，花色淡红色。自然株高164.6cm，打顶株高106.0cm，自然叶数19.2片，有效叶数18.0片，茎围7.8cm，节距4.6cm，腰叶长50.4cm、宽29.0cm。移栽至现蕾58天，移栽至中心花开放63天，大田生育期126天。

抗 病 性　抗CMV，中抗黑胫病、PVY，中感赤星病，感青枯病、根结线虫病，高感烟蚜。

外观质量　原烟颜色棕红色，油分较多，身份稍厚，光泽亮，叶片结构较疏松。

化学成分　总糖6.34%，还原糖4.85%，两糖差1.49%，总氮2.78%，·烟碱4.89%，氯0.30%，糖碱比1.30，氮碱比0.57，钾2.25%。

062　洪雅晾烟2

洪雅晾烟2是由云南省烟草农业科学研究院从四川省收集保存的地方品种。

特征特性　株式塔形，腰叶长椭圆形，叶尖尾尖，叶面较平，叶缘皱折，叶色绿色，叶耳中，主脉中等，叶片较厚，茎叶角度大，花序集中，花色淡红色。自然株高83.8cm，打顶株高40.2cm，自然叶数15.0片，有效叶数13.2片，茎围9.2cm，节距3.8cm，腰叶长45.7cm、宽16.8cm。移栽至现蕾56天，移栽至中心花开放77天，大田生育期151天。

抗 病 性　感黑胫病。

外观质量　原烟颜色金黄色，油分有，身份适中，光泽较强，叶片结构较疏松。

化学成分　总糖5.51%～13.51%，还原糖4.39%～13.02%，两糖差0.48%～1.11%，总氮2.12%～2.89%，烟碱2.79%～7.85%，氯0.31%～0.43%，糖碱比0.70～4.84，氮碱比0.37～0.76，钾0.73%～1.19%。

063 胡叶把　全国统一编号759

胡叶把是由中国农业科学院烟草研究所从陕西省商南县收集保存的地方品种。

特征特性　株式塔形，腰叶长椭圆形，叶尖渐尖，叶面较平，叶缘波浪，叶色绿色，叶耳小，主脉细，叶片厚度中等，茎叶角度大，花序集中，花色淡红色。自然株高107.4cm，打顶株高61.0cm，自然叶数11.6片，有效叶数9.0片，茎围5.9cm，节距8.2cm，腰叶长48.6cm、宽22.1cm。移栽至现蕾36天，移栽至中心花开放41天，大田生育期117天。

抗病性　抗TMV，中抗青枯病，感黑胫病。

外观质量　原烟颜色棕红色，油分多，身份适中，光泽亮，叶片结构较疏松。

化学成分　总糖1.37%，还原糖0.68%，两糖差0.69%，总氮3.47%，烟碱9.43%，氯0.52%，糖碱比0.15，氮碱比0.37，钾0.95%。

064 护脖香1368　全国统一编号558

护脖香1368是由辽宁省现丹东农业科学院从辽宁省辽阳市收集保存的地方品种。

特征特性　株式筒形，腰叶宽椭圆形，叶尖急尖，叶面较平，叶缘波浪，叶色绿色，叶耳大，主脉细，叶片薄，茎叶角度大，花序分散，花色淡红色。自然株高166.0cm，打顶株高91.0cm，自然叶数18.2片，有效叶数15.5片，茎围9.1cm，节距5.3cm，腰叶长61.1cm、宽35.1cm。移栽至现蕾48天，移栽至中心花开放54天，大田生育期117天。

抗病性　中抗黑胫病，中感赤星病，感青枯病、TMV、PVY、CMV，高感烟蚜。

外观质量　原烟颜色棕红色，油分较多，身份适中，光泽较亮，叶片结构较紧密。

化学成分　总糖0.99%，还原糖0.54%，两糖差0.45%，总氮3.20%，烟碱6.91%，氯0.72%，糖碱比0.14，氮碱比0.46，钾1.22%。

065

护脖香1382　全国统一编号560

护脖香1382是由辽宁省丹东农业科学院从辽宁省岫岩县收集保存的地方品种。

特征特性　株式塔形，腰叶卵圆形，叶尖急尖，叶面较皱，叶缘波浪，叶色绿色，叶耳较大，主脉细，叶片厚度中等，茎叶角度中，花序集中，花色红色。自然株高159.6cm，打顶株高105.5cm，自然叶数21.2片，有效叶数20.0片，茎围7.4cm，节距4.5cm，腰叶长26.0cm、宽26.5cm。移栽至现蕾60天，移栽至中心花开放68天，大田生育期117天。

抗病性　中感黑胫病、TMV和赤星病，感青枯病、PVY、CMV和烟蚜。

外观质量　原烟颜色棕红色，油分少，身份薄，光泽较亮，叶片结构较紧密。

化学成分　总糖1.82%，还原糖1.32%，两糖差0.50%，总氮2.01%，烟碱1.47%，氯0.31%，糖碱比1.24，氮碱比1.37，钾1.38%。

066

桦川小叶子　全国统一编号1525

桦川小叶子是由黑龙江省农业科学院牡丹江分院从黑龙江省桦川县收集保存的地方品种。

特征特性　株式筒形，腰叶椭圆形，叶尖急尖，叶面较平，叶缘平滑，叶色绿色，叶耳较大，主脉中等，叶片厚，茎叶角度较大，花序集中，花色红色。自然株高48.0cm，打顶株高37.0cm，自然叶数7.4片，有效叶数6.5片，茎围5.8cm，节距4.5cm，腰叶长55.0cm、宽29.0cm。移栽至现蕾36天，移栽至中心花开放42天，大田生育期117天。

抗病性　中抗赤星病，中感TMV、PVY、CMV，感青枯病，高感烟蚜。

外观质量　原烟颜色棕红、青黄色，油分有，身份适中，光泽亮，叶片结构较紧密。

化学成分　总糖0.28%，还原糖0.09%，两糖差0.19%，总氮2.21%，烟碱1.59%，氯1.73%，糖碱比0.18，氮碱比1.39，钾3.41%。

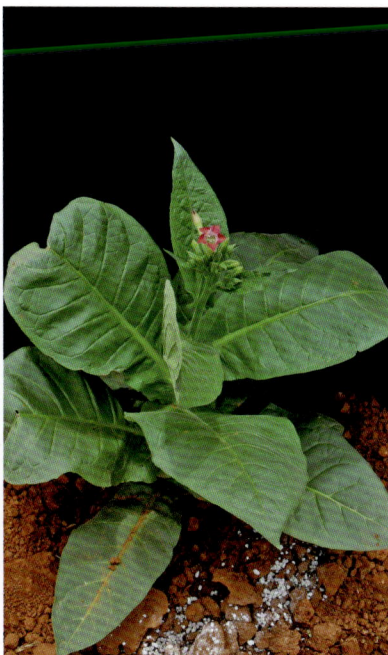

067 黄善烟 全国统一编号1686

黄善烟是由中国农业科学院烟草研究所从海南省三亚市收集保存的地方品种。

特征特性 株式筒形，腰叶宽椭圆形，叶尖渐尖，叶面稍皱，叶缘波浪，叶色绿色，叶耳大，主脉细，叶片厚度中等，茎叶角度较大，花序集中，花色红色。自然株高108.2cm，打顶株高61.5cm，自然叶数12.4片，有效叶数11.0片，茎围4.7cm，节距4.6cm，腰叶长34.0cm、宽21.8cm。移栽至现蕾34天，移栽至中心花开放45天，大田生育期117天。

抗病性 中感TMV，感黑胫病、青枯病、根结线虫病、PVY、CMV、赤星病，高感烟蚜。

外观质量 原烟颜色棕红色，油分多，身份适中，光泽亮，叶片结构疏松。

化学成分 总糖17.19%，还原糖15.86%，两糖差1.33%，总氮2.04%，烟碱3.34%，氯0.55%，糖碱比5.15，氮碱比0.61，钾1.20%。

068 黄烟 全国统一编号655

黄烟是由中国农业科学院烟草研究所从山东省郓城县收集保存的地方品种。

特征特性 株式筒形，腰叶椭圆形，叶尖渐尖，叶面较皱，叶缘波浪，叶色绿色，叶耳大，主脉中等，叶片厚度中等，茎叶角度大，花序分散，花色淡红色。自然株高110.0cm，打顶株高70.5cm，自然叶数16.6片，有效叶数16.0片，茎围9.6cm，节距4.2cm，腰叶长58.6cm、宽29.8cm。移栽至现蕾55天，移栽至中心花开放60天，大田生育期117天。

抗病性 抗黑胫病，中感根结线虫病，感青枯病。

外观质量 原烟颜色棕红色，油分多，身份适中，光泽亮，叶片结构较疏松。

化学成分 总糖2.83%，还原糖2.50%，两糖差0.33%，总氮3.03%，烟碱6.43%，氯0.66%，糖碱比0.44，氮碱比0.47，钾1.88%。

069 鸡毛烟 全国统一编号1789

鸡毛烟是由中国农业科学院烟草研究所从湖北省竹溪县收集保存的地方品种。

特征特性 株式橄榄形，腰叶披针形，叶尖尾尖，叶面较皱，叶缘波浪，叶色浅绿色，叶耳大，主脉中等，叶片厚度中等，茎叶角度大，花序分散，花色淡红色。自然株高53.6cm，打顶株高24.0cm，自然叶数12.0片，有效叶数11.0片，茎围4.8cm，节距5.2cm，腰叶长12.2cm、宽18.2cm。移栽至现蕾46天，移栽至中心花开放50天，大田生育期117天。

抗病性 抗黑胫病和烟蚜，中感赤星病，感青枯病、TMV、根结线虫病、PVY、CMV。

外观质量 原烟颜色棕红、青黄色，油分有，身份适中，光泽中，叶片结构较紧密。

化学成分 总糖0.35%，还原糖0.19%，两糖差0.16%，总氮2.40%，烟碱3.20%，氯0.52%，糖碱比0.11，氮碱比0.75，钾1.65%。

070 吉县大烟叶子 全国统一编号699

吉县大烟叶子是由中国农业科学院烟草研究所从山西省吉县收集保存的地方品种。

特征特性 株式筒形，腰叶宽椭圆形，叶尖渐尖，叶面稍皱，叶缘波浪，叶色绿色，叶耳大，主脉细，叶片厚度中等，茎叶角度大，花序集中，花色淡红色。自然株高133.6cm，打顶株高85.5cm，自然叶数17.6片，有效叶数13.0片，茎围7.0cm，节距4.9cm，腰叶长51.2cm、宽31.0cm。移栽至现蕾46天，移栽至中心花开放49天，大田生育期117天。

抗病性 中抗青枯病、根结线虫病，感黑胫病。

外观质量 原烟颜色棕红色，油分较多，身份适中，光泽亮，叶片结构较疏松。

化学成分 总糖10.79%，还原糖9.81%，两糖差0.98%，总氮2.78%，烟碱5.80%，氯0.35%，糖碱比1.86，氮碱比0.48，钾1.85%。

071 简阳晾烟1

简阳晾烟1是由云南省烟草农业科学研究院从四川省收集保存的地方品种。

特征特性 株式塔形，腰叶长椭圆形，叶尖渐尖，叶面较皱，叶缘波浪，叶色绿色，叶耳小，主脉中等，叶片薄，茎叶角度较大，花序集中，花色淡红色。自然株高115.3cm，打顶株高67.2cm，自然叶数14.8片，有效叶数12.2片，茎围9.8cm，节距4.6cm，腰叶长52.6cm、宽29.6cm。移栽至现蕾51天，移栽至中心花开放64天，大田生育期151天。

抗病性 中感黑胫病。

外观质量 原烟颜色金黄色，油分有，身份适中，光泽较强，叶片结构较疏松。

化学成分 总糖4.33%～7.03%，还原糖3.46%～6.82%，两糖差0.21%～0.87%，总氮2.46%～2.84%，烟碱2.79%～7.15%，氯0.18%～0.29%，糖碱比0.60～12.52，氮碱比0.40～0.88，钾0.81%～2.2%。

072 金菜定 全国统一编号831

金菜定是由广东省农业科学院经济作物研究所从广东省罗定市收集保存的地方品种。

特征特性 株式塔形，腰叶卵圆形，叶尖渐尖，叶面较皱，叶缘波浪，叶色绿色，有叶柄，主脉中等，叶片厚度中等，茎叶角度较大，花序集中，花色红色。自然株高145.3cm，打顶株高84.0cm，自然叶数31.8片，有效叶数25.5片，茎围7.8cm，节距2.7cm，腰叶长44.3cm、宽19.6cm。移栽至现蕾74天，移栽至中心花开放79天，大田生育期117天。

抗病性 中感黑胫病。

外观质量 原烟颜色棕黄、青黄色，油分有，身份适中，光泽亮，叶片结构较疏松。

化学成分 总糖3.05%，还原糖2.70%，两糖差0.35%，总氮2.28%，烟碱3.34%，氯0.86%，糖碱比0.91，氮碱比0.68，钾1.58%，

073 金县大柳叶　全国统一编号574

金县大柳叶是由辽宁省丹东农业科学院从辽宁省大连市普兰店区收集保存的地方品种。

特征特性　株式筒形，腰叶椭圆形，叶尖急尖，叶面较皱，叶缘较平，叶色浅绿色，叶耳大，主脉粗，叶片厚度中等，茎叶角度较大，花序分散，花色深红色。自然株高85.5cm，打顶株高69.5cm，自然叶数16.5片，有效叶数14.0片，茎围8.4cm，节距4.0cm，腰叶长56.2cm、宽28.6cm。移栽至现蕾55天，移栽至中心花开放60天，大田生育期117天。

抗病性　感黑胫病。

外观质量　原烟颜色青黄色，油分少，身份适中，光泽暗，叶片结构紧密。

化学成分　总糖0.37%，还原糖0.25%，两糖差0.12%，总氮2.77%，烟碱1.11%，氯0.77%，糖碱比0.33，氮碱比2.50，钾2.78%。

074 金英　全国统一编号826

金英是由广东省农业科学院经济作物研究所从广东省清远市收集保存的地方品种。

特征特性　株式塔形，腰叶长卵圆形，叶尖尾尖，叶面较皱，叶缘皱折，叶色绿色，有叶柄，主脉粗，叶片厚度中等，茎叶角度大，花序集中，花色淡红色。自然株高141.8cm，打顶株高85.0cm，自然叶数27.6片，有效叶数23.0片，茎围8.2cm，节距2.7cm，腰叶长58.8cm、宽19.1cm。移栽至现蕾72天，移栽至中心花开放77天，大田生育期117天。

抗病性　中抗青枯病，中感根结线虫病，感黑胫病、TMV、PVY、CMV、赤星病，高感烟蚜。

外观质量　原烟颜色棕红色，油分有，身份适中，光泽亮，叶片结构较疏松。

化学成分　总糖1.36%，还原糖1.07%，两糖差0.29%，总氮2.59%，烟碱4.62%，氯0.51%，糖碱比0.29，氮碱比0.56，钾1.66%。

075 宽叶Vatta Kakkal

宽叶Vatta Kakkal是由云南省烟草农业科学研究院从引进资源Vatta Kakkal的变异株选育而成。

特征特性 株式筒形，腰叶椭圆形，叶尖渐尖，叶面较平，叶缘波浪，叶色绿色，叶耳较大，主脉中等，叶片厚度中等，茎叶角度大，花序分散，花色淡红色。自然株高177.8cm，打顶株高134.4cm，自然叶数22.6片，有效叶数17.4片，茎围8.9cm，节距5.4cm，腰叶长73.5cm、宽33.5cm。移栽至现蕾58天，移栽至中心花开放63天，大田生育期126天。

抗 病 性 中抗根结线虫病，感黑胫病、青枯病。

外观质量 原烟颜色棕红色，油分有，身份适中，光泽亮，叶片结构疏松。

化学成分 总糖18.20%，还原糖15.80%，两糖差2.40%，总氮2.00%，烟碱3.63%，氯0.46%，糖碱比5.02，氮碱比0.55，钾1.25%。

076 葵烟　全国统一编号1862

葵烟是由广东省农业科学院经济作物研究所从广东省仁化县收集保存的地方品种。

特征特性 株式筒形，腰叶宽椭圆形，叶尖急尖，叶面皱，叶缘皱折，叶色绿色，叶耳较大，主脉细，叶片厚度中等，茎叶角度大，花序集中，花色淡红色。自然株高173.6cm，打顶株高115.5cm，自然叶数21.0片，有效叶数18.0片，茎围7.9cm，节距5.3cm，腰叶长48.3cm、宽28.4cm。移栽至现蕾62天，移栽至中心花开放69天，大田生育期117天。

抗 病 性 抗根结线虫病，中感青枯病，感黑胫病。

外观质量 原烟颜色棕红色，油分有，身份薄，光泽较亮，叶片结构较紧密。

化学成分 总糖0.67%，还原糖0.54%，两糖差0.13%，总氮3.36%，烟碱6.62%，氯0.82%，糖碱比0.10，氮碱比0.51，钾1.88%。

077 阔叶牛利 全国统一编号809

阔叶牛利是由广东省农业科学院经济作物研究所从广东省高州市收集保存的地方品种。

特征特性 株式塔形，腰叶长卵圆形，叶尖渐尖，叶面皱，叶缘波浪，叶色绿色，有叶柄，主脉中等，叶片厚度中等，茎叶角度大，花序集中，花色淡红色。自然株高176.6cm，打顶株高102.0cm，自然叶数25.0片，有效叶数22.0片，茎围8.4cm，节距3.8cm，腰叶长50.4cm、宽19.1cm。移栽至现蕾66天，移栽至中心花开放73天，大田生育期117天。

抗病性 感黑胫病。

外观质量 原烟颜色棕红色，油分少，身份薄，光泽较暗，叶片结构较疏松。

化学成分 总糖2.12%，还原糖1.80%，两糖差0.32%，总氮2.62%，烟碱4.17%，氯0.48%，糖碱比0.51，氮碱比0.63，钾1.54%。

078 来凤大纽子 全国统一编号710

来凤大纽子是由中国农业科学院烟草研究所从辽宁省凤城市收集保存的地方品种。

特征特性 株式筒形，腰叶长椭圆形，叶尖渐尖，叶面皱，叶缘波浪，叶色绿色，叶耳中，主脉中等，叶片厚度中等，茎叶角度中，花序集中，花色淡红色。自然株高232.6cm，打顶株高176.5cm，自然叶数48.2片，有效叶数40.0片，茎围12.2cm，节距3.9cm，腰叶长65.0cm、宽22.8cm。移栽至现蕾84天，移栽至中心花开放91天，大田生育期126天。

抗病性 抗CMV、中感TMV、赤星病、感黑胫病、青枯病、根结线虫病、PVY、高感烟蚜。

外观质量 原烟颜色棕红、棕黄色，油分有，身份薄，光泽亮，叶片结构较疏松。

化学成分 总糖4.00%，还原糖3.28%，两糖差0.72%，总氮1.89%，烟碱0.71%，氯0.33%，糖碱比5.63，氮碱比2.66，钾2.17%。

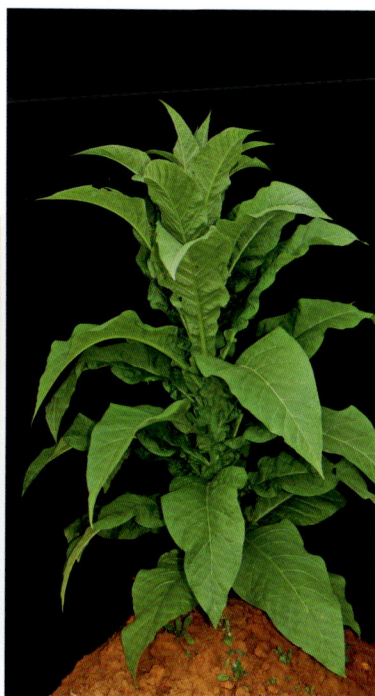

079 来凤小纽子　全国统一编号711

来凤小纽子是由中国农业科学院烟草研究所从辽宁省凤城市收集保存的地方品种。

特征特性　株式筒形，腰叶长椭圆形，叶尖渐尖，叶面皱，叶缘波浪，叶色绿色，叶耳中，主脉中等，叶片厚度中等，茎叶角度中，花序集中，花色淡红色。自然株高239.8cm，打顶株高200.0cm，自然叶数49.8片，有效叶数26.0片，茎围11.8cm，节距4.7cm，腰叶长68.1cm、宽21.9cm。移栽至现蕾84天，移栽至中心花开放91天，大田生育期126天。

抗病性　抗CMV，感黑胫病、青枯病、TMV、根结线虫病、PVY、赤星病，高感烟蚜。

外观质量　原烟颜色棕红、棕黄色，油分有，身份适中，光泽亮，叶片结构较疏松。

化学成分　总糖9.21%，还原糖8.27%，两糖差0.94%，总氮1.49%，烟碱0.35%，氯0.24%，糖碱比26.31，氮碱比4.26，钾1.65%。

080 老板烟

老板烟是由中国农业科学院烟草研究所从云南省收集保存的地方品种。

特征特性　株式塔形，腰叶卵圆形，叶尖渐尖，叶面较皱，叶缘波浪，叶色绿色，有叶柄，主脉细，叶片厚度中等，茎叶角度大，花序集中，花色淡红色。自然株高191.4cm，打顶株高130.0cm，自然叶数26.0片，有效叶数24.5片，茎围8.0cm，节距3.6cm，腰叶长56.4cm、宽16.1cm。移栽至现蕾59天，移栽至中心花开放64天，大田生育期117天。

抗病性　中抗赤星病，抗CMV，中感黑胫病，感青枯病、TMV、根结线虫病、PVY、烟蚜。

外观质量　原烟颜色棕红色，油分较多，身份适中，光泽亮，叶片结构较疏松。

化学成分　总糖9.12%，还原糖8.50%，两糖差0.62%，总氮2.63%，烟碱5.67%，氯0.59%，糖碱比1.61，氮碱比0.46，钾1.17%。

081 老板烟-1

老板烟-1是由云南省烟草农业科学研究院从老板烟的变异株选育而成。

特征特性 株式塔形，腰叶长椭圆形，叶尖渐尖，叶面皱，叶缘皱折，叶色绿色，叶耳小，主脉粗，叶片厚度中等，茎叶角度大，花序集中，花色淡红色。自然株高195.0cm，打顶株高132.0cm，自然叶数26.0片，有效叶数24.0片，茎围8.1cm，节距3.7cm，腰叶长58.1cm、宽17.5cm。移栽至现蕾59天，移栽至中心花开放64天，大田生育期120天。

抗病性 抗CMV，中抗赤星病，中感黑胫病，感青枯病、TMV、根结线虫病、PVY、烟蚜。

外观质量 原烟颜色棕红色，油分较多，身份适中，光泽亮，叶片结构较疏松。

化学成分 总糖4.61%，还原糖4.31%，两糖差0.30%，总氮2.15%，烟碱3.56%，氯0.73%，糖碱比1.29，氮碱比0.60，钾1.35%。

082 老烟　全国统一编号754

老烟是由中国农业科学院烟草研究所从陕西省洛川县收集保存的地方品种。

特征特性 株式筒形，腰叶宽椭圆形，钝尖，叶面较平，叶缘波浪，叶色绿色，叶耳较大，主脉细，叶片厚度中等，茎叶角度大，花序分散，花色淡红色。自然株高81.8cm，打顶株高54.0cm，自然叶数10.8片，有效叶数10.5片，茎围6.9cm，节距4.8cm，腰叶长51.4cm、宽30.5cm。移栽至现蕾40天，移栽至中心花开放46天，大田生育期117天。

抗病性 抗TMV、根结线虫病，中抗青枯病，感黑胫病。

外观质量 原烟颜色棕红色，油分少，身份薄，光泽中，叶片结构紧密。

化学成分 总糖1.37%，还原糖0.89%，两糖差0.48%，总氮2.23%，烟碱3.97%，氯0.38%，糖碱比0.35，氮碱比0.56，钾0.65%。

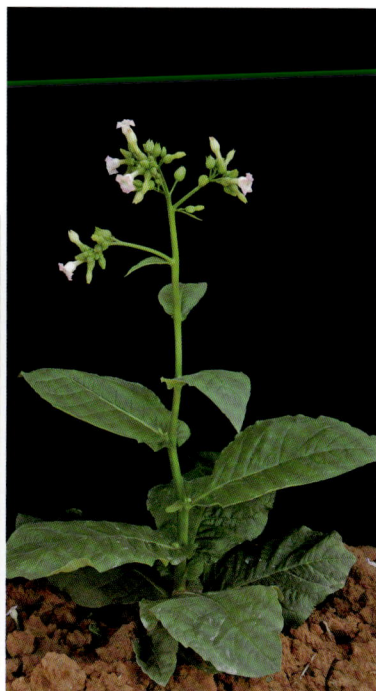

083 勒角合　全国统一编号821

勒角合是由广东省农业科学院经济作物研究所从广东省广州市收集保存的地方品种。

特征特性　株式橄榄形，腰叶长椭圆形，叶尖渐尖，叶面较皱，叶缘波浪，叶色绿色，叶耳小，主脉中等，叶片厚度中等，茎叶角度大，花序分散，花色红色。自然株高102.3cm，打顶株高66.5cm，自然叶数13.4片，有效叶数12.5片，茎围6.4cm，节距4.5cm，腰叶长55.8cm、宽16.3cm。移栽至现蕾40天，移栽至中心花开放46天，大田生育期117天。

抗病性　中感黑胫病。

外观质量　原烟颜色棕红色，油分少，身份适中，光泽中，叶片结构疏松。

化学成分　总糖0.48%，还原糖0.26%，两糖差0.22%，总氮2.90%，烟碱7.61%，氯0.99%，糖碱比0.06，氮碱比0.38，钾0.72%。

084 临县簸箕片　全国统一编号685

临县簸箕片是由中国农业科学院烟草研究所从山西省临县收集保存的地方品种。

特征特性　株式筒形，腰叶椭圆形，叶尖尾尖，叶面较平，叶缘波浪，叶色绿色，叶耳较大，主脉中等，叶片厚度中等，茎叶角度大，花序分散，花色淡红色。自然株高95.2cm，打顶株高48.0cm，自然叶数12.8片，有效叶数9.0片，茎围5.3cm，节距5.9cm，腰叶长47.6cm、宽28.4cm。移栽至现蕾39天，移栽至中心花开放45天，大田生育期117天。

抗病性　抗青枯病、TMV、根结线虫病，感黑胫病。

外观质量　原烟颜色棕红色，油分少，身份适中，光泽亮，叶片结构疏松。

化学成分　总糖0.60%，还原糖0.24%，两糖差0.36%，总氮2.57%，烟碱2.86%，氯0.42%，糖碱比0.21，氮碱比0.90，钾1.17%。

085　临县泥土片　全国统一编号684

临县泥土片是由中国农业科学院烟草研究所从山西省临县收集保存的地方品种。

特征特性　株式塔形，腰叶长椭圆形，叶尖急尖，叶面稍皱，叶缘波浪，叶色绿色，有叶柄，主脉粗，叶片厚度中等，茎叶角度大，花序集中，花色淡红色。自然株高102.2cm，打顶株高52.0cm，自然叶数10.8片，有效叶数9.0片，茎围6.8cm，节距6.5cm，腰叶长51.0cm、宽24.1cm。移栽至现蕾35天，移栽至中心花开放40天，大田生育期117天。

抗病性　抗青枯病、TMV，中抗根结线虫病，感黑胫病。

外观质量　原烟颜色棕红色，油分有，身份适中，光泽亮，叶片结构疏松。

化学成分　总糖5.95%，还原糖5.21%，两糖差0.74%，总氮2.64%，烟碱4.36%，氯0.28%，糖碱比1.36，氮碱比0.61，钾1.61%。

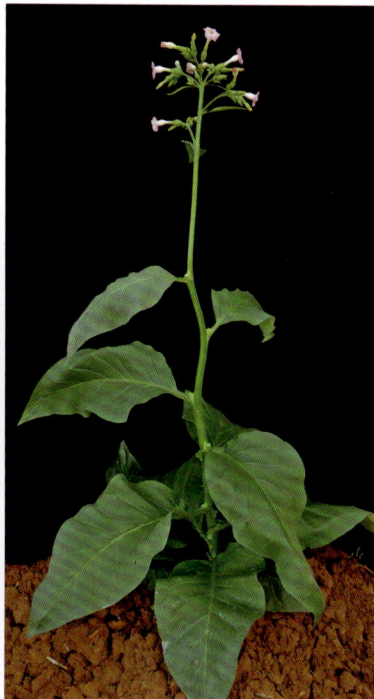

086　临猗小叶烟

临猗小叶烟是由中国农业科学院烟草研究所从山西省临县收集保存的地方品种。

特征特性　株式筒形，腰叶卵圆形，叶尖渐尖，叶面皱，叶缘波浪，叶色绿色，有叶柄，主脉中等，叶片稍厚，茎叶角度较大，花序分散，花色淡红色。自然株高146.0cm，打顶株高75.0cm，自然叶数17.2片，有效叶数15.0片，茎围6.0cm，节距4.8cm，腰叶长36.6cm、宽20.3cm。移栽至现蕾36天，移栽至中心花开放40天，大田生育期126天。

抗病性　TMV免疫，抗PVY，中抗CMV，感青枯病和黑胫病。

外观质量　原烟颜色棕黄色，油分有，身份薄，光泽亮，叶片结构疏松。

化学成分　总糖2.50%，还原糖1.72%，两糖差0.78%，总氮2.51%，烟碱3.22%，氯0.56%，糖碱比0.78，氮碱比0.78，钾1.63%。

087 柳叶尖1324　全国统一编号564

柳叶尖1324是由辽宁省丹东农业科学院从辽宁省清原满族自治县收集保存的地方品种。

特征特性　株式筒形，腰叶椭圆形，叶尖渐尖，叶面较皱，叶缘波浪，叶色绿色，叶耳大，主脉细，叶片厚度中等，茎叶角度较大，花序集中，花色淡红色。自然株高119.8cm，打顶株高79.5cm，自然叶数21.3片，有效叶数18.5片，茎围8.2cm，节距3.1cm，腰叶长52.6cm、宽27.3cm。移栽至现蕾55天，移栽至中心花开放60天，大田生育期117天。

抗 病 性　抗根结线虫病，感黑胫病。

外观质量　原烟颜色棕红色，油分多，身份稍厚，光泽亮，叶片结构疏松。

化学成分　总糖10.75%，还原糖9.80%，两糖差0.95%，总氮2.40%，烟碱4.86%，氯0.57%，糖碱比2.21，氮碱比0.49，钾1.79%。

088 柳叶尖2178

柳叶尖2178是由中国农业科学院烟草研究所从河南省邓州市收集保存的地方品种。

特征特性　株式筒形，腰叶长椭圆形，叶尖渐尖，叶面较皱，叶缘波浪，叶色绿色，叶耳中，主脉中等，叶片厚度中等，茎叶角度较大，花序分散，花色淡红色。自然株高152.4cm，打顶株高83.5cm，自然叶数23.0片，有效叶数18.5片，茎围8.3cm，节距4.4cm，腰叶长52.0cm、宽22.4cm。移栽至现蕾45天，移栽至中心花开放49天，大田生育期126天。

抗 病 性　抗根结线虫病、黑胫病、TMV，感青枯病。

外观质量　原烟颜色棕红色，油分有，身份稍厚，光泽亮，叶片结构较疏松。

化学成分　总糖9.69%，还原糖8.85%，两糖差0.84%，总氮2.68%，烟碱6.03%，氯0.32%，糖碱比1.61，氮碱比0.44，钾1.37%。

089 柳叶子

柳叶子是由云南省烟草农业科学研究院从四川省收集保存的地方品种。

特征特性　株式筒形，腰叶宽椭圆形，叶尖渐尖，叶面较皱，叶缘波浪，叶色绿色，叶耳小，主脉细，叶片较厚，茎叶角度中，花序集中，花色淡红色。自然株高153.9cm，打顶株高73.6cm，自然叶数19.4片，有效叶数17.5片，茎围9.0cm，节距3.9cm，腰叶长51.4cm、宽26.1cm。移栽至现蕾43天，移栽至中心花开放51天，大田生育期151天。

抗病性　感黑胫病。

外观质量　原烟颜色金黄色，油分有，身份适中，光泽较强，叶片结构较疏松。

化学成分　总糖5.97%～8.90%，还原糖5.00%～8.78%，两糖差0.13%～0.96%，总氮2.28%～3.13%，烟碱2.91%～6.17%，氯0.13%～0.49%，糖碱比0.97～3.05，氮碱比0.51～0.78，钾0.96%～1.59%。

090 六里香　全国统一编号1815

六里香是由陕西省农业科学院特种作物研究所从陕西省合阳县收集保存的地方品种。

特征特性　株式塔形，腰叶宽椭圆形，叶尖渐尖，叶面皱，叶缘波浪，叶色绿色，叶耳小，主脉细，叶片厚度中等，茎叶角度较大，花序集中，花色淡红色。自然株高168.6cm，打顶株高93.5cm，自然叶数19.2片，有效叶数16.0片，茎围7.3cm，节距4.7cm，腰叶长44.8cm、宽27.5cm。移栽至现蕾58天，移栽至中心花开放64天，大田生育期126天。

抗病性　抗TMV，中抗黑胫病和根结线虫病，感青枯病。

外观质量　原烟颜色棕红色，油分较多，身份适中，光泽亮，叶片结构较疏松。

化学成分　总糖9.34%，还原糖8.52%，两糖差0.82%，总氮2.80%，烟碱7.53%，氯0.54%，糖碱比1.24，氮碱比0.37，钾1.52%。

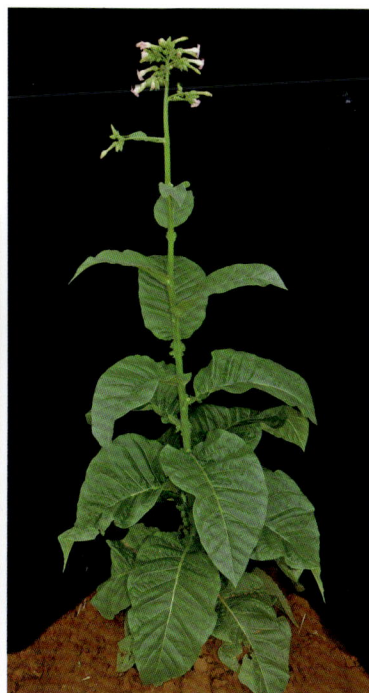

091 龙岩晒烟　全国统一编号1855

龙岩晒烟是由福建省农业科学院龙岩分院从福建省龙岩市收集保存的地方品种。

特征特性　株式塔形，腰叶卵圆形，叶尖渐尖，叶面较皱，叶缘波浪，叶色绿色，叶耳小，主脉细，叶片厚度中等，茎叶角度大，花序集中，花色淡红色。自然株高209.5cm，打顶株高157.5cm，自然叶数30.8片，有效叶数24.0片，茎围7.7cm，节距4.7cm，腰叶长52.9cm、宽22.4cm。移栽至现蕾70天，移栽至中心花开放77天，大田生育期117天。

抗病性　中抗根结线虫病、PVY，中感黑胫病、青枯病，感赤星病，高感烟蚜。

外观质量　原烟颜色棕红色，油分有，身份适中，光泽中，叶片结构较紧密。

化学成分　总糖2.95%，还原糖2.29%，两糖差0.66%，总氮2.73%，烟碱8.13%，氯0.81%，糖碱比0.36，氮碱比0.34，钾1.37%。

092 泸西晾烟1

泸西晾烟1是由云南省烟草农业科学研究院从四川省收集保存的地方品种。

特征特性　株式筒形，腰叶长椭圆形，叶尖渐尖，叶面较皱，叶缘波浪，叶色绿色，叶耳中，主脉中等，叶片较厚，茎叶角度较大，花序集中，花色淡红色。自然株高77.7cm，打顶株高50.0cm，自然叶数15.0片，有效叶数11.8片，茎围8.1cm，节距3.4cm，腰叶长58.2cm、宽26.0cm。移栽至现蕾59天，移栽至中心花开放66天，大田生育期151天。

抗病性　感黑胫病。

外观质量　原烟颜色金黄色，油分有，身份适中，光泽较强，叶片结构较疏松。

化学成分　总糖6.19%～6.92%，还原糖5.82%～6.01%，两糖差0.17%～1.1%，总氮2.45%～2.84%，烟碱3.23%～7.43%，氯0.17%～0.52%，糖碱比0.93～1.91，氮碱比0.38～0.76，钾1.23%～1.53%。

093　泸西晾烟2

泸西晾烟2是由云南省烟草农业科学研究院从四川省收集保存的地方品种。

特征特性　株式筒形，腰叶长椭圆形，叶尖渐尖，叶面较平，叶缘波浪，叶色绿色，叶耳大，主脉中等，叶片薄，茎叶角度较大，花序集中，花色淡红色。自然株高159.4cm，打顶株高57.8cm，自然叶数17.2片，有效叶数13.0片，茎围10.8cm，节距5.6cm，腰叶长61.3cm、宽36.3cm。移栽至现蕾43天，移栽至中心花开放46天，大田生育期151天。

抗病性　感黑胫病。

外观质量　原烟颜色金黄色，油分有，身份适中，光泽较强，叶片结构较疏松。

化学成分　总糖4.95%～10.37%，还原糖4.36%～9.88%，两糖差0.49%～0.60%，总氮2.12%～2.36%，烟碱3.17%～5.15%，氯0.16%～0.87%，糖碱比0.96～3.27，氮碱比0.46～0.67，钾0.87%～1.11%。

094　马口烟草　全国统一编号772

马口烟草是由中国农业科学院烟草研究所从陕西省清涧县收集保存的地方品种。

特征特性　株式筒形，腰叶椭圆形，叶尖渐尖，叶面较皱，叶缘波浪，叶色绿色，叶耳中，主脉中等，叶片厚度中等，茎叶角度大，花序分散，花色淡红色。自然株高142.8cm，打顶株高86.5cm，自然叶数18.8片，有效叶数18.5片，茎围8.8cm，节距3.8cm，腰叶长59.1cm、宽27.3cm。移栽至现蕾53天，移栽至中心花开放59天，大田生育期117天。

抗病性　抗CMV和烟蚜，中抗根结线虫病，中感PVY，感黑胫病、青枯病、TMV、赤星病。

外观质量　原烟颜色棕红色，油分有，身份适中，光泽亮，叶片结构疏松。

化学成分　总糖3.84%，还原糖3.19%，两糖差0.65%，总氮2.74%，烟碱7.31%，氯0.78%，糖碱比0.54，氮碱比0.38，钾1.95%。

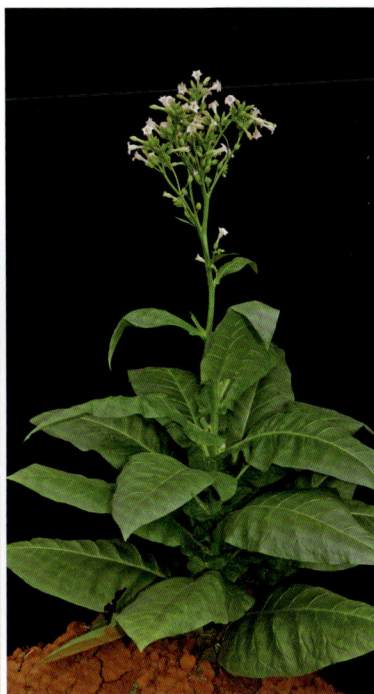

095 湄潭大黑烟　全国统一编号719

湄潭大黑烟是由中国农业科学院烟草研究所从贵州省湄潭县收集保存的地方品种。

特征特性　株式塔形，腰叶长椭圆形，叶尖渐尖，叶面较皱，叶缘波浪，叶色绿色，叶耳中，主脉细，叶片厚度中等，茎叶角度较大，花序分散，花色淡红色。自然株高158.8cm，打顶株高95.5cm，自然叶数21.8片，有效叶数20.5片，茎围8.6cm，节距3.8cm，腰叶长55.8cm、宽19.9cm。移栽至现蕾63天，移栽至中心花开放71天，大田生育期117天。

抗 病 性　中感青枯病、根结线虫病，感黑胫病。

外观质量　原烟颜色棕红色，油分有，身份适中，光泽亮，叶片结构疏松。

化学成分　总糖7.50%，还原糖6.54%，两糖差0.96%，总氮2.53%，烟碱5.35%，氯0.40%，糖碱比1.40，氮碱比0.47，钾1.63%。

096 湄潭大鸡尾　全国统一编号723

湄潭大鸡尾是由中国农业科学院烟草研究所从贵州省湄潭县收集保存的地方品种。

特征特性　株式筒形，腰叶长椭圆形，叶尖渐尖，叶面皱，叶缘波浪，叶色绿色，叶耳大，主脉细，叶片厚度中等，茎叶角度大，花序集中，花色淡红色。自然株高134.0cm，打顶株高79.0cm，自然叶数17.0片，有效叶数17.0片，茎围7.2cm，节距4.8cm，腰叶长53.4cm、宽23.8cm。移栽至现蕾56天，移栽至中心花开放60天，大田生育期117天。

抗 病 性　抗黑胫病，感青枯病、根结线虫病。

外观质量　原烟颜色棕黄色，油分少，身份适中，光泽中，叶片结构疏松。

化学成分　总糖7.62%，还原糖6.82%，两糖差0.80%，总氮3.06%，烟碱6.33%，氯0.45%，糖碱比1.20，氮碱比0.48，钾1.36%。

097 孟山草　全国统一编号581

孟山草是由吉林省延边朝鲜族自治州农业科学院烟草研究所从吉林省延吉市收集保存的地方品种。

特征特性　株式筒形，腰叶宽椭圆形，叶尖急尖，叶面较平，叶缘波浪，叶色深绿色，叶耳大，主脉细，叶片厚度中等，茎叶角度大，花序集中，花色淡红色。自然株高79.0cm，打顶株高44.0cm，自然叶数10.3片，有效叶数9.0片，茎围3.8cm，节距4.4cm，腰叶长26.2cm、宽13.0cm。移栽至现蕾30天，移栽至中心花开放65天，大田生育期117天。

抗　病　性　中抗青枯病、赤星病，中感PVY，感黑胫病、TMV、根结线虫病、CMV，高感烟蚜。

外观质量　原烟颜色棕黄色，油分少，身份适中，光泽中，叶片结构疏松。

化学成分　总糖0.89%，还原糖0.53%，两糖差0.36%，总氮2.20%，烟碱4.52%，氯1.09%，糖碱比0.20，氮碱比0.49，钾1.50%。

098 密合仔　全国统一编号830

密合仔是由广东省农业科学院经济作物研究所从广东省罗定市收集保存的地方品种。

特征特性　株式塔形，腰叶椭圆形，叶尖急尖，叶面较皱，叶缘波浪，叶色绿色，有叶柄，主脉中等，叶片厚度中等，茎叶角度较大，花序集中，花色淡红色。自然株高180.2cm，打顶株高109.5cm，自然叶数25.6片，有效叶数21.5片，茎围7.8cm，节距3.4cm，腰叶长50.9cm、宽18.9cm。移栽至现蕾62天，移栽至中心花开放67天，大田生育期117天。

抗　病　性　感黑胫病。

外观质量　原烟颜色棕红色，油分少，身份薄，光泽中，叶片结构较紧密。

化学成分　总糖4.76%，还原糖3.93%，两糖差0.83%，总氮2.29%，烟碱4.19%，氯0.38%，糖碱比1.14，氮碱比0.55，钾1.39%。

099 密节企叶　全国统一编号805

密节企叶是由广东省农业科学院经济作物研究所从广东省高州市收集保存的地方品种。

特征特性　株式筒形，腰叶长椭圆形，叶尖渐尖，叶面较皱，叶缘波浪，叶色绿色，有叶柄，主脉中等，叶片厚度中等，茎叶角度大，花序集中，花色红色。自然株高173.2cm，打顶株高87.0cm，自然叶数27.2片，有效叶数22.0片，茎围9.1cm，节距2.9cm，腰叶长58.8cm、宽18.6cm。移栽至现蕾66天，移栽至中心花开放73天，大田生育期117天。

抗病性　感黑胫病。

外观质量　原烟颜色棕红色，油分少，身份薄，光泽中，叶片结构较紧密。

化学成分　总糖6.38%，还原糖5.53%，两糖差0.85%，总氮2.95%，烟碱5.87%，氯0.55%，糖碱比1.09，氮碱比0.50，钾1.90%。

100 密节企叶-1

密节企叶-1由云南省烟草农业科学研究院从密节企叶的变异株中选育而成。

特征特性　株式筒形，腰叶长椭圆形，叶尖渐尖，叶面较皱，叶缘波浪，叶色绿色，有叶柄，主脉中等，叶片厚度中等，茎叶角度较大，花序集中，花色深红色。自然株高171.4cm，打顶株高102.7cm，自然叶数22.3片，有效叶数18.5片，茎围9.5cm，节距3.0cm，腰叶长59.2cm、宽19.9cm。移栽至现蕾66天，移栽至中心花开放73天，大田生育期117天。

抗病性　感黑胫病。

外观质量　原烟颜色棕红色，油分有，身份薄，光泽中，叶片结构较紧密。

化学成分　总糖15.85%，还原糖13.90%，两糖差1.95%，总氮2.17%，烟碱5.81%，氯1.36%，糖碱比2.73，氮碱比0.37，钾1.77%。

101 冕宁晾烟1

冕宁晾烟1是由云南省烟草农业科学研究院从四川省收集保存的地方品种。

特征特性　株式筒形，腰叶长椭圆形，叶尖渐尖，叶面较平，叶缘波浪，叶色绿色，叶耳小，主脉中等，叶片薄，茎叶角度中，花序集中，花色淡红色。自然株高66.0cm，打顶株高21.6cm，自然叶数11.8片，有效叶数10.5片，茎围8.6cm，节距3.1cm，腰叶长58.4cm、宽26.4cm。移栽至现蕾53天，移栽至中心花开放59天，大田生育期144天。

抗病性　感黑胫病。

外观质量　原烟颜色金黄色，油分有，身份适中，光泽较强，叶片结构较疏松。

化学成分　总糖9.80%～11.96%，还原糖8.15%～11.62%，两糖差0.34%～1.65%，总氮2.12%～2.74%，烟碱3.14%～7.11%，氯0.14%～0.38%，糖碱比1.38～3.81，氮碱比0.39～0.68，钾1.18%～1.94%。

102 穆棱日本烟　全国统一编号1593

穆棱日本烟是由黑龙江省农业科学院牡丹江分院从黑龙江省穆棱市收集保存的地方品种。

特征特性　株式橄榄形，腰叶宽椭圆形，叶尖急尖，叶面较皱，叶缘波浪，叶色绿色，叶耳大，主脉细，叶片厚度中等，茎叶角度小，花序集中，花色深红色。自然株高192.0cm，打顶株高111.5cm，自然叶数23.3片，有效叶数21.0片，茎围8.2cm，节距3.8cm，腰叶长61.2cm、宽28.2cm。移栽至现蕾61天，移栽至中心花开放68天，大田生育期117天。

抗病性　中感黑胫病，感青枯病、根结线虫病。

外观质量　原烟颜色棕红色，油分多，身份适中，光泽亮，叶片结构疏松。

化学成分　总糖3.46%，还原糖2.92%，两糖差0.54%，总氮3.19%，烟碱7.38%，氯0.53%，糖碱比0.47，氮碱比0.43，钾2.14%。

103　南常晒烟　全国统一编号552

南常晒烟是由山西农业大学从山西省曲沃县收集保存的地方品种。

特征特性　株式筒形，腰叶宽椭圆形，叶尖急尖，叶面较皱，叶缘波浪，叶色绿色，叶耳大，主脉中等，叶片厚度中等，茎叶角度中，花序分散，花色深红色。自然株高149.2cm，打顶株高92.5cm，自然叶数19.6片，有效叶数18.0片，茎围10.6cm，节距4.0cm，腰叶长65.5cm、宽31.7cm。移栽至现蕾66天，移栽至中心花开放72天，大田生育期117天。

抗病性　中抗CMV，中感黑胫病、TMV，感青枯病、PVY。

外观质量　原烟颜色棕红色，油分有，身份适中，光泽亮，叶片结构疏松。

化学成分　总糖7.40%，还原糖6.58%，两糖差0.82%，总氮2.43%，烟碱2.87%，氯0.37%，糖碱比2.58，氮碱比0.85，钾1.90%。

104　南充晾烟1

南充晾烟1是由云南省烟草农业科学研究院从四川省收集保存的地方品种。

特征特性　株式筒形，腰叶长椭圆形，叶尖渐尖，叶面较皱，叶缘波浪，叶色绿色，叶耳无，主脉中等，叶片厚度中等，茎叶角度大，花序分散，花色淡红。自然株高108.0cm，打顶株高56.8cm，自然叶数23.4片，有效叶数20.1片，茎围11.0cm，节距2.2cm，腰叶长49.8cm、宽17.4cm。移栽至现蕾44天，移栽至中心花开放48天，大田生育期151天。

抗病性　感黑胫病。

外观质量　原烟颜色金黄色，油分有，身份适中，光泽较强，叶片结构较疏松。

化学成分　总糖4.64%～5.48%，还原糖4.29%～4.58%，两糖差0.06%～1.19%，总氮2.75%～3.05%，烟碱3.85%～6.94%，氯0.25%～0.42%，糖碱比0.79～1.21，氮碱比0.44～0.71，钾1.01%～2.28%。

105 南充晾烟2

南充晾烟2是由云南省烟草农业科学研究院从四川省收集保存的地方品种。

特征特性 株式筒形，腰叶宽椭圆形，叶尖急尖，叶面较皱，叶缘波浪，叶色绿色，叶耳大，主脉细，叶片厚度中等，有叶柄，茎叶角度较大，花序集中，花色淡红色。自然株高128.9cm，打顶株高80.2cm，自然叶数23.2片，有效叶数20.2片，茎围9.2cm，节距2.7cm，腰叶长59.0cm、宽26.1cm。移栽至现蕾48天，移栽至中心花开放53天，大田生育期117天。

抗病性 感黑胫病。

外观质量 原烟颜色棕红色，油分少，身份薄，光泽亮，叶片结构疏松。

化学成分 总糖5.78%，还原糖5.16%，两糖差0.62%，总氮2.47%，烟碱3.49%，氯0.38%，糖碱比1.66，氮碱比0.71，钾2.47%。

106 南京烟 全国统一编号1663

南京烟是由中国农业科学院烟草研究所从南京中山植物园收集保存的地方品种。

特征特性 株式筒形，腰叶宽椭圆形，叶尖急尖，叶面较皱，叶缘波浪，叶色绿色，叶耳大，主脉细，叶片厚度中等，茎叶角度较大，花序集中，花色淡红色。自然株高85.4cm，打顶株高61.0cm，自然叶数14.0片，有效叶数12.2片，茎围8.1cm，节距3.8cm，腰叶长47.0cm、宽23.0cm。移栽至现蕾48天，移栽至中心花开放53天，大田生育期117天。

抗病性 抗根结线虫病、TMV，中抗青枯病，感黑胫病。

外观质量 原烟颜色棕红色，油分少，身份适中，光泽亮，叶片结构疏松。

化学成分 总糖5.14%，还原糖4.55%，两糖差0.59%，总氮2.65%，烟碱5.59%，氯0.37%，糖碱比0.92，氮碱比0.47，钾0.65%。

107　讷河大护脖香-2　全国统一编号1578

讷河大护脖香-2是由黑龙江省农业科学院牡丹江分院从黑龙江省讷河市收集保存的地方品种。

特征特性　株式筒形，腰叶椭圆形，叶尖渐尖，叶面较平，叶缘平滑，叶色深绿色，叶耳中，主脉中等，叶片厚度中等，茎叶角度中，花序集中，花色淡红色。自然株高77.2cm，打顶株高63.5cm，自然叶数16.0片，有效叶数14.0片，茎围7.8cm，节距4.3cm，腰叶长51.2cm、宽20.4cm。移栽至现蕾41天，移栽至中心花开放48天，大田生育期117天。

抗病性　高抗烟蚜，抗黑胫病，中抗青枯病、根结线虫病和TMV。

外观质量　原烟颜色棕红色，油分少，身份适中，光泽亮，叶片结构疏松。

化学成分　总糖3.26%，还原糖2.70%，两糖差0.56%，总氮2.23%，烟碱6.05%，氯0.58%，糖碱比0.54，氮碱比0.37，钾1.36%。

108　牛舌烟　全国统一编号824

牛舌烟是由广东省农业科学院经济作物研究所从广东省廉江市收集保存的地方品种。

特征特性　株式塔形，腰叶披针形，叶尖急尖，叶面稍皱，叶缘波浪，叶色绿色，有叶柄，主脉粗，叶片厚度中等，茎叶角度中，花序分散，花色淡红色。自然株高161.8cm，打顶株高92.0cm，自然叶数20.8片，有效叶数18.5片，茎围7.0cm，节距3.8cm，腰叶长50.4cm、宽13.6cm。移栽至现蕾58天，移栽至中心花开放64天，大田生育期117天。

抗病性　中感根结线虫病，感黑胫病、青枯病。

外观质量　原烟颜色棕红色，油分少，身份薄，光泽亮，叶片结构疏松。

化学成分　总糖3.43%，还原糖2.86%，两糖差0.57%，总氮2.76%，烟碱7.12%，氯0.31%，糖碱比0.48，氮碱比0.39，钾1.27%。

109　农民大烟

农民大烟是由云南省烟草农业科学研究院从四川省收集保存的地方品种。

特征特性　株式筒形，腰叶长椭圆形，叶尖渐尖，叶面较皱，叶缘波浪，叶色绿色，叶耳小，主脉中等，叶片较厚，茎叶角度较大，花序集中，花色淡红色。自然株高131.8cm，打顶株高50.6cm，自然叶数17.0片，有效叶数15.2片，茎围8.8cm，节距4.6cm，腰叶长56.9cm、宽24.6cm。移栽至现蕾40天，移栽至中心花开放44天，大田生育期151天。

外观质量　原烟颜色金黄色，油分有，身份适中，光泽较强，叶片结构较疏松。

化学成分　总糖6.92%～9.90%，还原糖6.28%～9.50%，两糖差0.40%～0.64%，总氮2.23%～2.29%，烟碱3.44%～4.71%，氯0.14%～0.61%，糖碱比1.47～2.88，氮碱比0.49～0.65，钾1.08%～1.33%。

110　郫县柳叶　全国统一编号774

郫县柳叶是由中国农业科学院烟草研究所从四川省成都市郫都区收集保存的地方品种。

特征特性　株式塔形，腰叶宽椭圆形，叶尖急尖，叶面较皱，叶缘皱折，叶色绿色，有叶柄，叶耳中，主脉细，叶片厚度中等，茎叶角度较大，花序分散，花色淡红色。自然株高125.8cm，打顶株高113.0cm，自然叶数21.0片，有效叶数18.8片，茎围7.4cm，节距4.6cm，腰叶长49.1cm、宽32.0cm。移栽至现蕾44天，移栽至中心花开放48天，大田生育期117天。

抗病性　中抗黑胫病，感青枯病、根结线虫病。

外观质量　原烟颜色棕红色，油分有，身份薄，光泽亮，叶片结构疏松。

化学成分　总糖9.17%，还原糖8.34%，两糖差0.83%，总氮2.81%，烟碱5.10%，氯0.50%，糖碱比1.80，氮碱比0.55，钾2.16%。

111　偏膀子　全国统一编号605

偏膀子是由中国农业科学院烟草研究所从山东省齐河县收集保存的地方品种。

特征特性　株式塔形，腰叶宽椭圆形，叶尖钝尖，叶面较皱，叶缘波浪，叶色绿色，叶耳中，主脉细，叶片厚度中等，茎叶角度较大，花序集中，花色深红色。自然株高125.8cm，打顶株高71.0cm，自然叶数15.8片，有效叶数12.0片，茎围7.8cm，节距4.3cm，腰叶长41.3cm、宽31.8cm。移栽至现蕾44天，移栽至中心花开放49天，大田生育期117天。

抗病性　感黑胫病、青枯病、TMV、根结线虫病、PVY、CMV、赤星病、烟蚜。

外观质量　原烟颜色棕红色，油分较多，身份适中，光泽较亮，叶片结构较疏松。

化学成分　总糖5.17%，还原糖4.44%，两糖差0.73%，总氮2.92%，烟碱6.07%，氯0.71%，糖碱比0.85，氮碱比0.48，钾0.93%。

112　平南土烟　全国统一编号1722

平南土烟是由中国农业科学院烟草研究所从广西壮族自治区平南县收集保存的地方品种。

特征特性　株式筒形，腰叶长椭圆形，叶尖渐尖，叶面较皱，叶缘波浪，叶色绿色，叶耳中，主脉中等，叶片厚度中等，茎叶角度较大，花序分散，花色红色。自然株高132.0cm，打顶株高70.5cm，自然叶数19.8片，有效叶数17.5片，茎围7.4cm，节距4.3cm，腰叶长53.0cm、宽20.0cm。移栽至现蕾62天，移栽至中心花开放68天，大田生育期117天。

抗病性　抗黑胫病，中抗青枯病，中感根结线虫病、PVY、赤星病，感TMV、CMV，高感烟蚜。

外观质量　原烟颜色棕红色，油分有，身份薄，光泽亮，叶片结构较紧密。

化学成分　总糖0.92%，还原糖0.59%，两糖差0.33%，总氮3.45%，烟碱2.40%，氯0.65%，糖碱比0.38，氮碱比1.43，钾3.49%。

113 浦城烟 全国统一编号794

浦城烟是由中国农业科学院烟草研究所从河南省收集保存的地方品种。

特征特性 株式塔形，腰叶宽椭圆形，叶尖渐尖，叶面较皱，叶缘波浪，叶色绿色，叶耳较大，主脉中等，叶片厚度中等，茎叶角度较大，花序集中，花色淡红色。自然株高163.0cm，打顶株高83.0cm，自然叶数17.4片，有效叶数15.5片，茎围7.2cm，节距4.5cm，腰叶长49.3cm、宽30.5cm。移栽至现蕾56天，移栽至中心花开放60天，大田生育期117天。

抗病性 抗CMV、中感青枯病、TMV、感黑胫病、根结线虫病、PVY、赤星病、高感烟蚜。

外观质量 原烟颜色棕红色，油分少，身份薄，光泽亮，叶片结构紧密。

化学成分 总糖1.83%、还原糖1.22%、两糖差0.61%、总氮1.55%、烟碱1.29%、氯0.91%、糖碱比1.42、氮碱比1.20、钾1.78%。

114 普格烟

普格烟是由云南省烟草农业科学研究院从四川省收集保存的地方品种。

特征特性 株式筒形，腰叶披针形，叶尖尾尖，叶面较皱，叶缘波浪，叶色绿色，叶耳小，主脉中等，叶片厚度中等，茎叶角度大，花序集中，花色淡红色。自然株高115.0cm，打顶株高55.8cm，自然叶数27.0片，有效叶数21.8片，茎围8.9cm，节距1.5cm，腰叶长52.2cm、宽12.2cm。移栽至现蕾70天，移栽至中心花开放77天，大田生育期120天。

抗病性 中感黑胫病。

外观质量 原烟颜色棕红色，油分有，身份适中，光泽亮，叶片结构疏松。

化学成分 总糖6.88%、还原糖5.68%、两糖差1.20%、总氮2.22%、烟碱4.55%、氯0.17%、糖碱比1.51、氮碱比0.49、钾1.50%。

115 齐市晒烟　全国统一编号1595

齐市晒烟是由黑龙江省农业科学院牡丹江分院从黑龙江省齐齐哈尔市收集保存的地方品种。

特征特性　株式橄榄形，腰叶椭圆形，叶尖渐尖，叶面较平，叶缘波浪，叶色绿色，叶耳中，主脉中等，叶片厚度中等，茎叶角度较大，花序集中，花色淡红色。自然株高100.2cm，打顶株高50.5cm，自然叶数18.6片，有效叶数15.0片，茎围6.0cm，节距4.1cm，腰叶长44.5cm、宽21.0cm。移栽至现蕾55天，移栽至中心花开放60天，大田生育期117天。

抗 病 性　中感青枯病、根结线虫病，感黑胫病。

外观质量　原烟颜色棕红色，油分少，身份薄，光泽亮，叶片结构紧密。

化学成分　总糖0.68%，还原糖0.27%，两糖差0.41%，总氮2.61%，烟碱2.71%，氯0.61%，糖碱比0.25，氮碱比0.96，钾2.68%。

116 祁县土烟叶　全国统一编号702

祁县土烟叶是由中国农业科学院烟草研究所从山西省祁县收集保存的地方品种。

特征特性　株式橄榄形，腰叶椭圆形，叶尖渐尖，叶面较平，叶缘波浪，叶色绿色，叶耳中，主脉细，叶片厚度中等，茎叶角度较大，花序集中，花色淡红色。自然株高105.8cm，打顶株高69.5cm，自然叶数15.5片，有效叶数13.0片，茎围8.6cm，节距3.8cm，腰叶长55.6cm、宽30.6cm。移栽至现蕾48天，移栽至中心花开放53天，大田生育期117天。

抗 病 性　抗TMV，中抗根结线虫病，感黑胫病、青枯病。

外观质量　原烟颜色深棕红色，油分多，身份适中，光泽较亮，叶片结构疏松。

化学成分　总糖12.43%，还原糖10.99%，两糖差1.44%，总氮2.38%，烟碱4.08%，氯0.33%，糖碱比3.05，氮碱比0.58，钾1.85%。

117 犍为晾烟1

犍为晾烟1是由云南省烟草农业科学研究院从四川省收集保存的地方品种。

特征特性 株式塔形，腰叶长椭圆形，叶尖渐尖，叶面较平，叶缘波浪，叶色绿色，叶耳小，主脉中等，叶片较厚，茎叶角度大，花序集中，花色淡红色。自然株高121.6cm，打顶株高72.6cm，自然叶数22.8片，有效叶数18.2片，茎围9.6cm，节距3.1cm，腰叶长35.3cm、宽19.2cm。移栽至现蕾37天，移栽至中心花开放43天，大田生育期151天。

抗 病 性 感黑胫病。

外观质量 原烟颜色金黄色，油分有，身份适中，光泽较强，叶片结构较疏松。

化学成分 总糖10.21%～16.56%，还原糖9.73%～14.79%，两糖差0.47%～1.77%，总氮2.01%～2.41%，烟碱1.66%～3.15%，氯0.16%～0.19%，糖碱比5.25～6.14，氮碱比0.64～1.45，钾1.03%～1.68%。

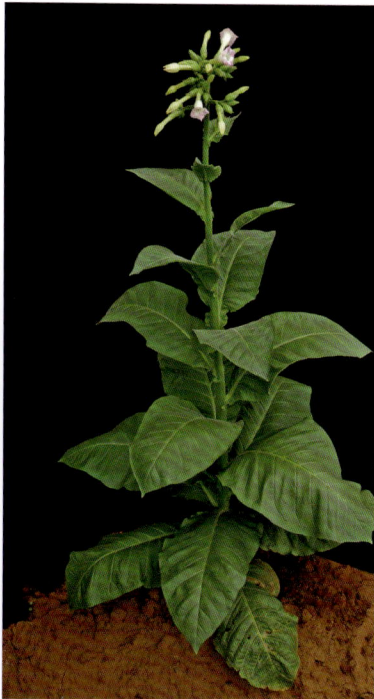

118 犍为晾烟2

犍为晾烟2是由云南省烟草农业科学研究院从四川省收集保存的地方品种。

特征特性 株式塔形，腰叶长椭圆形，叶尖渐尖，叶面较平，叶缘波浪，叶色绿色，叶耳小，主脉中等，叶片较厚，茎叶角度较大，花序集中，花色淡红色。自然株高151.7cm，打顶株高91.8cm，自然叶数23.8片，有效叶数18.3片，茎围10.0cm，节距5.4cm，腰叶长49.7cm、宽29.2cm。移栽至现蕾61天，移栽至中心花开放67天，大田生育期151天。

抗 病 性 感黑胫病。

外观质量 原烟颜色金黄色，油分有，身份适中，光泽较强，叶片结构较疏松。

化学成分 总糖7.15%，还原糖5.99%，两糖差1.16%，总氮2.66%，烟碱4.93%，氯0.39%，糖碱比1.45，氮碱比0.54，钾1.00%。

119 茄科（大叶） 全国统一编号1791

茄科（大叶）是由安徽省农业科学院烟草研究所从安徽省宿松县收集保存的地方品种。

特征特性 株式塔形，腰叶卵圆形，叶尖渐尖，叶面较皱，叶缘波浪，叶色绿色，有叶柄，主脉细，叶片厚度中等，茎叶角度中，花序集中，花色淡红色。自然株高140.6cm，打顶株高74.0cm，自然叶数21.6片，有效叶数19.5片，茎围8.0cm，节距3.5cm，腰叶长42.8cm、宽24.5cm。移栽至现蕾49天，移栽至中心花开放53天，大田生育期117天。

抗病性 抗TMV，中抗黑胫病、根结线虫病，感青枯病。

外观质量 原烟颜色棕红色，油分多，身份薄，光泽较亮，叶片结构疏松。

化学成分 总糖8.44%，还原糖7.38%，两糖差1.06%，总氮3.19%，烟碱7.31%，氯0.56%，糖碱比1.15，氮碱比0.44，钾0.95%。

120 茄科（小叶） 全国统一编号1792

茄科（小叶）是由安徽省农业科学院烟草研究所从安徽省宿松县收集保存的地方品种。

特征特性 株式筒形，腰叶长椭圆形，叶尖渐尖，叶面较皱，叶缘波浪，叶色深绿色，有叶柄，主脉细，叶片厚度中等，茎叶角度较大，花序集中，花色淡红色。自然株高111.2cm，打顶株高68.5cm，自然叶数17.6片，有效叶数16.0片，茎围7.1cm，节距3.4cm，腰叶长43.2cm、宽24.8cm。移栽至现蕾48天，移栽至中心花开放53天，大田生育期117天。

抗病性 抗TMV，中抗黑胫病、根结线虫病，感青枯病。

外观质量 原烟颜色棕红色，油分较多，身份适中，光泽较亮，叶片结构较疏松。

化学成分 总糖8.28%，还原糖7.27%，两糖差1.01%，总氮2.97%，烟碱6.94%，氯0.59%，糖碱比1.19，氮碱比0.43，钾1.13%。

121 青湖晚熟 全国统一编号577

青湖晚熟是由吉林省延边朝鲜族自治州农业科学院烟草研究所从吉林省和龙市收集保存的地方品种。

特征特性 株式筒形，腰叶长椭圆形，叶尖渐尖，叶面较皱，叶缘波浪，叶色绿色，叶耳较大，主脉中等，叶片厚度中等，茎叶角度较大，花序集中，花色红色。自然株高160.0cm，打顶株高97.0cm，自然叶数20.4片，有效叶数18.0片，茎围8.3cm，节距5.0cm，腰叶长61.7cm、宽32.2cm。移栽至现蕾68天，移栽至中心花开放76天，大田生育期117天。

抗病性 感黑胫病、青枯病、TMV、根结线虫病、PVY、CMV、赤星病，高感烟蚜。

外观质量 原烟颜色棕红色，油分少，身份适中，光泽较亮，叶片结构较疏松。

化学成分 总糖13.92%，还原糖12.42%，两糖差1.50%，总氮1.78%，烟碱1.16%，氯0.55%，糖碱比12.00，氮碱比1.53，钾1.66%。

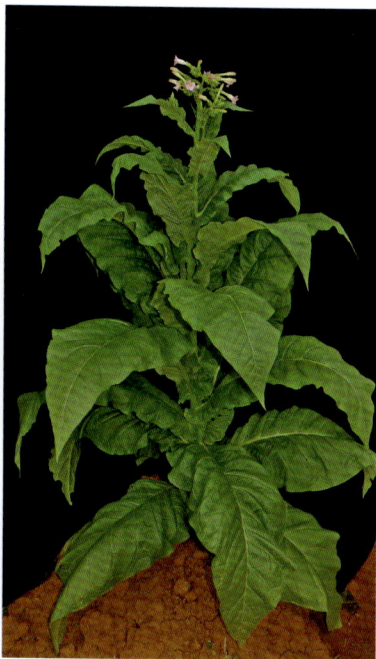

122 青山小护脖香 全国统一编号1544

青山小护脖香是由黑龙江省农业科学院牡丹江分院从黑龙江省宝清县收集保存的地方品种。

特征特性 株式筒形，腰叶宽椭圆形，叶尖急尖，叶面较平，叶缘波浪，叶色绿色，叶耳大，主脉细，叶片厚度中等，茎叶角度较大，花序集中，花色淡红色。自然株高66.4cm，打顶株高60.5cm，自然叶数12.4片，有效叶数9.0片，茎围4.8cm，节距4.6cm，腰叶长52.4cm、宽26.8cm。移栽至现蕾36天，移栽至中心花开放47天，大田生育期117天。

抗病性 抗黑胫病、TMV，中抗青枯病、根结线虫病。

外观质量 原烟颜色棕红色，油分少，身份适中，光泽较亮，叶片结构较疏松。

化学成分 总糖0.59%，还原糖0.31%，两糖差0.28%，总氮2.63%，烟碱5.54%，氯1.21%，糖碱比0.11，氮碱比0.47，钾2.21%。

123　清涧羊角大烟　全国统一编号749

清涧羊角大烟是由中国农业科学院烟草研究所从陕西省清涧县收集保存的地方品种。

特征特性　株式筒形，腰叶心形，叶尖急尖，叶面较皱，叶缘波浪，叶色深绿色，有叶柄，主脉细，叶片厚度中等，茎叶角度较大，花序集中，花色红色。自然株高124.6cm，打顶株高74.0cm，自然叶数16.6片，有效叶数14.0片，茎围6.5cm，节距4.4cm，腰叶长33.4cm、宽19.4cm。移栽至现蕾45天，移栽至中心花开放49天，大田生育期117天。

抗病性　抗青枯病、TMV，中抗根结线虫病，感黑胫病。

外观质量　原烟颜色棕红色，油分有，身份适中，光泽亮，叶片结构较疏松。

化学成分　总糖0.99%，还原糖0.50%，两糖差0.49%，总氮2.72%，烟碱6.35%，氯0.53%，糖碱比0.16，氮碱比0.43，钾0.91%。

124　清远牛利　全国统一编号827

清远牛利是由广东省农业科学院经济作物研究所从广东省清远市收集保存的地方品种。

特征特性　株式塔形，腰叶长椭圆形，叶尖尾尖，叶面较皱，叶缘波浪，叶色绿色，有叶柄，主脉细，叶片厚度中等，茎叶角度大，花序集中，花色淡红色。自然株高148.8cm，打顶株高100.0cm，自然叶数25.8片，有效叶数22.2片，茎围7.8cm，节距3.8cm，腰叶长54.7cm、宽21.7cm。移栽至现蕾68天，移栽至中心花开放78天，大田生育期117天。

抗病性　感黑胫病、青枯病、根结线虫病。

外观质量　原烟颜色棕红色，油分有，身份适中，光泽亮，叶片结构较疏松。

化学成分　总糖8.00%，还原糖6.92%，两糖差1.08%，总氮2.51%，烟碱4.43%，氯0.49%，糖碱比1.81，氮碱比0.57，钾1.79%。

125 饶平青烟　全国统一编号812

饶平青烟是由广东省农业科学院经济作物研究所从广东省饶平县收集保存的地方品种。

特征特性　株式塔形，腰叶披针形，叶尖尾尖，叶面较皱，叶缘波浪，叶色绿色，有叶柄，主脉中等，叶片厚度中等，茎叶角度较大，花序分散，花色淡红色。自然株高171.8cm，打顶株高104.0cm，自然叶数27.4片，有效叶数25.5片，茎围7.5cm，节距3.8cm，腰叶长53.2cm、宽15.9cm。移栽至现蕾64天，移栽至中心花开放72天，大田生育期117天。

抗病性　感黑胫病。

外观质量　原烟颜色棕红色，油分有，身份适中，光泽较暗，叶片结构紧密。

化学成分　总糖6.94%，还原糖5.86%，两糖差1.08%，总氮1.83%，烟碱3.35%，氯0.44%，糖碱比2.07，氮碱比0.55，钾1.61%。

126 软枝牛利　全国统一编号811

软枝牛利是由广东省农业科学院经济作物研究所从广东省江门市新会区收集保存的地方品种。

特征特性　株式塔形，腰叶长卵圆形，叶尖渐尖，叶面较皱，叶缘波浪，叶色绿色，有叶柄，主脉中等，叶片厚度中等，茎叶角度较大，花序分散，花色红色。自然株高169.4cm，打顶株高95.0cm，自然叶数28.6片，有效叶数27.5片，茎围7.4cm，节距3.8cm，腰叶长36.5cm、宽13.5cm。移栽至现蕾61天，移栽至中心花开放71天，大田生育期117天。

抗病性　中感黑胫病。

外观质量　原烟颜色棕红色，油分有，身份薄，光泽较暗，叶片结构紧密。

化学成分　总糖1.19%，还原糖0.69%，两糖差0.50%，总氮2.25%，烟碱1.11%，氯0.61%，糖碱比1.07，氮碱比2.03，钾1.84%。

127　芮城大叶旱烟　全国统一编号688

芮城大叶旱烟是由中国农业科学院烟草研究所从山西省芮城县收集保存的地方品种。

特征特性　株式筒形，腰叶宽椭圆形，叶尖钝尖，叶面较平，叶缘波浪，叶色绿色，叶耳大，主脉细，叶片厚度中等，茎叶角度较大，花序分散，花色淡红色。自然株高76.0cm，打顶株高49.0cm，自然叶数11.0片，有效叶数8.0片，茎围6.2cm，节距4.8cm，腰叶长46.8cm、宽30.4cm。移栽至现蕾33天，移栽至中心花开放37天，大田生育期117天。

抗病性　抗青枯病、TMV、根结线虫病，感黑胫病。

外观质量　原烟颜色棕红色，油分较多，身份适中，光泽较亮，叶片结构较疏松。

化学成分　总糖4.24%，还原糖3.48%，两糖差0.76%，总氮2.37%，烟碱5.56%，氯0.50%，糖碱比0.76，氮碱比0.43，钾1.31%。

128　芮城黑女烟　全国统一编号695

芮城黑女烟是由中国农业科学院烟草研究所从山西省芮城县收集保存的地方品种。

特征特性　株式塔形，腰叶椭圆形，叶尖渐尖，叶面较平，叶缘波浪，叶色绿色，叶耳大，主脉细，叶片厚度中等，茎叶角度较大，花序集中，花色淡红色。自然株高103.8cm，打顶株高53.0cm，自然叶数10.8片，有效叶数9.5片，茎围7.2cm，节距6.8cm，腰叶长48.8cm、宽26.4cm。移栽至现蕾41天，移栽至中心花开放48天，大田生育期117天。

抗病性　抗PVY，中抗青枯病、根结线虫病、烟蚜，中感TMV、CMV，感黑胫病。

外观质量　原烟颜色棕红色，油分较多，身份适中，光泽较亮，叶片结构较疏松。

化学成分　总糖10.63%，还原糖9.43%，两糖差1.20%，总氮2.30%，烟碱4.28%，氯0.36%，糖碱比2.48，氮碱比0.54，钾1.15%。

129 芮城黑烟叶　全国统一编号693

芮城黑烟叶是由中国农业科学院烟草研究所从山西省芮城县收集保存的地方品种。

特征特性　株式筒形，腰叶宽椭圆形，叶尖钝尖，叶面较皱，叶缘波浪，叶色绿色，叶耳大，主脉细，叶片厚度中等，茎叶角度较大，花序分散，花色淡红色。自然株高96.6cm，打顶株高56.0cm，自然叶数10.0片，有效叶数9.5片，茎围6.3cm，节距5.2cm，腰叶长43.6cm、宽24.6cm。移栽至现蕾34天，移栽至中心花开放41天，大田生育期117天。

抗病性　抗青枯病、TMV，中抗根结线虫病，感黑胫病。

外观质量　原烟颜色棕黄色，油分有，身份适中，光泽较亮，叶片结构较疏松。

化学成分　总糖6.04%，还原糖5.15%，两糖差0.89%，总氮2.73%，烟碱6.35%，氯0.67%，糖碱比0.95，氮碱比0.43，钾1.38%。

130 芮城黄烟　全国统一编号697

芮城黄烟是由中国农业科学院烟草研究所从山西省芮城县收集保存的地方品种。

特征特性　株式筒形，腰叶宽椭圆形，叶尖钝尖，叶面较皱，叶缘波浪，叶色绿色，叶耳大，主脉细，叶片厚度中等，茎叶角度较大，花序集中，花色淡红色。自然株高115.4cm，打顶株高68.0cm，自然叶数10.6片，有效叶数10.5片，茎围7.0cm，节距3.8cm，腰叶长53.0cm、宽29.2cm。移栽至现蕾44天，移栽至中心花开放48天，大田生育期117天。

抗病性　中抗青枯病，中感根结线虫病，感黑胫病。

外观质量　原烟颜色棕红色，油分有，身份适中，光泽较亮，叶片结构较疏松。

化学成分　总糖7.23%，还原糖6.19%，两糖差1.04%，总氮2.59%，烟碱1.44%，氯0.49%，糖碱比5.02，氮碱比1.80，钾1.24%。

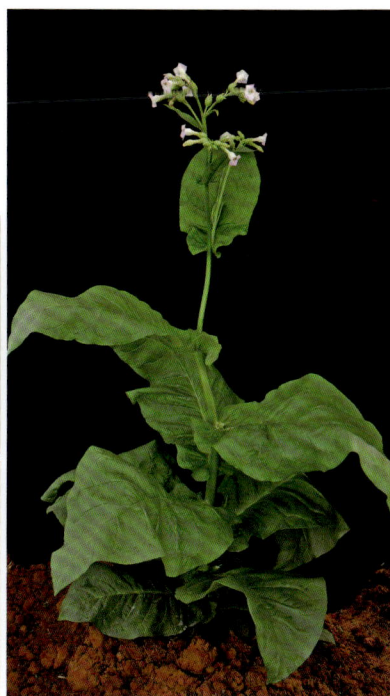

131 芮城莴苣烟叶　全国统一编号698

芮城莴苣烟叶是由中国农业科学院烟草研究所从山西省芮城县收集保存的地方品种。

特征特性　株式筒形，腰叶宽椭圆形，叶尖急尖，叶面较皱，叶缘波浪，叶色绿色，叶耳大，主脉细，叶片厚度中等，茎叶角度较大，花序分散，花色淡红色。自然株高107.2cm，打顶株高57.5cm，自然叶数13.2片，有效叶数10.0片，茎围8.1cm，节距5.6cm，腰叶长56.2cm、宽30.9cm。移栽至现蕾40天，移栽至中心花开放46天，大田生育期117天。

抗病性　抗青枯病，感黑胫病和根结线虫病。

外观质量　原烟颜色棕红色，油分有，身份适中，光泽较亮，叶片结构较疏松。

化学成分　总糖10.71%，还原糖9.40%，两糖差1.31%，总氮2.31%，烟碱5.62%，氯0.43%，糖碱比1.91，氮碱比0.41，钾1.25%。

132 芮南烟子　全国统一编号687

芮南烟子是由中国农业科学院烟草研究所从山西省石楼县收集保存的地方品种。

特征特性　株式筒形，腰叶椭圆形，叶尖渐尖，叶面较皱，叶缘波浪，叶色绿色，叶耳大，主脉中等，叶片厚度中等，茎叶角度较大，花序分散，花色淡红色。自然株高93.6cm，打顶株高48.5cm，自然叶数10.0片，有效叶数9.5片，茎围7.4cm，节距6.7cm，腰叶长47.0cm、宽26.8cm。移栽至现蕾35天，移栽至中心花开放42天，大田生育期117天。

抗病性　中感黑胫病、青枯病、根结线虫病，感TMV、PVY、CMV、赤星病、烟蚜。

外观质量　原烟颜色棕红色，油分少，身份适中，光泽较亮，叶片结构较紧密。

化学成分　总糖2.05%，还原糖1.60%，两糖差0.45%，总氮2.41%，烟碱5.09%，氯0.76%，糖碱比0.40，氮碱比0.47，钾1.19%。

133 什邡晒烟1

什邡晒烟1是由云南省烟草农业科学研究院从四川省收集保存的地方品种。

特征特性 株式塔形,腰叶宽椭圆形,叶尖渐尖,叶面较平,叶缘锯齿,叶色绿色,叶耳大,主脉中等,叶片较厚,茎叶角度较大,花序集中,花色淡红色。自然株高179.8cm,打顶株高136.8cm,自然叶数23.2片,有效叶数19.5片,茎围10.7cm,节距4.9cm,腰叶长57.4cm、宽32.0cm。移栽至现蕾36天,移栽至中心花开放40天,大田生育期131天。

抗病性 中感黑胫病。

外观质量 原烟颜色金黄色,油分有,身份适中,光泽较强,叶片结构较疏松。

化学成分 总糖7.34%~17.38%,还原糖6.98%~14.51%,两糖差0.37%~2.87%,总氮1.93%~2.03%,烟碱2.9%~3.15%,氯0.14%~0.15%,糖碱比2.33~6.00,氮碱比0.64~0.67,钾1.47%~1.59%。

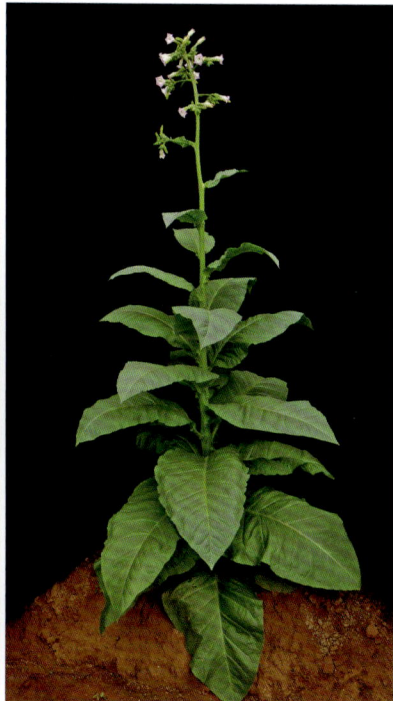

134 什新-1 全国统一编号1700

什新-1是由中国农业科学院烟草研究所从四川省成都市郫都区收集保存的地方品种。

特征特性 株式筒形,腰叶椭圆形,叶尖急尖,叶面较皱,叶缘波浪,叶色绿色,叶耳小,主脉细,叶片厚度中等,茎叶角度较大,花序分散,花色白色。自然株高172.2cm,打顶株高116.5cm,自然叶数20.6片,有效叶数18.0片,茎围8.8cm,节距5.1cm,腰叶长53.5cm、宽31.3cm。移栽至现蕾56天,移栽至中心花开放61天,大田生育期126天。

抗病性 中抗黑胫病,感青枯病、根结线虫病。

外观质量 原烟颜色棕红色,油分较多,身份适中,光泽亮,叶片结构较疏松。

化学成分 总糖18.16%,还原糖17.02%,两糖差1.14%,总氮2.13%,烟碱4.95%,氯0.49%,糖碱比3.67,氮碱比0.43,钾1.16%。

135 什新-2 全国统一编号1701

什新–2是由中国农业科学院烟草研究所从四川省成都市郫都区收集保存的地方品种。

特征特性 株式筒形，腰叶宽椭圆形，叶尖急尖，叶面较皱，叶缘波浪，叶色绿色，叶耳小，主脉细，叶片厚度中等，茎叶角度大，花序集中，花色淡红色。自然株高173.2cm，打顶株高103.0cm，自然叶数21.0片，有效叶数17.0片，茎围7.7cm，节距5.1cm，腰叶长49.7cm、宽29.6cm。移栽至现蕾60天，移栽至中心花开放66天，大田生育期126天。

抗病性 抗黑胫病，感青枯病、根结线虫病。

外观质量 原烟颜色棕红色，油分较多，身份适中，光泽较亮，叶片结构较紧密。

化学成分 总糖14.97%，还原糖14.43%，两糖差0.54%，总氮2.34%，烟碱4.95%，氯0.53%，糖碱比3.02，氮碱比0.47，钾1.69%。

136 石佛山晒烟 全国统一编号1795

石佛山晒烟是由安徽省农业科学院烟草研究所从安徽省郎溪县收集保存的地方品种。

特征特性 株式筒形，腰叶宽椭圆形，叶尖急尖，叶面较皱，叶缘波浪，叶色绿色，叶耳较大，主脉细，叶片厚度中等，茎叶角度较大，花序集中，花色淡红色。自然株高170.7cm，打顶株高95.5cm，自然叶数19.3片，有效叶数18.5片，茎围7.2cm，节距4.9cm，腰叶长50.9cm、宽29.3cm。移栽至现蕾56天，移栽至中心花开放61天，大田生育期117天。

抗病性 中抗根结线虫病、PVY，中感TMV、CMV，感黑胫病、青枯病。

外观质量 原烟颜色棕红色，油分少，身份适中，光泽亮，叶片结构较紧密。

化学成分 总糖2.49%，还原糖1.86%，两糖差0.63%，总氮2.55%，烟碱2.98%，氯0.80%，糖碱比0.84，氮碱比0.86，钾1.78%。

137

疏节金丝尾　全国统一编号818

疏节金丝尾是由广东省农业科学院经济作物研究所从广东省广州市收集保存的地方品种。

特征特性　株式筒形，腰叶披针形，叶尖尾尖，叶面较平，叶缘波浪，叶色绿色，叶耳小，主脉中等，叶片厚度中等，茎叶角度较大，花序分散，花色淡红色。自然株高92.5cm，打顶株高55.5cm，自然叶数13.0片，有效叶数12.0片，茎围5.7cm，节距4.2cm，腰叶长45.8cm、宽13.0cm。移栽至现蕾44天，移栽至中心花开放51天，大田生育期117天。

抗病性　抗青枯病，感黑胫病、青枯病和PVY。

外观质量　原烟颜色棕红色，油分少，身份薄，光泽较暗，叶片结构较紧密。

化学成分　总糖0.68%，还原糖0.30%，两糖差0.38%，总氮2.54%，烟碱5.34%，氯1.14%，糖碱比0.13，氮碱比0.48，钾1.13%。

138

疏节秋根　全国统一编号807

疏节秋根是由广东省农业科学院经济作物研究所从广东省广州市收集保存的地方品种。

特征特性　株式筒形，腰叶披针形，叶尖渐尖，叶面较皱，叶缘波浪，叶色绿色，有叶柄，主脉中等，叶片厚度中等，茎叶角度大，花序分散，花色淡红色。自然株高150.8cm，打顶株高91.5cm，自然叶数28.6片，有效叶数25.0片，茎围7.4cm，节距2.7cm，腰叶长47.9cm、宽15.9cm。移栽至现蕾60天，移栽至中心花开放68天，大田生育期117天。

抗病性　感黑胫病、青枯病和根结线虫病。

外观质量　原烟颜色棕红色，油分少，身份适中，光泽较暗，叶片结构较紧密。

化学成分　总糖1.22%，还原糖0.65%，两糖差0.57%，总氮3.05%，烟碱6.02%，氯0.71%，糖碱比0.20，氮碱比0.51，钾1.59%。

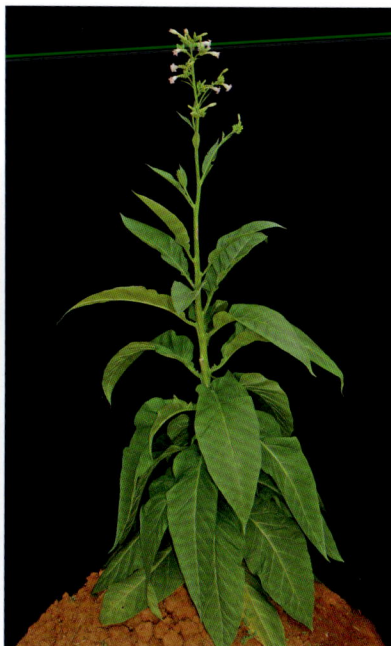

139 蜀晋烟叶　全国统一编号705

蜀晋烟叶是由中国农业科学院烟草研究所从山西省收集保存的地方品种。

特征特性　株式筒形，腰叶宽椭圆形，叶尖急尖，叶面较皱，叶缘波浪，叶色绿色，叶耳大，主脉细，叶片厚度中等，茎叶角度大，花序集中，花色淡红色。自然株高73.2cm，打顶株高38.0cm，自然叶数11.2片，有效叶数10.0片，茎围6.7cm，节距4.6cm，腰叶长42.8cm、宽25.4cm。移栽至现蕾35天，移栽至中心花开放41天，大田生育期117天。

抗病性　抗青枯病，中抗根结线虫病，中感TMV，感黑胫病、PVY、CMV，高感烟蚜。

外观质量　原烟颜色棕红色，油分有，身份适中，光泽中，叶片结构较疏松。

化学成分　总糖8.26%，还原糖7.74%，两糖差0.52%，总氮2.60%，烟碱5.16%，氯0.66%，糖碱比1.60，氮碱比0.50，钾0.98%。

140 四城晒烟　全国统一编号701

四城晒烟是由中国农业科学院烟草研究所从山西省收集保存的地方品种。

特征特性　株式筒形，腰叶椭圆形，叶尖渐尖，叶面较皱，叶缘波浪，叶色绿色，叶耳小，主脉细，叶片厚度中等，茎叶角度大，花序分散，花色红色。自然株高122.2cm，打顶株高64.5cm，自然叶数13.0片，有效叶数10.5片，茎围7.5cm，节距5.2cm，腰叶长54.2cm、宽27.4cm。移栽至现蕾37天，移栽至中心花开放43天，大田生育期117天。

抗病性　中抗青枯病，中感根结线虫病，感黑胫病。

外观质量　原烟颜色棕红色，油分较多，身份适中，光泽较亮，叶片结构较疏松。

化学成分　总糖6.56%，还原糖5.86%，两糖差0.70%，总氮2.53%，烟碱4.32%，氯0.60%，糖碱比1.52，氮碱比0.59，钾1.51%。

141　松香种　全国统一编号1860

松香种是由福建省农业科学院龙岩分院从福建省平和县收集保存的地方品种。

特征特性　株式筒形，腰叶长椭圆形，叶尖渐尖，叶面较皱，叶缘波浪，叶色绿色，叶耳大，主脉细，叶片厚度中等，茎叶角度大，花序分散，花色淡红色。自然株高190.2cm，打顶株高110.0cm，自然叶数31.8片，有效叶数22.5片，茎围8.6cm，节距4.6cm，腰叶长65.8cm、宽26.1cm。移栽至现蕾72天，移栽至中心花开放84天，大田生育期117天。

抗病性　中抗PVY，中感TMV、CMV，感青枯病。

外观质量　原烟颜色棕红色，油分少，身份薄，光泽较亮，叶片结构较紧密。

化学成分　总糖0.81%，还原糖0.39%，两糖差0.42%，总氮2.02%，烟碱1.60%，氯1.04%，糖碱比0.51，氮碱比1.26，钾2.69%。

142　塔烟　全国统一编号757

塔烟是由中国农业科学院烟草研究所从陕西省商南县收集保存的地方品种。

特征特性　株式塔形，腰叶宽椭圆形，叶尖急尖，叶面较平，叶缘波浪，叶色绿色，叶耳较大，主脉细，叶片厚度中等，茎叶角度大，花序集中，花色白色。自然株高103.0cm，打顶株高48.5cm，自然叶数15.2片，有效叶数12.5片，茎围6.8cm，节距3.9cm，腰叶长46.2cm、宽25.3cm。移栽至现蕾37天，移栽至中心花开放43天，大田生育期117天。

抗病性　抗TMV、根结线虫病，中感黑胫病、青枯病。

外观质量　原烟颜色棕红色，油分较多，身份适中，光泽较亮，叶片结构较疏松。

化学成分　总糖11.91%，还原糖10.81%，两糖差1.10%，总氮1.96%，烟碱2.61%，氯0.42%，糖碱比4.56，氮碱比0.75，钾1.76%。

143 铁板青梗 全国统一编号 134

铁板青梗是由广东省农业科学院经济作物研究所从广东省南雄市收集保存的地方品种。

特征特性 株式塔形，腰叶椭圆形，叶尖急尖，叶面较皱，叶缘波浪，叶色绿色，叶耳小，主脉细，叶片厚度中等，茎叶角度大，花序分散，花色淡红色。自然株高224.5cm，打顶株高147.5cm，自然叶数25.3片，有效叶数24.5片，茎围8.6cm，节距5.4cm，腰叶长54.5cm、宽29.3cm。移栽至现蕾60天，移栽至中心花开放67天，大田生育期126天。

抗病性 抗黑胫病。

外观质量 原烟颜色棕红色，油分较多，身份适中，光泽较亮，叶片结构较疏松。

化学成分 总糖18.81%，还原糖17.00%，两糖差1.81%，总氮1.71%，烟碱1.98%，氯0.40%，糖碱比9.50，氮碱比0.86，钾1.05%。

144 听城晒烟 全国统一编号 553

听城晒烟是由山西农业大学从山西省曲沃县收集保存的地方品种。

特征特性 株式塔形，腰叶椭圆形，叶尖急尖，叶面较皱，叶缘波浪，叶色绿色，叶耳大，主脉细，叶片厚度中等，茎叶角度中，花序集中，花色深红色。自然株高118.5cm，打顶株高84.0cm，自然叶数12.0片，有效叶数10.5片，茎围7.8cm，节距5.3cm，腰叶长58.2cm、宽32.5cm。移栽至现蕾40天，移栽至中心花开放46天，大田生育期117天。

抗病性 中抗CMV，中感黑胫病、TMV、PVY。

外观质量 原烟颜色棕红色，油分较多，身份适中，光泽较亮，叶片结构较疏松。

化学成分 总糖3.55%，还原糖2.67%，两糖差0.88%，总氮2.85%，烟碱5.01%，氯0.49%，糖碱比0.71，氮碱比0.57，钾1.95%。

145 桐乡烟　全国统一编号773

桐乡烟是由中国农业科学院烟草研究所从浙江省桐乡市收集保存的地方品种。

特征特性　株式塔形，腰叶卵圆形，叶尖急尖，叶面较皱，叶缘波浪，叶色绿色，叶耳小，主脉细，叶片厚度中等，茎叶角度中，花序分散，花色深红色。自然株高122.4cm，打顶株高80.0cm，自然叶数14.2片，有效叶数13.0片，茎围7.9cm，节距3.8cm，腰叶长48.2cm、宽24.2cm。移栽至现蕾40天，移栽至中心花开放47天，大田生育期117天。

抗病性　中抗黑胫病，感青枯病和根结线虫病。

外观质量　原烟颜色棕红色，油分多，身份适中，光泽较亮，叶片结构较疏松。

化学成分　总糖4.36%，还原糖3.25%，两糖差1.11%，总氮3.24%，烟碱7.95%，氯0.78%，糖碱比0.55，氮碱比0.41，钾1.64%。

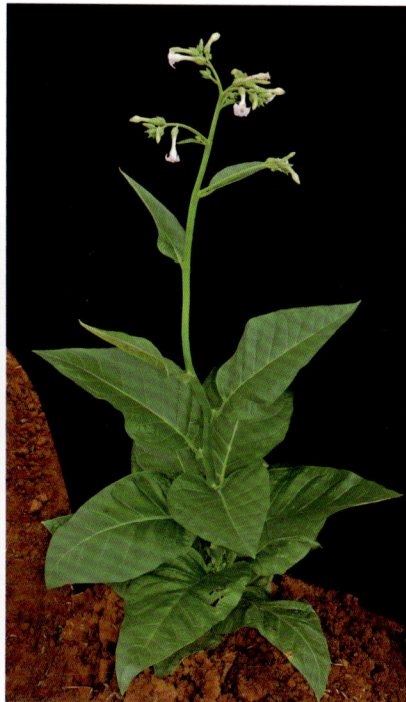

146 铜井烟　全国统一编号1653

铜井烟是由中国农业科学院烟草研究所从山东省沂南县收集保存的地方品种。

特征特性　株式筒形，腰叶椭圆形，叶尖急尖，叶面较皱，叶缘波浪，叶色绿色，有叶柄，主脉中等，叶片厚度中等，茎叶角度中，花序分散，花色淡红色。自然株高142.2cm，打顶株高90.0cm，自然叶数17.8片，有效叶数16.0片，茎围8.8cm，节距4.6cm，腰叶长59.4cm、宽32.8cm。移栽至现蕾51天，移栽至中心花开放58天，大田生育期117天。

抗病性　抗黑胫病、TMV，中抗根结线虫病，感青枯病。

外观质量　原烟颜色棕红色，油分较多，身份适中，光泽较亮，叶片结构较疏松。

化学成分　总糖7.04%，还原糖6.08%，两糖差0.96%，总氮2.68%，烟碱5.02%，氯0.38%，糖碱比1.40，氮碱比0.53，钾1.64%。

147　土烟（东平）　全国统一编号0648

土烟（东平）是由中国农业科学院烟草研究所从山东省东平县收集保存的地方品种。

特征特性　株式筒形，腰叶宽椭圆形，叶尖渐尖，叶面较平，叶缘波浪，叶色绿色，叶耳中，主脉中等，叶片厚度中等，茎叶角度中，花序集中，花色深红色。自然株高109.4cm，打顶株高74.0cm，自然叶数14.2片，有效叶数13.0片，茎围7.3cm，节距5.3cm，腰叶长53.8cm、宽31.0cm。移栽至现蕾47天，移栽至中心花开放53天，大田生育期117天。

抗病性　抗TMV，中抗感黑胫病、根结线虫病，感青枯病。

外观质量　原烟颜色棕红色，油分少，身份厚，光泽较亮，叶片结构紧密。

化学成分　总糖3.73%，还原糖2.89%，两糖差0.84%，总氮3.02%，烟碱7.23%，氯0.43%，糖碱比0.52，氮碱比0.42，钾1.21%。

148　土烟（费县）　全国统一编号647

土烟（费县）是由中国农业科学院烟草研究所从山东省费县收集保存的地方品种。

特征特性　株式筒形，腰叶宽椭圆形，叶尖渐尖，叶面较皱，叶缘波浪，叶色绿色，叶耳大，主脉细，叶片厚度中等，茎叶角度较大，花序分散，花色淡红色。自然株高151.7cm，打顶株高86.0cm，自然叶数16.3片，有效叶数16.0片，茎围7.9cm，节距4.7cm，腰叶长53.5cm、宽28.0cm。移栽至现蕾48天，移栽至中心花开放53天，大田生育期117天。

抗病性　抗TMV，中抗黑胫病、根结线虫病，感青枯病。

外观质量　原烟颜色棕红色，油分多，身份适中，光泽较亮，叶片结构疏松。

化学成分　总糖15.20%，还原糖14.13%，两糖差1.07%，总氮2.17%，烟碱4.11%，氯0.43%，糖碱比3.70，氮碱比0.53，钾1.12%。

149　闻喜大毛叶　全国统一编号703

闻喜大毛叶是由中国农业科学院烟草研究所从山西省闻喜县收集保存的地方品种。

特征特性　株式筒形，腰叶披针形，叶尖尾尖，叶面较皱，叶缘波浪，叶色绿色，叶耳小，主脉粗，叶片厚度中等，茎叶角度较大，花序分散，花色淡红色。自然株高76.4cm，打顶株高49.5cm，自然叶数9.6片，有效叶数7.5片，茎围6.0cm，节距4.3cm，腰叶长63.0cm、宽18.9cm。移栽至现蕾44天，移栽至中心花开放48天，大田生育期117天。

抗 病 性　中抗青枯病，中感根结线虫病，感黑胫病。

外观质量　原烟颜色棕红色，油分较多，身份适中，光泽较亮，叶片结构疏松。

化学成分　总糖2.79%，还原糖2.21%，两糖差0.58%，总氮2.56%，烟碱5.08%，氯0.47%，糖碱比0.55，氮碱比0.50，钾1.84%。

150　武鸣牛利

武鸣牛利是由广东省农业科学院经济作物研究所从广西壮族自治区南宁市武鸣区收集保存的地方品种。

特征特性　株式塔形，腰叶长椭圆形，叶尖渐尖，叶面较皱，叶缘波浪，叶色深绿色，有叶柄，主脉粗，叶片厚度中等，茎叶角度中，花序分散，花色淡红色。自然株高145.8cm，打顶株高89.5cm，自然叶数20.3片，有效叶数17.0片，茎围9.4cm，节距4.0cm，腰叶长65.5cm、宽30.3cm。移栽至现蕾39天，移栽至中心花开放48天，大田生育期134天。

抗 病 性　感黑胫病，中感根结线虫病。

外观质量　原烟颜色棕红色，油分有，身份适中，光泽较亮，叶片结构紧密。

化学成分　总糖0.54%，还原糖0.49%，两糖差0.05%，总氮3.28%，烟碱5.92%，氯0.45%，糖碱比0.09，氮碱比0.55，钾1.38%。

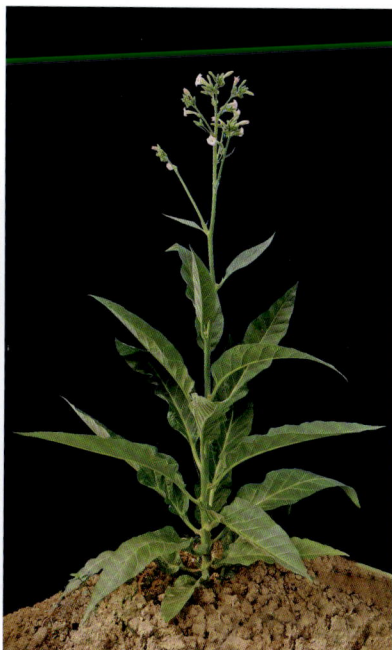

151 西坡晒烟　全国统一编号1819

西坡晒烟是由陕西省农业科学院特种作物研究所从陕西省西安市鄠邑区收集保存的地方品种。

特征特性　株式筒形，腰叶椭圆形，叶尖渐尖，叶面较皱，叶缘波浪，叶色绿色，叶耳大，主脉细，叶片厚度中等，茎叶角度较大，花序分散，花色淡红色。自然株高171.6cm，打顶株高99.5cm，自然叶数20.2片，有效叶数19.5片，茎围11.2cm，节距4.0cm，腰叶长65.6cm、宽32.0cm。移栽至现蕾60天，移栽至中心花开放64天，大田生育期117天。

抗病性　抗TMV，中抗黑胫病、根结线虫病，感青枯病。

外观质量　原烟颜色棕红色，油分多，身份适中，光泽较亮，叶片结构较疏松。

化学成分　总糖19.75%，还原糖17.66%，两糖差2.09%，总氮2.11%，烟碱2.02%，氯0.37%，糖碱比9.78，氮碱比1.04，钾1.59%。

152 西藏多年生烟　全国统一编号1690

西藏多年生烟是由中国农业科学院烟草研究所从西藏自治区定结县收集保存的地方品种。

特征特性　株式筒形，腰叶椭圆形，叶尖急尖，叶面较皱，叶缘波浪，叶色绿色，叶耳大，主脉细，叶片厚度中等，茎叶角度大，花序分散，花色淡红色。自然株高153.8cm，打顶株高92.5cm，自然叶数19.3片，有效叶数18.0片，茎围8.2cm，节距4.9cm，腰叶长47.3cm、宽24.9cm。移栽至现蕾47天，移栽至中心花开放52天，大田生育期117天。

抗病性　中抗青枯病，中感TMV、根结线虫病、赤星病，感黑胫病、PVY、CMV，高感烟蚜。

外观质量　原烟颜色棕红色，油分较多，身份适中，光泽较亮，叶片结构较疏松。

化学成分　总糖9.99%，还原糖8.70%，两糖差1.29%，总氮2.85%，烟碱4.63%，氯0.45%，糖碱比2.16，氮碱比0.62，钾1.43%。

153 细叶疏节烟 全国统一编号822

细叶疏节烟是由广东省农业科学院经济作物研究所从广东省廉江市收集保存的地方品种。

特征特性 株式塔形，腰叶披针形，叶尖尾尖，叶面较皱，叶缘波浪，叶色绿色，有叶柄，主脉中等，叶片厚度中等，茎叶角度较大，花序集中，花色淡红色。自然株高152.8cm，打顶株高77.5cm，自然叶数28.2片，有效叶数24.0片，茎围10.2cm，节距3.4cm，腰叶长77.6cm、宽23.0cm。移栽至现蕾68天，移栽至中心花开放76天，大田生育期126天。

抗病性 感黑胫病、青枯病、根结线虫病。

外观质量 原烟颜色棕红色，油分多，身份适中，光泽较亮，叶片结构较疏松。

化学成分 总糖10.72%，还原糖9.55%，两糖差1.17%，总氮2.19%，烟碱3.70%，氯0.43%，糖碱比2.90，氮碱比0.59，钾1.67%。

154 细种秋根 全国统一编号803

细种秋根是由广东省农业科学院经济作物研究所从广东省收集保存的地方品种。

特征特性 株式筒形，腰叶长椭圆形，叶尖尾尖，叶面较皱，叶缘波浪，叶色绿色，有叶柄，主脉中等，叶片厚度中等，茎叶角度大，花序分散，花色淡红色。自然株高167.4cm，打顶株高75.0cm，自然叶数32.0片，有效叶数26.5片，茎围10.0cm，节距3.3cm，腰叶长56.0cm、宽20.6cm。移栽至现蕾63天，移栽至中心花开放72天，大田生育期117天。

抗病性 中感青枯病，感黑胫病和根结线虫病。

外观质量 原烟颜色棕红色，油分较多，身份适中，光泽较亮，叶片结构较疏松。

化学成分 总糖5.41%，还原糖4.30%，两糖差1.11%，总氮3.12%，烟碱7.27%，氯0.70%，糖碱比0.74，氮碱比0.43，钾1.70%。

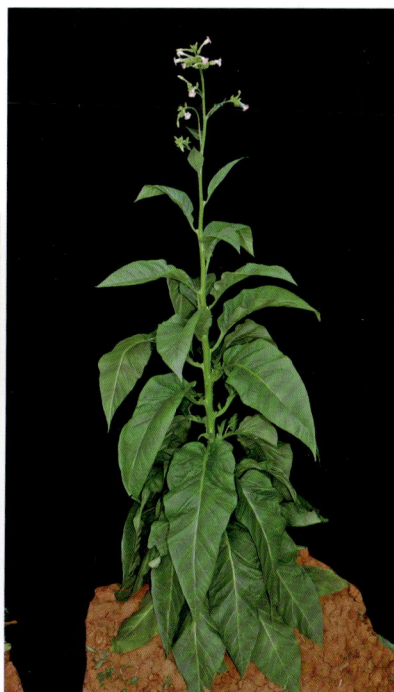

155 仙游密节企叶　全国统一编号1694

仙游密节企叶是由中国农业科学院烟草研究所从福建省仙游县收集保存的地方品种。

特征特性　株式塔形，腰叶椭圆形，叶尖渐尖，叶面较皱，叶缘波浪，叶色绿色，有叶柄，主脉细，叶片厚度中等，茎叶角度较大，花序分散，花色淡红色。自然株高173.2cm，打顶株高86.5cm，自然叶数22.2片，有效叶数20.0片，茎围8.6cm，节距3.5cm，腰叶长46.5cm、宽19.9cm。移栽至现蕾55天，移栽至中心花开放60天，大田生育期117天。

抗病性　抗CMV，感黑胫病、青枯病、TMV、根结线虫病、PVY、赤星病，高感烟蚜。

外观质量　原烟颜色棕红色，油分多，身份适中，光泽较亮，叶片结构较疏松。

化学成分　总糖6.10%，还原糖5.49%，两糖差0.61%，总氮3.37%，烟碱6.31%，氯0.60%，糖碱比0.97，氮碱比0.53，钾1.20%。

156 小伏秸　全国统一编号1658

小伏秸是由中国农业科学院烟草研究所从山东省沂南县收集保存的地方品种。

特征特性　株式塔形，腰叶长椭圆形，叶尖渐尖，叶面较皱，叶缘波浪，叶色绿色，有叶柄，主脉细，叶片厚度中等，茎叶角度大，花序分散，花色淡红色。自然株高188.0cm，打顶株高108.5cm，自然叶数19.8片，有效叶数17.0片，茎围7.4cm，节距4.7cm，腰叶长54.0cm、宽22.4cm。移栽至现蕾46天，移栽至中心花开放51天，大田生育期117天。

抗病性　中抗赤星病，中感根结线虫病、PVY，感黑胫病、青枯病、TMV、CMV，高感烟蚜。

外观质量　原烟颜色棕红色，油分多，身份稍厚，光泽较亮，叶片结构较疏松。

化学成分　总糖10.93%，还原糖9.95%，两糖差0.98%，总氮2.70%，烟碱4.97%，氯0.54%，糖碱比2.20，氮碱比0.54，钾1.44%。

157　小尖叶　全国统一编号1648

小尖叶是由中国农业科学院烟草研究所从山东省兰陵县收集保存的地方品种。

特征特性　株式塔形，腰叶椭圆形，叶尖渐尖，叶面较皱，叶缘波浪，叶色绿色，叶耳大，主脉细，叶片厚度中等，茎叶角度较大，花序分散，花色红色。自然株高141.2cm，打顶株高69.0cm，自然叶数15.4片，有效叶数14.5片，茎围7.3cm，节距3.8cm，腰叶长68.9cm、宽31.7cm。移栽至现蕾55天，移栽至中心花开放60天，大田生育期117天。

抗病性　抗黑胫病，中抗TMV、赤星病，感青枯病、根结线虫病、PVY、CMV，高感烟蚜。

外观质量　原烟颜色棕红色，油分较多，身份适中，光泽较亮，叶片结构较疏松。

化学成分　总糖18.43%，还原糖17.41%，两糖差1.02%，总氮1.87%，烟碱2.68%，氯0.34%，糖碱比6.88，氮碱比0.70，钾1.01%。

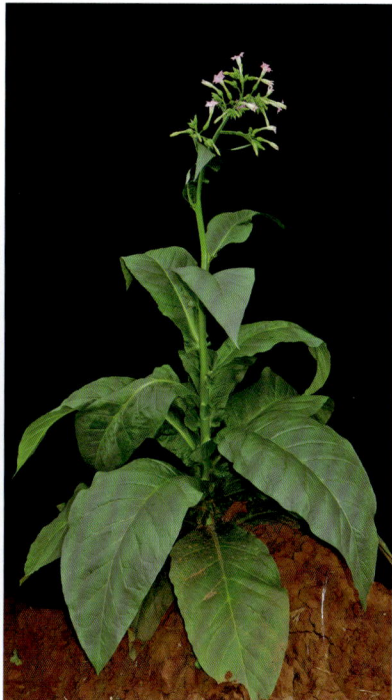

158　小柳叶烟　全国统一编号700

小柳叶烟是由中国农业科学院烟草研究所从山西省芮城县收集保存的地方品种。

特征特性　株式筒形，腰叶宽卵圆形，叶尖急尖，叶面较皱，叶缘波浪，叶色绿色，有叶柄，主脉细，叶片厚度中等，茎叶角度大，花序分散，花色红色。自然株高117.0cm，打顶株高69.0cm，自然叶数11.2片，有效叶数11.0片，茎围6.4cm，节距6.6cm，腰叶长46.7cm、宽26.2cm。移栽至现蕾34天，移栽至中心花开放40天，大田生育期117天。

抗病性　抗青枯病、TMV，中抗根结线虫病，感黑胫病。

外观质量　原烟颜色棕红色，油分少，身份适中，光泽较亮，叶片结构较紧密。

化学成分　总糖5.20%，还原糖4.27%，两糖差0.93%，总氮2.85%，烟碱5.40%，氯0.56%，糖碱比0.96，氮碱比0.53，钾0.77%。

159 兴山旱烟　全国统一编号1735

兴山旱烟是由中国农业科学院烟草研究所从湖北省英山县收集保存的地方品种。

特征特性　株式塔形，腰叶椭圆形，叶尖渐尖，叶面较皱，叶缘波浪，叶色绿色，叶耳大，主脉细，叶片厚度中等，茎叶角度中，花序分散，花色淡红色。自然株高161.6cm，打顶株高74.0cm，自然叶数17.2片，有效叶数15.5片，茎围9.3cm，节距4.4cm，腰叶长57.2cm、宽32.2cm。移栽至现蕾56天，移栽至中心花开放61天，大田生育期117天。

抗病性　抗黑胫病、烟蚜，中感赤星病，感青枯病、TMV、根结线虫病、PVY、CMV。

外观质量　原烟颜色棕红色，油分多，身份稍厚，光泽较亮，叶片结构较疏松。

化学成分　总糖3.58%，还原糖2.79%，两糖差0.79%，总氮3.42%，烟碱6.14%，氯0.59%，糖碱比0.58，氮碱比0.56，钾1.14%。

160 星子皱叶-1　全国统一编号1864

星子皱叶-1是由广东省农业科学院经济作物研究所从广东省连州市收集保存的地方品种。

特征特性　株式筒形，腰叶卵圆形，叶尖渐尖，叶面较皱，叶缘波浪，叶色绿色，有叶柄，主脉中等，叶片厚度中等，茎叶角度中，花序分散，花色淡红色。自然株高173.6cm，打顶株高73.5cm，自然叶数21.6片，有效叶数20.5片，茎围8.2cm，节距3.4cm，腰叶长49.8cm、宽23.6cm。移栽至现蕾59天，移栽至中心花开放64天，大田生育期117天。

抗病性　中抗根结线虫病，中感青枯病，感黑胫病。

外观质量　原烟颜色棕红色，油分多，身份适中，光泽较亮，叶片结构较疏松。

化学成分　总糖2.76%，还原糖2.02%，两糖差0.74%，总氮3.29%，烟碱6.53%，氯0.62%，糖碱比0.42，氮碱比0.50，钾1.29%。

161 烟草 全国统一编号672

烟草是由中国农业科学院烟草研究所从山西省孝义市收集保存的地方品种。

特征特性 株式塔形，腰叶椭圆形，叶尖渐尖，叶面较皱，叶缘波浪，叶色绿色，叶耳较大，主脉中等，叶片厚度中等，茎叶角度中，花序分散，花色淡红色。自然株高81.6cm，打顶株高67.0cm，自然叶数11.6片，有效叶数10.5片，茎围6.6cm，节距4.8cm，腰叶长55.4cm、宽22.9cm。移栽至现蕾36天，移栽至中心花开放42天，大田生育期117天。

抗病性 抗根结线虫病，中抗黑胫病，感青枯病、TMV、PVY、CMV、赤星病，高感烟蚜。

外观质量 原烟颜色棕红色，油分有，身份薄，光泽较亮，叶片结构较疏松。

化学成分 总糖9.96%，还原糖8.79%，两糖差1.17%，总氮2.13%，烟碱3.42%，氯0.77%，糖碱比2.91，氮碱比0.62，钾1.48%。

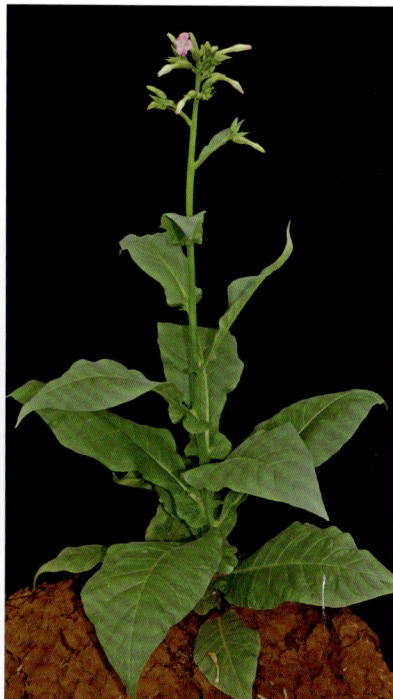

162 烟叶2122 全国统一编号761

烟叶2122是由中国农业科学院烟草研究所从陕西省商南县收集保存的地方品种。

特征特性 株式塔形，腰叶长椭圆形，叶尖渐尖，叶面较皱，叶缘波浪，叶色绿色，叶耳中，主脉中等，叶片厚度中等，茎叶角度较大，花序分散，花色淡红色。自然株高95.0cm，打顶株高53.5cm，自然叶数12.6片，有效叶数10.0片，茎围7.6cm，节距6.0cm，腰叶长60.1cm、宽17.7cm。移栽至现蕾36天，移栽至中心花开放42天，大田生育期117天。

抗病性 抗青枯病、TMV，中抗黑胫病、根结线虫病。

外观质量 原烟颜色棕红色，油分有，身份稍薄，光泽较亮，叶片结构较疏松。

化学成分 总糖10.70%，还原糖9.70%，两糖差1.00%，总氮2.30%，烟碱3.63%，氯0.43%，糖碱比2.95，氮碱比0.63，钾1.63%。

163　盐源烟草

盐源烟草是由云南省烟草农业科学研究院从四川省凉山州收集保存的地方品种。

特征特性　株式筒形，腰叶椭圆形，叶尖渐尖，叶面较平，叶缘波浪，叶色绿色，叶耳小，主脉细，叶片厚度中等，茎叶角度大，花序分散，花色红色。自然株高142.6cm，打顶株高89.0cm，自然叶数17.6片，有效叶数16.5片，茎围7.4cm，节距5.0cm，腰叶长58.7cm、宽26.9cm。移栽至现蕾69天，移栽至中心花开放76天，大田生育期120天。

抗病性　感黑胫病。

外观质量　原烟颜色棕黄色，油分有，身份适中，光泽较亮，叶片结构较疏松。

化学成分　总糖16.07%，还原糖14.09%，两糖差1.98%，总氮2.44%，烟碱4.16%，氯0.41%，糖碱比3.86，氮碱比0.59，钾0.91%。

164　阳城大叶烟　全国统一编号550

阳城大叶烟是由山西农业大学从山西省阳城县收集保存的地方品种。

特征特性　株式筒形，腰叶椭圆形，叶尖渐尖，叶面较皱，叶缘波浪，叶色绿色，叶耳较大，主脉中等，叶片厚度中等，茎叶角度较大，花序分散，花色淡红色。自然株高142.6cm，打顶株高89.0cm，自然叶数17.6片，有效叶数16.5片，茎围7.4cm，节距5.0cm，腰叶长58.7cm、宽26.9cm。移栽至现蕾59天，移栽至中心花开放66天，大田生育期117天。

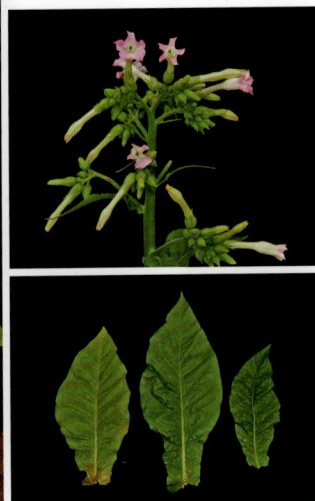

抗病性　感黑胫病。

外观质量　原烟颜色棕红色，油分较多，身份适中，光泽亮，叶片结构较疏松。

化学成分　总糖7.00%，还原糖5.83%，两糖差1.17%，总氮2.45%，烟碱2.95%，氯0.32%，糖碱比2.37，氮碱比0.83，钾1.34%。

165 沂南柳叶尖　全国统一编号1657

沂南柳叶尖是由中国农业科学院烟草研究所从山东省沂南县收集保存的地方品种。

特征特性　株式塔形，腰叶长椭圆形，叶尖渐尖，叶面较皱，叶缘波浪，叶色绿色，叶耳较大，主脉中等，叶片厚度中等，茎叶角度较大，花序分散，花色淡红色。自然株高143.8cm，打顶株高73.5cm，自然叶数19.2片，有效叶数16.5片，茎围8.4cm，节距3.7cm，腰叶长61.0cm、宽27.2cm。移栽至现蕾58天，移栽至中心花开放64天，大田生育期117天。

抗病性　中感根结线虫病、PVY、CMV，感黑胫病、青枯病、TMV、赤星病，高感烟蚜。

外观质量　原烟颜色棕红色，油分较多，身份适中，光泽亮，叶片结构较疏松。

化学成分　总糖10.55%，还原糖9.33%，两糖差1.22%，总氮2.65%，烟碱5.56%，氯0.44%，糖碱比1.90，氮碱比0.48，钾1.17%。

166 宜川香烟　全国统一编号1814

宜川香烟是由陕西省农业科学院特种作物研究所从陕西省宜川县党弯乡收集保存的地方品种。

特征特性　株式筒形，腰叶椭圆形，叶尖急尖，叶面较平，叶缘波浪，叶色绿色，叶耳较大，主脉中等，叶片厚度中等，茎叶角度较大，花序集中，化色淡红色。自然株高83.8cm，打顶株高44.5cm，自然叶数11.8片，有效叶数10.5片，茎围6.3cm，节距3.5cm，腰叶长48.1cm、宽14.5cm。移栽至现蕾59天，移栽至中心花开放65天，大田生育期117天。

抗病性　抗TMV，中抗黑胫病、根结线虫病，感青枯病。

外观质量　原烟颜色棕红色，油分有，身份适中，光泽亮，叶片结构较紧密。

化学成分　总糖1.81%，还原糖1.19%，两糖差0.62%，总氮3.33%，烟碱6.05%，氯0.34%，糖碱比0.30，氮碱比0.55，钾1.59%。

167 永安晒烟 全国统一编号1859

永安晒烟是由福建省农业科学院龙岩分院从福建省永安市收集保存的地方品种。

特征特性 株式筒形，腰叶椭圆形，叶尖钝尖，叶面皱，叶缘波浪，叶色绿色，叶耳大，主脉细，叶片厚度中等，茎叶角度中，花序集中，花色淡红色。自然株高105.4cm，打顶株高61.5cm，自然叶数17.2片，有效叶数11.0片，茎围7.7cm，节距3.4cm，腰叶长55.0cm、宽28.4cm。移栽至现蕾69天，移栽至中心花开放74天，大田生育期117天。

抗病性 中抗黑胫病、根结线虫病，中感TMV、PVY、CMV，感青枯病。

外观质量 原烟颜色棕红色，油分多，身份适中，光泽亮，叶片结构疏松。

化学成分 总糖13.41%，还原糖11.78%，两糖差1.63%，总氮2.24%，烟碱3.94%，氯0.26%，糖碱比3.40，氮碱比0.57，钾1.40%。

168 永济大叶笨烟 全国统一编号690

永济大叶笨烟是由中国农业科学院烟草研究所从山西省永济市收集保存的地方品种。

特征特性 株式塔形，腰叶椭圆形，叶尖渐尖，叶面较皱，叶缘波浪，叶色绿色，有叶柄，主脉细，叶片厚度中等，茎叶角度较大，花序分散，花色淡红色。自然株高49.8cm，打顶株高33.0cm，自然叶数11.6片，有效叶数8.6片，茎围3.8cm，节距3.9cm，腰叶长25.5cm、宽9.6cm。移栽至现蕾46天，移栽至中心花开放53天，大田生育期117天。

抗病性 抗青枯病、TMV，中抗根结线虫病，感黑胫病。

外观质量 原烟颜色青黄色，油分少，身份薄，光泽中，叶片结构紧密。

化学成分 总糖1.15%，还原糖0.55%，两糖差0.60%，总氮2.10%，烟碱1.74%，氯0.20%，糖碱比0.66，氮碱比1.21，钾1.29%。

169 永济千斤塔 全国统一编号689

永济千斤塔是由中国农业科学院烟草研究所从山西省永济市收集保存的地方品种。

特征特性 株式筒形，腰叶椭圆形，叶尖急尖，叶面皱，叶缘波浪，叶色绿色，有叶柄，主脉细，叶片厚度中等，茎叶角度中，花序分散，花色淡红色。自然株高84.4cm，打顶株高59.0cm，自然叶数16.8片，有效叶数13.0片，茎围3.3cm，节距3.7cm，腰叶长25.8cm、宽14.7cm。移栽至现蕾62天，移栽至中心花开放67天，大田生育期117天。

抗 病 性 抗青枯病、TMV、根结线虫病，感黑胫病。

外观质量 原烟颜色棕黄、青黄色，油分少，身份薄，光泽中，叶片结构较疏松。

化学成分 总糖6.52%，还原糖5.71%，两糖差0.81%，总氮2.63%，烟碱2.24%，氯0.28%，糖碱比2.91，氮碱比1.17，钾1.83%。

170 有柄Prliep

有柄Prliep由云南省烟草农业科学研究院从引进资源Prliep的变异株中选育而成。

特征特性 株式筒形，腰叶卵圆形，叶尖渐尖，叶面较平，叶缘波浪，叶色绿色，有叶柄，主脉细，叶片厚度中等，茎叶角度较大，花序集中，花色淡红色。自然株高126.8cm，打顶株高102.1cm，自然叶数30.0片，有效叶数22.1片，茎围8.2cm，节距3.6cm，腰叶长46.0cm、宽25.6cm。移栽至现蕾45天，移栽至中心花开放50天，大田生育期117天。

抗 病 性 感黑胫病、青枯病、根结线虫病。

外观质量 原烟颜色棕红色，油分有，身份适中，光泽中，叶片结构较疏松。

化学成分 总糖2.40%，还原糖1.96%，两糖差0.44%，总氮2.60%，烟碱6.70%，氯0.64%，糖碱比0.36，氮碱比0.39，钾1.35%。

171 岳池柳叶

岳池柳叶是由云南省烟草农业科学研究院从四川省凉山州收集保存的地方品种。

特征特性 株式筒形，腰叶披针形，叶尖尾尖，叶面较皱，叶缘波浪，叶色绿色，叶耳中，主脉中等，叶片厚度中等，茎叶角度较大，花序分散，花色淡红色。自然株高159.0cm，打顶株高113.6cm，自然叶数26.1片，有效叶数21.5片，茎围8.6cm，节距1.9cm，腰叶长59.2cm、宽13.2cm。移栽至现蕾59天，移栽至中心花开放64天，大田生育期144天。

抗病性 抗黑胫病和青枯病。

外观质量 原烟颜色金黄色，油分有，身份适中，光泽较强，叶片结构较疏松。

化学成分 总糖8.34%～12.84%，还原糖8.09%～11.69%，两糖差0.25%～1.15%，总氮2.06%～2.16%，烟碱3.19%～3.64%，氯0.14%～0.18%，糖碱比2.61～3.53，氮碱比0.57～0.68，钾11.5%～9.87%。

172 云南晒烟

云南晒烟是由云南省烟草农业科学研究院从四川省凉山州收集保存的地方品种。

特征特性 株式塔形，腰叶长椭圆形，叶尖渐尖，叶面皱，叶缘波浪，叶色绿色，主脉中等，叶片厚度中等，叶耳中等，茎叶角度大，花序分散，花色淡红色。自然株高148.5cm，打顶株高91.20cm，自然叶数20.2片，有效叶数16.4片，茎围9.1cm，节距3.2cm，腰叶长56.2cm、宽21.9cm。移栽至现蕾46天，移栽至中心花开放60天，大田生育期117天。

抗病性 抗黑胫病。

外观质量 原烟颜色金黄色，油分有，身份适中，光泽强，叶片结构较疏松。

化学成分 总糖2.03%，还原糖1.29%，两糖差0.74%，总氮2.57%，烟碱2.37%，氯0.44%，糖碱比0.86，氮碱比1.08，钾1.75%。

173 枝子花　全国统一编号1794

枝子花是由安徽省农业科学院烟草科学研究所从安徽省枞阳县收集保存的地方品种。

特征特性　株式塔形，腰叶椭圆形，叶尖渐尖，叶面较皱，叶缘波浪，叶色绿色，有叶柄，主脉中等，叶片厚度中等，茎叶角度大，花序分散，花色淡红色。自然株高58.2cm，打顶株高31.0cm，自然叶数11.0片，有效叶数9.5片，茎围4.0cm，节距3.1cm，腰叶长34.2cm、宽11.9cm。移栽至现蕾46天，移栽至中心花开放60天，大田生育期117天。

抗 病 性　抗黑胫病、根结线虫病和TMV，感青枯病。

外观质量　原烟颜色青黄色，油分较少，身份适中，光泽中，叶片结构较疏松。

化学成分　总糖2.03%，还原糖1.29%，两糖差0.74%，总氮2.57%，烟碱2.37%，氯0.44%，糖碱比0.85，氮碱比1.08，钾1.75%。

174 中杆晒烟　全国统一编号1857

中杆晒烟是由福建省农业科学院龙岩分院从福建省沙县收集保存的地方品种。

特征特性　株式塔形，腰叶椭圆形，叶尖渐尖，叶面较皱，叶缘波浪，叶色绿色，有叶柄，主脉粗，叶片厚度中等，茎叶角度较大，花序集中，花色淡红色。自然株高144.4cm，打顶株高103.0cm，自然叶数18.4片，有效叶数16.5片，茎围7.7cm，节距4.7cm，腰叶长49.5cm、宽28.7cm。移栽至现蕾45天，移栽至中心花开放53天，大田生育期126天。

抗 病 性　感黑胫病。

外观质量　原烟颜色棕红、青黄色，油分多，身份稍厚，光泽亮，叶片结构较疏松。

化学成分　总糖24.56%，还原糖22.66%，两糖差1.90%，总氮1.99%，烟碱2.27%，氯0.44%，糖碱比10.82，氮碱比0.88，钾1.34%。

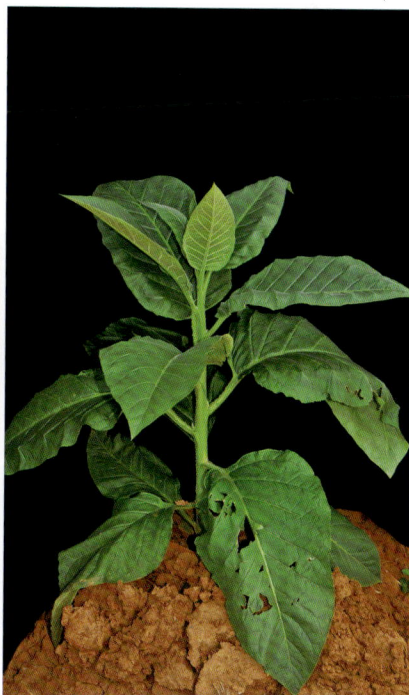

175 竹溪大柳条-2　全国统一编号1768

竹溪大柳条-2是由中国农业科学院烟草研究所从湖北省竹溪县佛台乡收集保存的地方品种。

特征特性　株式塔形，腰叶披针形，叶尖尾尖，叶面皱，叶缘波浪，叶色绿色，叶耳小，主脉中等，叶片厚度中等，茎叶角度较大，花序分散，花色淡红色。自然株高84.8cm，打顶株高41.0cm，自然叶数11.6片，有效叶数10.5片，茎围5.1cm，节距3.8cm，腰叶长49.8cm、宽8.9cm。移栽至现蕾62天，移栽至中心花开放69天，大田生育期126天。

抗病性　抗黑胫病，中抗烟蚜，中感PVY、赤星病，感青枯病、TMV、根结线虫病、CMV。

外观质量　原烟颜色棕红色，油分多，身份稍厚，光泽亮，叶片结构较疏松。

化学成分　总糖2.46%，还原糖1.65%，两糖差0.81%，总氮3.14%，烟碱7.94%，氯0.55%，糖碱比0.31，氮碱比0.40，钾1.44%。

176 转角楼2119　全国统一编号758

转角楼2119是由中国农业科学院烟草研究所从陕西省汉中市南郑区收集保存的地方品种。

特征特性　株式筒形，腰叶椭圆形，叶尖渐尖，叶面较平，叶缘平滑，叶色绿色，叶耳中，主脉细，叶片厚度中等，茎叶角度较大，花序集中，花色淡红色。自然株高45.5cm，打顶株高25.0cm，自然叶数13.0片，有效叶数10.0片，茎围3.9cm，节距3.8cm，腰叶长28.4cm、宽11.5cm。移栽至现蕾27天，移栽至中心花开放31天，大田生育期117天。

抗病性　抗根结线虫病、CMV和赤星病，中抗TMV，感黑胫病、青枯病、PVY，高感烟蚜。

外观质量　原烟颜色青黄色，油分少，身份薄，光泽较暗，叶片结构较紧密。

化学成分　总糖0.34%，还原糖0.16%，两糖差0.18%，总氮1.78%，烟碱1.24%，氯1.26%，糖碱比0.27，氮碱比1.44，钾1.63%。

177　子州羊角大烟　全国统一编号750

子州羊角大烟是由中国农业科学院烟草研究所从陕西省子洲县收集保存的地方品种。

特征特性　株式筒形，腰叶宽卵圆形，叶尖急尖，叶面较皱，叶缘波浪，叶色绿色，有叶柄，主脉中等，叶片厚度中等，茎叶角度大，花序分散，花色淡红色。自然株高131.8cm，打顶株高102.0cm，自然叶数16.8片，有效叶数15.0片，茎围5.5cm，节距3.8cm，腰叶长30.0cm、宽16.8cm。移栽至现蕾53天，移栽至中心花开放58天，大田生育期117天。

抗病性　抗青枯病，感黑胫病和根结线虫病。

外观质量　原烟颜色褐色，油分少，身份薄，光泽较暗，叶片结构较紧密。

化学成分　总糖0.63%，还原糖0.36%，两糖差0.27%，总氮3.20%，烟碱1.21%，氯1.24%，糖碱比0.52，氮碱比2.64，钾2.11%。

▶（二）晒烟国外种质资源

001　马来西亚晒烟

马来西亚晒烟由中国农业科学院烟草研究所从国外引进保存。

特征特性　株式塔形，腰叶宽椭圆形，叶尖急尖，叶面较平，叶缘波浪，叶色绿色，叶耳中，主脉细，叶片厚度中等，茎叶角度大，花序集中，花色淡红色。自然株高140.1cm，打顶株高101.6cm，自然叶数23.1片，有效叶数20.0片，茎围9.8cm，节距4.3cm，腰叶长62.6cm、宽31.3cm。移栽至现蕾57天，移栽至中心花开放62天，大田生育期131天。

抗病性　中抗黑胫病和TMV。

外观质量　原烟颜色金黄色，油分有，身份适中，光泽尚鲜明，叶片结构较疏松。

化学成分　总糖17.39%～24.50%，还原糖16.62%～20.63%，两糖差0.77%～3.87%，总氮1.62%～1.98%，烟碱2.30%～2.66%，氯0.16%～0.20%，糖碱比6.54～10.65，氮碱比0.70～0.74，钾1.44%～1.73%。

002　索马里五号

索马里五号原产地为索马里联邦共和国，由中国农业科学院烟草研究所引进保存。

特征特性　株式塔形，腰叶宽椭圆形，叶尖渐尖，叶面较平，叶缘较皱，叶色绿色，叶耳中，主脉细，叶片较厚，茎叶角度大，花序集中，花色淡红色。自然株高182.5cm，打顶株高81.0cm，自然叶数28.2片，有效叶数23.5片，茎围8.0cm，节距4.5cm，腰叶长48.5cm、宽29.5cm。移栽至现蕾60天，移栽至中心花开放64天，大田生育期144天。

抗病性　中感青枯病和根结线虫病，感黑胫病。

外观质量　原烟颜色金黄色，油分有，身份适中，光泽尚鲜明，叶片结构较疏松。

化学成分　总糖10.51%，还原糖9.18%，两糖差1.33%，总氮2.42%，烟碱4.46%，氯0.63%，糖碱比2.36，氮碱比0.54，钾1.19%。

003　紫烟　全国统一编号1152

紫烟原产地为古巴，由中国农业科学院烟草研究所引进保存。

特征特性　株式塔形，腰叶宽椭圆形，叶尖钝尖，叶面较平，叶缘波浪，叶色绿色，叶耳较大，主脉细，叶片厚度中等，茎叶角度较大，花序集中，花色淡红色。自然株高157.0cm，打顶株高125.5cm，自然叶数20.3片，有效叶数18.0片，茎围7.8cm，节距3.8cm，腰叶长28.8cm、宽16.0cm。移栽至现蕾61天，移栽至中心花开放67天，大田生育期117天。

抗病性　感黑胫病、青枯病、根结线虫病。

外观质量　原烟颜色褐黄色，油分少，身份薄，光泽暗，叶片结构较紧密。

化学成分　总糖1.77%，还原糖1.25%，两糖差0.52%，总氮2.56%，烟碱1.99%，氯0.85%，糖碱比0.89，氮碱比1.29，钾2.48%。

004 "109" 全国统一编号 1150

"109"原产地为印度尼西亚，由中国农业科学院烟草研究所引进保存。

特征特性 株式筒形，腰叶椭圆形，叶尖渐尖，叶面较皱，叶缘波浪，叶色绿色，叶耳较大，主脉细，叶片厚度中等，茎叶角度中等，花序分散，花色淡红色。自然株高157.6cm，打顶株高96.5cm，自然叶数20.0片，有效叶数17.0片，茎围7.0cm，节距4.3cm，腰叶长43.5cm、宽20.1cm。移栽至现蕾56天，移栽至中心花开放63天，大田生育期117天。

抗病性 中抗青枯病，感黑胫病、根结线虫病。

外观质量 原烟颜色棕红色，油分少，身份薄，光泽尚鲜明，叶片结构较紧密。

化学成分 总糖2.18%，还原糖1.79%，两糖差0.39%，总氮1.96%，烟碱2.49%，氯0.58%，糖碱比0.88，氮碱比0.79，钾1.42%。

005 1121 W.F 全国统一编号 1149

1121 W.F由中国农业科学院烟草研究所从国外引进保存。

特征特性 株式筒形，腰叶椭圆形，叶尖渐尖，叶面较皱，叶缘波浪，叶色绿色，叶耳较大，主脉细，叶片厚度中等，茎叶角度较大，花序分散，花色淡红色。自然株高173.8cm，打顶株高92.5cm，自然叶数21.0片，有效叶数19.0片，茎围8.6cm，节距5.0cm，腰叶长62.8cm、宽27.5cm。移栽至现蕾51天，移栽至中心花开放59天，大田生育期126天。

抗病性 中抗青枯病，感黑胫病和根结线虫病。

外观质量 原烟颜色棕红、金黄色，油分有，身份适中，光泽鲜明，叶片结构较疏松。

化学成分 总糖14.37%，还原糖13.41%，两糖差0.96%，总氮2.17%，烟碱4.99%，氯0.71%，糖碱比2.88，氮碱比0.43，钾1.72%。

006 D.B.R.2　全国统一编号1136

D.B.R.2由中国农业科学院烟草研究所从国外引进保存。

特征特性　株式筒形，腰叶长椭圆形，叶尖渐尖，叶面较平，叶缘波浪，叶色绿色，叶耳小，主脉细，叶片较厚，茎叶角度大，花序集中，花色淡红色。自然株高129.0cm，打顶株高104.5cm，自然叶数17.0片，有效叶数15.0片，茎围6.7cm，节距5.6cm，腰叶长51.0cm、宽25.0cm。移栽至现蕾41天，移栽至中心花开放49天，大田生育期151天。

抗病性　中感黑胫病。

外观质量　原烟颜色金黄色，油分有，身份适中，光泽尚鲜明，叶片结构较疏松。

化学成分　总糖12.08%，还原糖10.39%，两糖差1.69%，总氮2.33%，烟碱5.70%，氯0.90%，糖碱比2.12，氮碱比0.41，钾1.23%。

007 D.B.R.34　全国统一编号1135

D.B.R.34由中国农业科学院烟草研究所从国外引进保存。

特征特性　株式筒形，腰叶长椭圆形，叶尖渐尖，叶面较平，叶缘波浪，叶色绿色，叶耳小，主脉细，叶片较厚，茎叶角度大，花序集中，花色淡红色。自然株高125.2cm，打顶株高56.8cm，自然叶数17.0片，有效叶数14.0片，茎围6.8cm，节距3.9cm，腰叶长51.0cm、宽19.5cm。移栽至现蕾39天，移栽至中心花开放46天，大田生育期151天。

抗病性　感黑胫病。

外观质量　原烟颜色棕红色，油分有，身份适中，光泽尚鲜明，叶片结构较疏松。

化学成分　总糖12.60%，还原糖10.90%，两糖差1.70%，总氮2.83%，烟碱2.43%，氯0.09%，糖碱比5.19，氮碱比1.16，钾2.06%。

008 Drak Kentucky 全国统一编号 1137

Drak Kentucky由中国农业科学院烟草研究所从美国引进保存。

特征特性 株式筒形，腰叶椭圆形，叶尖渐尖，叶面皱，叶缘皱折，叶色绿色，叶耳较大，主脉中等，叶片厚度中等，茎叶角度较大，花序集中，花色淡红色。自然株高170.4cm，打顶株高130.0cm，自然叶数19.6片，有效叶数16.5片，茎围7.7cm，节距5.0cm，腰叶长70.6cm、宽33.0cm。移栽至现蕾60天，移栽至中心花开放65天，大田生育期126天。

抗 病 性 中抗青枯病，中感黑胫病、根结线虫病。

外观质量 原烟颜色棕红色，油分多，身份适中，光泽尚鲜明，叶片结构疏松。

化学成分 总糖20.20%，还原糖18.98%，两糖差1.22%，总氮2.04%，烟碱3.52%，氯0.26%，糖碱比5.74，氮碱比0.58，钾1.55%。

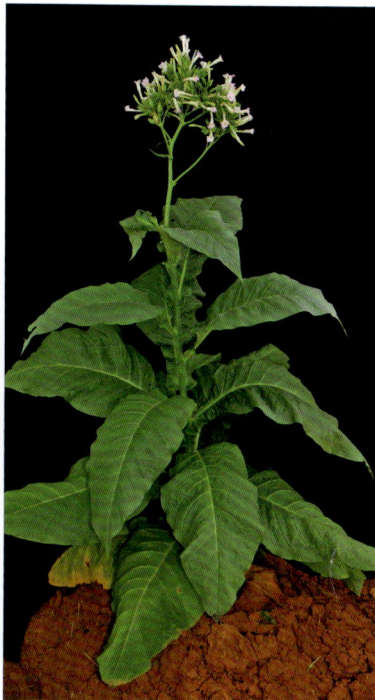

009 GAT-2 全国统一编号 2345

GAT-2由山东农业大学从日本引进保存。

特征特性 株式筒形，腰叶长椭圆形，叶尖渐尖，叶面较平，叶缘波浪，叶色绿色，叶耳中，主脉中等，叶片较厚，茎叶角度中，花序集中，花色淡红色。自然株高133.8cm，打顶株高63.2cm，自然叶数17.0片，有效叶数15.4片，茎围9.9cm，节距4.6cm，腰叶长54.6cm、宽24.8cm。移栽至现蕾41天，移栽至中心花开放53天，大田生育期151天。

抗 病 性 中感青枯病和根结线虫病，感黑胫病。

外观质量 原烟颜色金黄色，油分有，身份适中，光泽尚鲜明，叶片结构较疏松。

化学成分 总糖14.04%，还原糖12.17%，两糖差1.87%，总氮2.45%，烟碱5.00%，氯0.19%，糖碱比2.81，氮碱比0.49，钾0.79%。

010 GAT-4 统一编号2346

GAT-4由山东农业大学从日本引进保存。

特征特性 株式筒形，腰叶长椭圆形，叶尖渐尖，叶面较皱，叶缘皱折，叶色绿色，叶耳中，主脉中等，叶片较厚，茎叶角度中，花序集中，花色淡红色。自然株高141.8cm，打顶株高74.2cm，自然叶数18.0片，有效叶数14.4片，茎围7.2cm，节距5.8cm，腰叶长39.6cm、宽22.2cm。移栽至现蕾30天，移栽至中心花开放43天，大田生育期100天。

抗病性 中抗青枯病，感黑胫病和根结线虫病。

外观质量 原烟颜色金黄色，油分有，身份适中，光泽尚鲜明，叶片结构较疏松。

化学成分 总糖12.16%，还原糖10.11%，两糖差2.05%，总氮2.34%，烟碱4.47%，氯0.31%，糖碱比2.72，氮碱比0.52，钾0.71%。

011 German Low Nicotine 全国统一编号1138

German Low Nicotine由中国农业科学院烟草研究所从国外引进保存。

特征特性 株式筒形，腰叶椭圆形，叶尖渐尖，叶面较皱，叶缘波浪，叶色绿色，叶耳大，主脉细，叶片厚度中等，茎叶角度中等，花序分散，花色淡红色。自然株高180.2cm，打顶株高124.0cm，自然叶数21.5片，有效叶数18.0片，茎围9.1cm，节距5.1cm，腰叶长71.2cm、宽31.5cm。移栽至现蕾55天，移栽至中心花开放60天，大田生育期126天。

抗病性 中感青枯病和根结线虫病，感黑胫病。

外观质量 原烟颜色棕红色，油分较多，身份适中，光泽尚鲜明，叶片结构疏松。

化学成分 总糖10.40%，还原糖9.06%，两糖差1.34%，总氮2.58%，烟碱4.29%，氯0.34%，糖碱比2.42，氮碱比0.60，钾1.93%。

012 Natie　全国统一编号1140

Natie由中国农业科学院烟草研究所从国外引进保存。

特征特性　株式筒形，腰叶卵圆形，叶尖渐尖，叶面较皱，叶缘波浪，叶色绿色，叶耳有柄，主脉中等，叶片厚度中等，花序集中，花色淡红色。自然株高109.6cm，打顶株高66.0cm，自然叶数22.0片，有效叶数20.0片，茎围7.4cm，节距3.5cm，腰叶长42.8cm、宽20.4cm，叶柄3.1cm。移栽至现蕾53天，移栽至中心花开放59天，大田生育期117天。

抗病性　感黑胫病、青枯病、根结线虫病。

外观质量　原烟颜色棕红色，油分有，身份适中，光泽尚鲜明，叶片结构较紧密。

化学成分　总糖1.55%，还原糖0.89%，两糖差0.66%，总氮2.32%，烟碱4.97%，氯0.54%，糖碱比0.31，氮碱比0.47，钾1.86%。

013 Prliep　全国统一编号1141

Prliep原产地为南斯拉夫，由中国农业科学院烟草研究所引进保存。

特征特性　株式筒形，腰叶宽椭圆形，叶尖渐尖，叶面较皱，叶缘波浪，叶色绿色，叶耳大，主脉细，叶片厚度中等，茎叶角度较大，花序集中，花色淡红色。自然株高126.0cm，打顶株高92.5cm，自然叶数30.0片，有效叶数26.0片，茎围8.0cm，节距3.7cm，腰叶长42.0cm、宽25.5cm。移栽至现蕾45天，移栽至中心花开放50天，大田生育期117天。

抗病性　感黑胫病、青枯病、根结线虫病。

外观质量　原烟颜色棕红色，油分少，身份薄，光泽尚鲜明，叶片结构较疏松。

化学成分　总糖4.32%，还原糖3.30%，两糖差1.02%，总氮2.26%，烟碱3.82%，氯1.09%，糖碱比1.13，氮碱比0.59，钾1.77%。

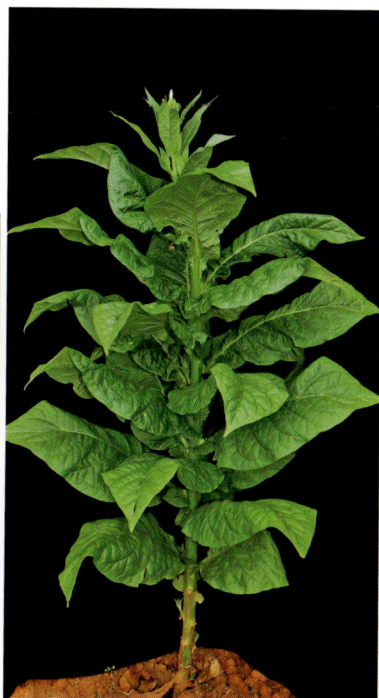

014　Pryor Big　全国统一编号 1142

Pryor Big 由中国农业科学院烟草研究所从美国引进保存。

特征特性　株式筒形，腰叶宽椭圆形，叶尖渐尖，叶面较皱，叶缘波浪，叶色绿色，叶耳大，主脉细，叶片厚度中等，茎叶角度大，花序分散，花色淡红色。自然株高141.3cm，打顶株高114.0cm，自然叶数17.3片，有效叶数16.5片，茎围7.8cm，节距5.1cm，腰叶长61.8cm、宽35.2cm。移栽至现蕾56天，移栽至中心花开放60天，大田生育期117天。

抗病性　中抗黑胫病，感青枯病、根结线虫病。

外观质量　原烟颜色深棕红色，油分有，身份适中，光泽鲜明，叶片结构较疏松。

化学成分　总糖3.94%，还原糖3.48%，两糖差0.46%，总氮2.91%，烟碱3.02%，氯0.56%，糖碱比1.30，氮碱比0.96，钾2.06%。

015　Robertsom

Robertsom 由中国农业科学院烟草研究所从国外引进保存。

特征特性　株式筒形，腰叶椭圆形，叶尖渐尖，叶面较皱，叶缘波浪，叶色绿色，叶耳大，主脉细，叶片厚度中等，茎叶角度较大，花序集中，花色淡红色。自然株高130.0cm，打顶株高77.4cm，自然叶数18.4片，有效叶数16.2片，茎围4.9cm，节距2.8cm，腰叶长29.0cm、宽15.6cm。移栽至现蕾68天，移栽至中心花开放75天，大田生育期110天。

抗病性　中感黑胫病、青枯病、根结线虫病。

外观质量　原烟颜色棕红色，油分有，身份适中，光泽尚鲜明，叶片结构较紧密。

化学成分　总糖4.87%，还原糖4.28%，两糖差0.59%，总氮2.36%，烟碱7.18%，氯0.41%，糖碱比0.68，氮碱比0.33，钾1.32%。

016

Robertson　全国统一编号1143

Robertson由中国农业科学院烟草研究所从国外引进保存。

特征特性　株式塔形，腰叶宽椭圆形，叶尖急尖，叶面较皱，叶缘波浪，叶色绿色，叶耳大，主脉细，叶片厚度中等，茎叶角度较大，花序集中，花色淡红色。自然株高179.4cm，打顶株高129.0cm，自然叶数19.4片，有效叶数17.5片，茎围8.2cm，节距6.6cm，腰叶长56.4cm、宽38.4cm。移栽至现蕾56天，移栽至中心花开放61天，大田生育期126天。

抗 病 性　中抗感黑胫病、青枯病，中感根结线虫病。

外观质量　原烟颜色棕红色，油分有，身份适中，光泽较亮，叶片结构较紧密。

化学成分　总糖6.08%～7.99%，还原糖5.86%～7.27%，两糖差0.22%～0.72%，总氮2.54%～2.92%，烟碱5.46%～6.78%，氯0.24%～0.43%，糖碱比1.11～1.18，氮碱比0.37～0.54，钾1.35%～1.66%。

017

Taka Kirecier　全国统一编号1145

Taka Kirecier由中国农业科学院烟草研究所从国外引进保存。

特征特性　株式筒形，腰叶卵圆形，叶尖急尖，叶面较皱，叶缘波浪，叶色绿色，叶耳有柄，主脉细，叶片厚度中等，茎叶角度大，花序分散，花色淡红色。自然株高157.0cm，打顶株高98.0cm，自然叶数19.6片，有效叶数18.0片，茎围8.2cm，节距5.1cm，腰叶长53.1cm、宽25.5cm。移栽至现蕾46天，移栽至中心花开放51天，大田生育期117天。

抗 病 性　感黑胫病、青枯病、根结线虫病。

外观质量　原烟颜色棕红色，油分少，身份适中，光泽尚鲜明，叶片结构较紧密。

化学成分　总糖5.14%，还原糖4.55%，两糖差0.59%，总氮2.65%，烟碱5.59%，氯0.37%，糖碱比0.92，氮碱比0.47，钾0.65%。

018

Tance　全国统一编号1144

Tance原产地为波兰，由中国农业科学院烟草研究所引进保存。

特征特性　株式筒形，腰叶椭圆形，叶尖钝尖，叶面稍皱，叶缘波浪，叶色绿色，叶耳较大，主脉细，叶片厚度中等，茎叶角度较大，花序分散，花色淡红色。自然株高128.2cm，打顶株高100.0cm，自然叶数15.6片，有效叶数12.5片，茎围7.3cm，节距4.9cm，腰叶长52.6cm、宽29.6cm。移栽至现蕾46天，移栽至中心花开放50天，大田生育期117天。

抗 病 性　中感青枯病，感黑胫病、根结线虫病。

外观质量　原烟颜色棕红色，油分较多，身份适中，光泽较亮，叶片结构较疏松。

化学成分　总糖11.28%，还原糖10.16%，两糖差1.12%，总氮2.52%，烟碱5.41%，氯0.31%，糖碱比2.09，氮碱比0.47，钾1.39%。

019

Therkit　全国统一编号1146

Therkit原产地为澳大利亚，由中国农业科学院烟草研究所引进保存。

特征特性　株式筒形，腰叶心形，叶尖急尖，叶面较皱，叶缘波浪，叶色绿色，叶耳有柄，主脉细，叶片厚度中等，茎叶角度中等，花序分散，花色深红色。自然株高163.2cm，打顶株高138.0cm，自然叶数28.8片，有效叶数26.0片，茎围7.7cm，节距4.6cm，腰叶长39.0cm、宽29.6cm。移栽至现蕾56天，移栽至中心花开放61天，大田生育期117天。

抗 病 性　抗青枯病，中感根结线虫病、赤星病，感黑胫病、TMV、PVY、CMV，高感烟蚜。

外观质量　原烟颜色棕红、棕黄色，油分较多，身份适中，光泽鲜明，叶片结构较疏松。

化学成分　总糖9.90%，还原糖9.13%，两糖差0.77%，总氮2.19%，烟碱5.60%，氯0.67%，糖碱比1.77，氮碱比0.39，钾1.78%。

020

Va 310　全国统一编号 844

Va 310 由中国农业科学院烟草研究所从美国引进保存。

特征特性　株式橄榄形，腰叶椭圆形，叶尖急尖，叶面皱，叶缘波浪，叶色绿色，叶耳较大，主脉中等，叶片厚度中等，茎叶角度大，花序集中，花色红色。自然株高121.0cm，打顶株高70.0cm，自然叶数18.6片，有效叶数17.0片，茎围7.4cm，节距3.7cm，腰叶长53.2cm、宽25.2cm。移栽至现蕾59天，移栽至中心花开放64天，大田生育期126天。

抗病性　中抗青枯病和黑胫病，

外观质量　原烟颜色棕红、棕黄色，油分较多，身份适中，光泽鲜明，叶片结构较紧密。

化学成分　总糖12.36%，还原糖10.98%，两糖差1.38%，总氮2.42%，烟碱5.27%，氯0.27%，糖碱比2.35，氮碱比0.46，钾1.40%。

021

Vatta Kakkal　全国统一编号 1148

Vatta Kakkal 由中国农业科学院烟草研究所从国外引进保存。

特征特性　株式筒形，腰叶椭圆形，叶尖渐尖，叶面较平，叶缘波浪，叶色绿色，叶耳较大，主脉中等，叶片厚度中等，茎叶角度大，花序分散，花色淡红色。自然株高158.0cm，打顶株高97.5cm，自然叶数22.4片，有效叶数18.3片，茎围9.9cm，节距4.9cm，腰叶长50.3cm、宽26.5cm。移栽至现蕾58天，移栽至中心花开放63天，大田生育期126天。

抗病性　中抗根结线虫病，感黑胫病、青枯病。

外观质量　原烟颜色棕红色，油分有，身份适中，光泽鲜明，叶片结构疏松。

化学成分　总糖6.11%，还原糖5.54%，两糖差0.57%，总氮2.97%，烟碱5.47%，氯0.36%，糖碱比1.12，氮碱比0.54，钾1.15%。

三、白肋烟种质资源

001 Afritz

Afritz 原产地为西班牙，由云南省烟草农业科学研究院收集保存。

特征特性　株式筒形，腰叶椭圆形，叶尖急尖，叶面平，叶缘波浪状，叶色浅绿色，叶耳大，主脉细，叶片厚度中等，茎叶角度大，花序分散，花色淡红色，蒴果长椭圆形。自然株高140.0cm，打顶株高116.0cm，自然叶数22.0片，有效叶数19.0片，茎围8.0cm，节距3.7cm，腰叶长33.0cm、宽17.0cm。移栽至现蕾46天，移栽至中心花开放52天，大田生育期135天。

抗病性　中抗靶斑病，中感TMV，感PVY、黑胫病和TSWV。

外观质量　原烟颜色柠檬黄色，油分有，身份适中，光泽鲜明，叶片结构较紧密。

化学成分　总糖1.00%，还原糖0.53%，两糖差0.47%，总氮3.59%，烟碱6.46%，氯1.03%，糖碱比0.15，氮碱比0.56，钾1.83%。

002 Hyco Ruce 全国统一编号 1047

Hyco Ruce 由云南省烟草农业科学研究院从国外引进保存。

特征特性　株式塔形，腰叶长椭圆形，叶尖渐尖，叶面平，叶缘波浪状，叶色浅绿色，叶耳大，主脉粗，叶片厚度中等，主侧脉夹角大，茎叶角度大，花序分散，花色淡红色，蒴果长椭圆形。自然株高156.0cm，打顶株高99.6cm，自然叶数22.2片，有效叶数19.0片，茎围11.2cm，节距3.3cm，腰叶长63.8cm、宽28.2cm。移栽至现蕾62天，移栽至中心花开放70天，大田生育期141天。

抗病性　感黑胫病。

外观质量　原烟颜色棕红、橘红色，油分有，身份中，光泽尚鲜明，叶片结构较紧密。

化学成分　总糖3.47%，还原糖2.33%，两糖差1.14%，总氮3.58%，烟碱2.81%，氯0.26%，糖碱比1.23，氮碱比1.27，钾3.46%。

003 MII109

MII109由云南省烟草农业科学研究院从国外引进保存。

特征特性 株式塔形，腰叶椭圆形，叶尖渐尖，叶面平，叶缘波浪状，叶色绿色，叶耳大，主脉粗，叶片厚度中等，花序集中，花色淡红色，蒴果长椭圆形。自然株高156.2cm，打顶株高129.8cm，自然叶数24.6片，有效叶数21.0片，茎围9.0cm，节距4.4cm，腰叶长60.2cm、宽20.6cm。移栽至现蕾58天，移栽至中心花开放65天，大田生育期135天。

抗病性 中感TMV、TSWV、白粉病、赤星病，感黑胫病和PVY。

外观质量 原烟颜色浅红黄色，油分多，身份稍厚，光泽鲜明，叶片结构疏松。

化学成分 总糖13.48%，还原糖8.67%，两糖差4.81%，总氮3.18%，烟碱2.70%，氯0.49%，糖碱比4.99，氮碱比1.18，钾3.51%。

004 Mississippi Heirloom

Mississippi Heirloom由云南省烟草农业科学研究院从国外引进保存。

特征特性 株式塔形，腰叶长椭圆形，叶尖渐尖，叶面平，叶缘波浪状，叶色绿色，叶耳大，主脉粗，叶片厚度中等，茎叶角度大，花序集中，花色淡红色，蒴果长椭圆形。自然株高126.6cm，打顶株高93.4cm，自然叶数19.0片，有效叶数16.2片，茎围7.4cm，节距4.6cm，腰叶长54.9cm、宽22.4cm。移栽至现蕾52天，移栽至中心花开放58天，大田生育期135天。

抗病性 抗靶斑病，中感TMV、TSWV、白粉病、赤星病，感黑胫病、PVY。

外观质量 原烟颜色浅红黄色，油分有，身份适中，光泽鲜明，叶片结构疏松。

化学成分 总糖2.47%，还原糖1.51%，两糖差0.96%，总氮2.57%，烟碱3.40%，氯0.48%，糖碱比0.73，氮碱比0.76，钾2.32%。

005 Shiroenshu 202

Shiroenshu 202原产地为日本，由云南省烟草农业科学研究院收集保存。

特征特性 株式塔形，腰叶长椭圆形，叶尖渐尖，叶面较平，叶缘波浪状，叶耳大，叶色黄绿色，主脉粗，茎叶角度小，花序紧密，花色淡红色。自然株高120.0cm，打顶株高87.8cm，自然叶数20.8片，有效叶数18.0片，茎围8.4cm，节距3.7cm，腰叶长52.4cm、宽24.8cm。移栽至现蕾44天，移栽至中心花开放51天，大田生育期133天。

抗病性 中感赤星病，感黑胫病。

外观质量 原烟颜色棕红色，油分有，身份中，光泽尚鲜明，叶片结构较紧密。

化学成分 总糖0.65%，还原糖0.38%，两糖差0.27%，总氮3.02%，烟碱4.62%，氯0.76%，糖碱比0.14，氮碱比0.65，钾3.72%。

四、香料烟种质资源

001 云香2号

云香2号由云南省烟草农业科学研究院、云南香料烟有限责任公司从香料烟伊兹密尔13号系统选育而成。2015年通过全国烟草品种审定委员会审定。

特征特性 株式塔形，腰叶椭圆形，叶面较皱，叶尖渐尖，叶色深绿色，叶缘波浪状，叶耳中，主脉较细，叶肉组织细致，茎叶角度小，花序密集，花色淡红色。自然株高146.2 cm，自然叶数46片，茎围4.0cm，节距4.2cm，下部叶长18.5cm、宽8.1cm，中部叶长14.0cm、宽6.5cm，上部叶长9.0cm、宽4.3cm。移栽至现蕾65天，移栽至中心花开放75天，大田生育期140天。

抗病性 高抗细菌性斑点病，中抗赤星病，感TMV和黑胫病。

外观质量 原烟颜色深黄或淡黄色，光泽尚鲜明，油分有或富有，身份厚或中等，叶片组织结构较疏松。

化学成分 总糖28.00%～35.00%，还原糖23.00%～31.00%，两糖差4.00%～5.00%，总氮1.80%～2.10%，烟碱0.20%～1.00%，氯0.60%～0.80%，糖碱比35.00～140.00，氮碱比2.10～9.00，钾2.50%～3.80%。

002 单株5

单株5由云南香料烟有限责任公司和云南省烟草农业科学研究院用伊兹密尔13号×卡巴库拉克杂交选育而成。

特征特性 株式塔形，腰叶长椭圆形，叶尖钝尖，叶色浓绿色，茎叶角度大，叶面平滑，叶片厚，主脉粗，花序集中，花色淡红色。自然株高138.4cm，可采叶数41.8片（其中：≤10cm叶数11.2片，11～15cm叶数17.4片，16～19cm叶数4片，≥20cm叶数9.2片），茎围4.2cm，节距3.6cm。移栽至现蕾85天，移栽至中心花开放93天，大田生育期134天左右。

外观质量 原烟颜色淡黄色，尚鲜明，油分有，身份稍厚，光泽强，叶片结构疏松。

化学成分 总糖18.69%～24.11%，还原糖14.97%～19.67%，两糖差3.72%～4.44%，总氮0.94%～2.76%，烟碱0.27%～0.68%，氯0.61%～0.89%，糖碱比35.46～69.22，氮碱比3.48～4.05，钾1.15%～5.48%。

003 Ambalema 1

Ambalema 1由云南省烟草农业科学研究院从国外引进保存。

特征特性 株式筒形，腰叶宽椭圆形，叶面平，叶尖渐尖，叶缘较平，叶色浅绿色，主脉中，茎叶角度小，花序集中，花色红色。自然株高101.3cm，自然叶数27.0片，茎围3.6cm，节距3.4cm，腰叶长12.8cm、宽6.2cm。移栽至现蕾119天，移栽至中心花开放125天，大田生育期144天。

抗病性 抗TMV，感黑胫病、白粉病、赤星病和靶斑病。

外观质量 原烟颜色淡黄色，油分有，身份适中，光泽强，叶片结构较疏松。

化学成分 总糖27.87%，还原糖25.30%，两糖差2.57%，总氮1.72%，烟碱0.29%，氯0.52%，糖碱比96.1，氮碱比5.93，钾1.61%。

004 Ambalema 2

Ambalema 2由云南省烟草农业科学研究院从国外引进保存。

特征特性 株式筒形，腰叶椭圆形，叶面平，叶尖渐尖，叶缘较平，叶色浅绿色，茎叶角度小，主脉粗，花序松散，花色淡红色。自然株高127.2cm，自然叶数30.4片，茎围3.5cm，节距3.4cm，腰叶长13.1cm、宽6.5cm。移栽至现蕾116天，移栽至中心花开放120天，大田生育期146天。

抗病性 中感TMV、白粉病和赤星病，高感靶斑病。

外观质量 原烟颜色淡黄色，油分有，身份适中，光泽强，叶片结构较疏松。

化学成分 总糖23.14%，还原糖20.09%，两糖差3.05%，总氮1.94%，烟碱0.76%，氯0.63%，糖碱比30.45，氮碱比2.55，钾1.37%。

005 **Ayasolouk No 23**

Ayasolouk No 23原产地为土耳其，由云南省烟草农业科学研究院引进保存。

特征特性 株式筒形，腰叶长卵圆形，叶面平，叶尖渐尖，叶缘较平，叶色浅绿色，茎叶角度小，主脉细，花序松散，花色淡红色。自然株高98.3cm，自然叶数25.0片，茎围3.2cm，节距3.5cm，腰叶长13.8cm、宽7.1cm。移栽至现蕾108天，移栽至中心花开放116天，大田生育期134天。

抗 病 性 中抗靶斑病，中感TMV和白粉病，感黑胫病。

外观质量 原烟颜色淡黄色，油分有，身份适中，光泽强，叶片结构较疏松。

化学成分 总糖28.77%，还原糖23.41%，两糖差5.36%，总氮1.51%，烟碱0.12%，氯0.54%，糖碱比239.75，氮碱比12.58，钾1.88%。

006 **Bursa**

Bursa原产地为土耳其，由云南省烟草农业科学研究院引进保存。

特征特性 株式筒形，腰叶心形，叶面平，叶尖钝尖，叶缘较平，叶色绿色，茎叶角度小，主脉细。自然株高105.4cm，自然叶数21.0片，茎围3.4cm，节距4.7cm，腰叶长12.8cm、宽6.8cm。移栽至现蕾42大，移栽至中心花开放48天，大田生育期133天。

抗 病 性 中抗TMV和靶斑病，中感白粉病和赤星病。

外观质量 原烟颜色橘黄色，油分稍有，身份薄，光泽强，叶片结构较疏松。

化学成分 总糖17.79%，还原糖14.61%，两糖差3.18%，总氮2.49%，烟碱0.46%，氯0.35%，糖碱比38.67，氮碱比5.41，钾2.16%。

007

Cola de Gallo.Pinar del Rio

Cola de Gallo.Pinar del Rio原产地为委内瑞拉，由云南省烟草农业科学研究院引进保存。

特征特性 株式筒形，腰叶宽椭圆形，叶面平，叶尖渐尖，叶缘较平，叶色浅绿色，茎叶角度小，主脉细，花序集中，花色红色。自然株高88.6cm，自然叶数15.2片，茎围3.0cm，节距3.4cm，腰叶长13.8cm、宽7.1cm。移栽至现蕾102天，移栽至中心花开放108天，大田生育期129天。

抗病性 中感黑胫病、TMV、白粉病和赤星病，感靶斑病。

外观质量 原烟颜色橘黄色，油分有，身份适中，光泽强，叶片结构较疏松。

化学成分 总糖27.32%，还原糖22.30%，两糖差5.02%，总氮1.82%，烟碱0.40%，氯0.48%，糖碱比68.30，氮碱比4.55，钾1.77%。

008

F5-3-2-3

F5-3-2-3由云南香料烟有限责任公司和云南省烟草农业科学研究院用云香2号×Prilep-1杂交选育而成。

特征特性 株式塔形，腰叶宽椭圆形，无叶柄，叶尖钝尖，叶色绿色，茎叶角度小，叶面平滑，叶片厚度适中，花序集中，花色淡红色。自然株高165.4cm，可采叶数49.8片（其中：≤10cm叶数10.8片，11~15cm叶数20.4片，16~19cm叶数8.2片，≥20cm叶数10.4片），茎围4.5cm，节距3.6cm。移栽至现蕾63天，移栽至中心花开放70天，大田生育期129天左右。

外观质量 原烟颜色橘黄色，尚鲜明，油分有，身份稍厚，光泽强，叶片结构较紧密。

化学成分 总糖13.21%~32.23%，还原糖12.02%~28.18%，两糖差1.19%~4.08%，总氮1.58%~3.45%，烟碱0.23%~0.38%，氯0.35%~0.64%，糖碱比57.43~84.82，氮碱比6.87~9.08，钾1.98%~5.13%。

009 F5-3-2-5

F5-3-2-5由云南香料烟有限责任公司和云南省烟草农业科学研究院用云香2号×Prilep-2杂交选育而成。

特征特性 株式塔形，腰叶宽椭圆形，无叶柄，叶尖钝尖，叶色绿色，茎叶角度小，叶面平滑，叶片稍薄，花序集中，花色淡红色。自然株高165.1cm，可采叶数55.4片（其中：≤10cm叶数24.4片，11～15cm叶数20片，16～19cm叶数3.4片，≥20cm叶数7.6片），茎围3.9cm，节距3.6cm。移栽至现蕾63天，移栽至中心花开放70天，大田生育期125天左右。

外观质量 原烟颜色淡黄色，尚鲜明，油分有，身份适中，光泽强，叶片结构较疏松。

化学成分 总糖15.15%～33.57%，还原糖13.26%～29.21%，两糖差1.89%～4.36%，总氮2.10%～3.68%，烟碱0.18%～0.29%，氯0.26%～0.56%，糖碱比84.16～115.76，氮碱比11.67～12.69，钾2.03%～4.68%。

010 F6-2-7-2-4

F6-2-7-2-4由云南香料烟有限责任公司和云南省烟草农业科学研究院用柯玛蒂尼×巴斯玛12号杂交选育而成。

特征特性 株式塔形，腰叶宽椭圆形，无叶柄，叶尖钝尖，叶色绿色，茎叶角度中，叶面平滑，叶片厚度适中，花序集中，花色淡红色。自然株高155.8cm，可采叶数43.6片（其中：≤10cm叶数23.8片，11～15cm叶数5.8片，16～19cm叶数5片，≥20cm叶数9片），茎围3.9cm，节距3.6cm。移栽至现蕾58天，移栽至中心花开放65天，大田生育期123天左右。

外观质量 原烟颜色淡黄色，表皮发白，尚鲜明，油分有，身份适中，光泽强，叶片结构较紧密。

化学成分 总糖26.84%～32.62%，还原糖20.47%～22.47%，两糖差6.37%～10.15%，总氮0.88%～2.01%，烟碱0.11%～0.21%，氯0.20%～0.44%，糖碱比155.33～244.00，氮碱比8.00～9.57，钾1.28%～5.33%。

011 F6-3-1-5

F6-3-1-5由云南香料烟有限责任公司和云南省烟草农业科学研究院用云香巴斯玛1号×巴斯玛12号杂交选育而成。

特征特性 株式塔形，腰叶宽椭圆形，无叶柄，叶尖钝尖，叶色绿色，茎叶角度中，叶面平滑，叶片厚度适中，花序集中，花色淡红色。自然株高158.6cm，可采叶数48.6片（其中：≤10cm叶数23.2片，11～15cm叶数11.6片，16～19cm叶数4片，≥20cm叶数9.8片），茎围3.7cm，节距3.5cm。移栽至现蕾63天，移栽至中心花开放70天，大田生育期118天左右。

外观质量 原烟颜色淡黄色，尚鲜明，油分有，身份适中，光泽强，叶片结构较疏松。

化学成分 总糖10.88%～31.17%，还原糖9.45%～26.38%，两糖差1.43%～4.79%，总氮1.39%～2.63%，烟碱0.08%～0.21%，氯0.32%～0.64%，糖碱比136.00～148.43，氮碱比12.52～17.38，钾1.75%～6.36%。

012 F7-3-1-2

F7-3-1-2由云南香料烟有限责任公司和云南省烟草农业科学研究院用云香巴斯玛1号×巴斯玛11号杂交选育而成。

特征特性 株式塔形，腰叶长椭圆形，无叶柄，叶尖钝尖，叶色绿色，茎叶角度中，叶面平滑，叶片厚度适中，花序集中，花色白色。自然株高133.6cm，可采叶数39.8片（其中：≤10cm叶数20.6片，11～15cm叶数6.2片，16～19cm叶数3.6片，≥20cm叶数9.4片），茎围3.3cm，节距3.9cm。移栽至现蕾63天，移栽至中心花开放70天，大田生育期113天左右。

外观质量 原烟颜色淡黄色，尚鲜明，油分有，身份适中，光泽强，叶片结构较疏松。

化学成分 总糖23.55%～31.68%，还原糖18.12%～25.38%，两糖差5.43%～6.30%，总氮1.52%～1.87%，烟碱0.25%～0.51%，氯0.35%～0.62%，糖碱比62.12～94.20，氮碱比3.67～6.08，钾2.36%～4.29%。

013

Harmanliiska Basma # 163

Harmanliiska Basma # 163原产地为保加利亚，由云南省烟草农业科学研究院引进保存。

特征特性 株式筒形，腰叶宽椭圆形，叶面较皱，叶尖渐尖，叶缘较平，叶色黄绿色，茎叶角度大，主脉中等，花序松散，花色淡红色。自然株高120.4cm，自然叶数22.0片，茎围2.9cm，节距4.3cm，腰叶长13.4cm、宽6.5cm。移栽至现蕾110天，移栽至中心花开放116天，大田生育期136天。

抗病性 中抗靶斑病，中感TMV、白粉病和赤星病，感黑胫病。

外观质量 原烟颜色棕黄色，油分有，身份适中，光泽中，叶片结构较疏松。

化学成分 总糖8.82%~28.51%，还原糖8.23%~25.16%，两糖差0.58%~3.35%，总氮1.54%~2.22%，烟碱0.23%~1.39%，氯0.64%~2.79%，糖碱比6.34~124.25，氮碱比1.60~6.73，钾1.16%~1.55%。

014

Kavala

Kavala原产地为希腊，由云南省烟草农业科学研究院引进保存。

特征特性 株式筒形，腰叶宽卵圆形，叶面平，叶尖渐尖，叶缘较平，叶色绿色，茎叶角度大，主脉细，花序松散，花色淡红色。自然株高101.8cm，自然叶数23.8片，茎围3.3cm，节距3.5cm，腰叶长15.7cm、宽7.2cm。移栽至现蕾105天，移栽至中心花开放111天，大田生育期130天。

抗病性 抗靶斑病，感黑胫病和TMV。

外观质量 原烟颜色橘黄色，油分有，身份适中，光泽强，叶片结构较疏松。

化学成分 总糖27.47%，还原糖20.45%，两糖差7.02%，总氮1.35%，烟碱0.31%，氯0.40%，糖碱比88.61，氮碱比4.35，钾1.46%。

015 Kavala No 15A

Kavala No 15A原产地为希腊，由云南省烟草农业科学研究院引进保存。

特征特性 株式塔形，腰叶椭圆形，叶尖钝尖，叶面平滑，叶缘平，叶色绿色，叶耳有，主脉细，叶片厚度中等，茎叶角度中，花序紧密，花色淡红色。自然株高152.0cm，自然叶数25.0片，茎围6.1cm，节距4.9cm，腰叶长42.4cm、宽20.4cm。移栽至现蕾71天，移栽至中心花开放80天，大田生育期133天。

抗病性 抗靶斑病，中感TMV、白粉病和赤星病，感黑胫病。

外观质量 原烟颜色橘黄色，油分有，身份适中，光泽强，叶片结构较疏松。

化学成分 总糖13.50%，还原糖12.40%，两糖差1.10%，总氮2.52%，烟碱3.59%，氯0.21%，糖碱比3.76，氮碱比0.70，钾1.80%。

016 Mutki

Mutki原产地为土耳其，由云南省烟草农业科学研究院引进保存。

特征特性 株式筒形，腰叶宽椭圆形，叶面平，叶尖渐尖，叶缘较平，叶色浅绿色，茎叶角度甚大，主脉细，花序紧密，花色淡红色。自然株高93.1cm，自然叶数18.4片，茎围3.2cm，节距3.2cm，腰叶长11.8cm、宽5.9cm。移栽至现蕾108天，移栽至中心花开放113天，大田生育期133天。

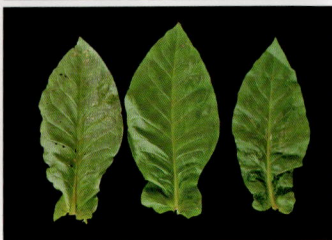

抗病性 抗靶斑病，中感TMV。

外观质量 原烟颜色浅棕红色，色度中，油分稍有，身份适中，光泽中，叶片结构较疏松。

化学成分 总糖12.15%～26.74%，还原糖11.08%～22.57%，两糖差1.07%～4.17%，总氮1.83%～2.13%，烟碱0.2%～2.24%，氯0.60%～2.40%，糖碱比5.42～130.95，氮碱比0.95～8.96，钾1.34%～2.08%。

017 NM006

NM006由云南香料烟有限责任公司和云南省烟草农业科学研究院从云香2号的自然变异株中选育而成。

特征特性　株式塔形，腰叶长椭圆形，无叶柄，叶尖钝尖，叶色绿色，茎叶角度小，叶面平滑，叶片中，花序集中，花色淡红色。自然株高162.6cm，可采叶数52片（其中：≤10cm叶数16片，11～15cm叶数22.2片，16～19cm叶数3.8片，≥20cm叶数10片），茎围4.1cm，节距3.1cm。移栽至现蕾73天，移栽至中心花开放80天，大田生育期115天左右。

外观质量　原烟颜色淡黄色，尚鲜明，油分有，身份适中，光泽强，叶片结构较疏松。

化学成分　总糖26.55%～32.48%，还原糖20.36%～28.72%，两糖差3.76%～6.19%，总氮1.46%～1.69%，烟碱0.22%～0.56%，氯0.50%～0.86%，糖碱比58.00～120.68，氮碱比3.02～6.64，钾2.66%～4.90%。

018 Okso

Okso原产地为苏联，由云南省烟草农业科学研究院引进保存。

特征特性　株式筒形，长椭圆形，叶面平，叶尖钝尖，叶缘较平，叶色绿，主脉中等，茎叶角度小，花序松散，花色淡红色。自然株高127.8cm，自然叶数27.0片，茎围4.1cm，节距3.8cm，腰叶长13.8cm、宽7.6cm。移栽至现蕾102天，移栽至中心花开放108天，大田生育期129天。

抗病性　抗靶斑病，中感白粉病和赤星病，感黑胫病和TMV。

外观质量　原烟颜色淡黄色，油分有，身份适中，光泽强，叶片结构较疏松。

化学成分　总糖25.53%～28.57%，还原糖22.7%～23.61%，两糖差2.83%～4.96%，总氮1.6%～1.67%，烟碱0.14%～0.45%，氯0.43%～0.54%，糖碱比57.11～206.48，氮碱比3.57～12.08，钾1.67%～1.72%。

019 **Perustza Gigante**

Perustza Gigante 原产地为意大利，由云南省烟草农业科学研究院引进保存。

特征特性 株式塔形，腰叶椭圆形，叶面平，叶尖渐尖，叶缘较平，叶色浅绿色，叶耳有，主脉中等，茎叶角度小，花序松散，花色淡红色。自然株高95.7cm，自然叶数34.0片，茎围3.8cm，节距3.1cm，腰叶长23.4cm、宽11.6cm。移栽至现蕾130天，移栽至中心花开放137天，大田生育期154天。

抗病性 中抗TMV和靶斑病，中感白粉病和赤星病，感黑胫病。

外观质量 原烟颜色棕黄色，油分有，身份适中，光泽强，叶片结构较疏松。

化学成分 总糖11.10%～26.67%，还原糖10.20%～22.28%，两糖差0.90%～4.39%，总氮1.13%～2.28%，烟碱0.32%～2.10%，氯0.24%～0.57%，糖碱比5.29～82.28，氮碱比1.09～3.49，钾1.81%～2.31%。

020 **Remedios**

Remedios 原产地为古巴，由云南省烟草农业科学研究院引进保存。

特征特性 株式筒形，腰叶长椭圆形，叶面平，叶尖渐尖，叶缘较平，叶色绿色，茎叶角度小，主脉细，花序紧密，花色红色。自然株高111.4cm，自然叶数24.0片，茎围3.2cm，节距2.3cm，腰叶长12.7cm、宽6.2cm。移栽至现蕾108天，移栽至中心花开放113天，大田生育期133天。

抗病性 抗TMV，中感黑胫病、白粉病和赤星病，感靶斑病。

外观质量 原烟颜色橘黄色，油分较多，身份适中，光泽强，叶片结构较疏松。

化学成分 总糖21.08%～28.78%，还原糖12.7%～22.37%，两糖差6.42%～8.37%，总氮2.0%～2.08%，烟碱0.37%～3.12%，氯0.29%～0.36%，糖碱比6.75～78.26，氮碱比0.64～5.66，钾1.80%～2.07%。

021 Samsun No 15

Samsun No 15原产地为土耳其，由云南省烟草农业科学研究院引进保存。

特征特性　株式筒形，腰叶宽卵圆形，叶面平，叶尖钝尖，叶缘较平，叶色浅绿色，茎叶角度大，主脉细，花序松散，花色红色。自然株高121.3cm，自然叶数27.0片，茎围3.3cm，节距3.2cm，腰叶长12.9cm、宽7.1cm。移栽至现蕾112天，移栽至中心花开放120天，大田生育期139天。

抗病性　中抗靶斑病，感黑胫病和TMV。

外观质量　原烟颜色橘黄色，油分有，身份稍厚，光泽强，叶片结构较疏松。

化学成分　总糖30.49%，还原糖26.23%，两糖差4.26%，总氮1.34%，烟碱0.31%，氯0.55%，糖碱比98.35，氮碱比4.32，钾1.62%。

022 Samsun（nn）

Samsun（nn）原产地为意大利，由云南省烟草农业科学研究院引进保存。

特征特性　株式筒形，腰叶宽椭圆形，叶面平，叶尖渐尖，叶缘较平，叶色黄绿，茎叶角度大，主脉中等，花序松散，花色淡红色。自然株高131.4cm，自然叶数29.8片，茎围3.3cm，节距2.9cm，腰叶长13.4cm、宽6.5cm。移栽至现蕾110天，移栽至中心花开放116天，大田生育期136天。

抗病性　中抗靶斑病，中感TMV和赤星病，感黑胫病。

外观质量　原烟颜色棕黄，油分有，身份适中，光泽中，叶片结构较疏松。

化学成分　总糖8.82%～28.51%，还原糖8.23%～25.16%，两糖差0.58%～3.35%，总氮1.54%～2.22%，烟碱0.23%～1.39%，氯0.64%～2.79%，糖碱比6.34～124.25，氮碱比1.60～6.73，钾1.16%～1.55%。

023 **Smyrna No 9**

Smyrna No 9原产地为土耳其，由云南省烟草农业科学研究院引进保存。

特征特性 株式橄榄形，腰叶卵圆形，叶面平，叶尖渐尖，叶缘较平，叶色深绿色，茎叶角度大，主脉细，花序松散，花色淡红色。自然株高123.7cm，自然叶数29.0片，茎围3.2cm，节距3.2cm，腰叶长13.8cm、宽6.8cm。移栽至现蕾112天，移栽至中心花开放120天，大田生育期133天。

抗病性 抗TMV，中抗靶斑病，中感白粉病和赤星病，感黑胫病。

外观质量 原烟颜色橘黄色，油分有，身份稍厚，光泽强，叶片结构较疏松。

化学成分 总糖28.24%，还原糖24.18%，两糖差4.06%，总氮1.51%，烟碱0.14%，氯0.64%，糖碱比201.71，氮碱比10.79，钾1.36%。

024 **Tykulak**

Tykulak原产地为苏联，由云南省烟草农业科学研究院引进保存。

特征特性 株式筒形，腰叶宽椭圆形，叶面平，叶尖钝尖，叶缘较平，叶色浅绿色，茎叶角度小，主脉中等，花序松散，花色淡红色。自然株高142.3cm，自然叶数28片，茎围3.2cm，节距3.2cm，腰叶长14.1cm、宽7.5cm。移栽至现蕾102天，移栽至中心花开放108天，大田生育期129天。

抗病性 抗靶斑病，中感TMV，感黑胫病、白粉病和赤星病。

外观质量 原烟颜色橘黄色，油分稍有，身份薄，光泽强，叶片结构较疏松。

化学成分 总糖20.25%，还原糖16.57%，两糖差3.68%，总氮2.11%，烟碱0.76%，氯0.59%，糖碱比26.64，氮碱比2.78，钾1.82%。

025

Xanthi Yaka No 18A

Xanthi Yaka No 18A原产地为希腊，由云南省烟草农业科学研究院引进保存。

特征特性 株式筒形，腰叶宽椭圆形，叶面平，叶尖渐尖，叶缘较平，叶色浅绿色，茎叶角度大，主脉细，花序紧密，花色淡红色。自然株高105.4cm，自然叶数16.0片，茎围3.5cm，节距3.2cm，腰叶长13.8cm、宽6.2cm。移栽至现蕾108天，移栽至中心花开放114天，大田生育期133天。

抗病性 中抗靶斑病，中感黑胫病和TMV。

外观质量 原烟颜色橘黄色，油分稍有，身份适中，光泽强，叶片结构较疏松。

化学成分 总糖22.54%，还原糖19.84%，两糖差2.70%，总氮2.18%，烟碱0.94%，氯0.45%，糖碱比23.98，氮碱比2.32，钾1.04%。

五、其他晾烟种质资源

001 变异Dirojuio Fagues No.361

变异Dirojuio Fagues No.361由云南省烟草农业科学研究院从Dirojuio Fagues No.361系统选育而成。

特征特性 株式筒形，腰叶椭圆形，叶尖渐尖，叶面较平，叶缘波浪，叶色深绿色，叶耳大，主脉细，叶片厚度中等，茎叶角度中等，花序集中，花色淡红色，蒴果长椭圆形。自然株高161.3cm，打顶株高96.9cm，自然叶数20.4片，有效叶数17.5片，茎围8.2cm，节距4.7cm，腰叶长58.9cm、宽26.3cm。移栽至现蕾63天，移栽至中心花开放67天，大田生育期126天。

抗病性 感黑胫病、青枯病、根结线虫病。

外观质量 原烟颜色棕红色，油分较多，身份稍厚，光泽中，叶片结构紧密。

化学成分 总糖7.57%，还原糖7.02%，两糖差0.55%，总氮2.17%，烟碱4.94%，氯0.12%，糖碱比1.53，氮碱比0.44，钾2.86%。

002 世纪一号

世纪一号由云南省烟草农业科学研究院从浙江省桐乡市收集保存。

特征特性 株式塔形，腰叶长椭圆形，叶尖渐尖，叶面较平，叶缘波浪，叶色绿色，叶耳大，主脉中等，叶片厚度中等，花序分散，花色淡红色，蒴果椭圆形。自然株高176.7cm，打顶株高109.9cm，自然叶数19.0片，有效叶数15.4片，茎围10.4cm，节距5.8cm，腰叶长62.2cm、宽28.1cm。移栽至现蕾42天，移栽至中心花开放50天，大田生育期134天。

抗病性 感黑胫病和TSWV。

外观质量 原烟颜色棕红色，鲜亮，油分有，身份中，光泽强，叶片结构较疏松。

化学成分 总糖1.52%，还原糖1.32%，两糖差0.20%，总氮3.18%，烟碱3.38%，氯0.83%，糖碱比0.45，氮碱比0.94，钾2.16%。

003 土耳其雪茄　全国统一编号1244

土耳其雪茄由中国农业科学院烟草研究所从国外引进保存。

特征特性　株式塔形，腰叶椭圆形，叶尖渐尖，叶面较平，叶缘较平，叶色绿色，叶耳大，主脉中等，叶片厚度中等，花序分散，花色淡红，蒴果椭圆形。自然株高109.6cm，打顶株高76.5cm，自然叶数19.1片，有效叶数14.6片，茎围6.3cm，节距3.8cm，腰叶长34.7cm、宽18.3cm。移栽至现蕾46天，移栽至中心花开放54天，大田生育期126天。

抗病性　高抗青枯病，感黑胫病、根结线虫病。

外观质量　原烟颜色棕红色，油分少，身份薄，光泽亮，叶片结构紧密。

化学成分　总糖0.73%，还原糖0.30%，两糖差0.43%，总氮2.35%，烟碱1.04%，氯0.78%，糖碱比0.70，氮碱比2.27，钾3.54%。

004 无名雪茄　全国统一编号1245

无名雪茄由中国农业科学院烟草研究所从国外引进保存。

特征特性　株式筒形，腰叶长椭圆形，叶尖急尖，叶面较平，叶缘波浪，叶色绿色，叶耳中，主脉细，叶片厚度中等，花序分散，花色红，蒴果椭圆形。自然株高134.2cm，打顶株高83.0cm，自然叶数23.1片，有效叶数21.8片，茎围9.0cm，节距3.9cm，腰叶长57.4cm、宽27.1cm。移栽至现蕾68天，移栽至中心花开放76天，大田生育期126天。

抗病性　抗黑胫病，中抗根结线虫病，感青枯病。

外观质量　原烟颜色棕红色，油分有，身份稍厚，光泽中，叶片结构较紧密。

化学成分　总糖13.39%，还原糖12.33%，两糖差1.06%，总氮1.55%，烟碱1.71%，氯0.29%，糖碱比7.83，氮碱比0.91，钾1.60%。

005 422（Kedce Hybrid 43） 全国统一编号1228

422（Kedce Hybrid 43）由中国农业科学院烟草研究所从国外引进保存。

特征特性 株式筒形，腰叶长椭圆形，叶尖渐尖，叶面较皱，叶缘波浪，叶色绿色，叶耳小，主脉中等，叶片厚度中等，花序分散，花色淡红，蒴果长椭圆形。自然株高154.2cm，打顶株高78.5cm，自然叶数20.4片，有效叶数17.2片，茎围8.6cm，节距4.0cm，腰叶长66.4cm、宽19.4cm。移栽至现蕾59天，移栽至中心花开放65天，大田生育期126天。

抗病性 中抗黑胫病，中感根结线虫病，感青枯病。

外观质量 原烟颜色棕红色，油分多，身份中，光泽亮，叶片结构疏松。

化学成分 总糖17.21%，还原糖15.59%，两糖差1.62%，总氮2.01%，烟碱3.11%，氯0.33%，糖碱比5.53，氮碱比0.65，钾1.07%。

006 Bad Geudertheimer Landsc 全国统一编号1206

Bad Geudertheimer Landsc 由中国农业科学院烟草研究所从国外引进保存。

特征特性 株式筒形，腰叶椭圆形，叶尖渐尖，叶面稍皱，叶缘平滑，叶色深绿色，叶耳较大，主脉较细，叶片厚度中等，花序集中，花色白色，蒴果长椭圆形。自然株高160.4cm，打顶株高87.0cm，自然叶数15.0片，有效叶数13.2片，茎围6.7cm，节距5.2cm，腰叶长46.3cm、宽23.3cm。移栽至现蕾56天，移栽至中心花开放61天，大田生育期126天。

抗病性 中感青枯病，感黑胫病、根结线虫病。

外观质量 原烟颜色棕黄微带青色，油分少，身份稍厚，光泽较亮，叶片结构较紧密。

化学成分 总糖9.93%，还原糖8.53%，两糖差1.40%，总氮2.46%，烟碱4.39%，氯0.30%，糖碱比2.26，氮碱比0.56，钾0.97%。

007 Baur

Baur由云南省烟草农业科学研究院从国外引进保存。

特征特性 株式塔形，腰叶卵圆形，叶面较平，叶尖钝尖，叶缘波浪状，叶色绿色，叶耳较大，主脉细，茎叶角度大，花序松散，花色淡红色。自然株高131.4cm，打顶株高103.6cm，自然叶数20.6片，有效叶数16.4片，茎围6.6cm，节距5.6cm，腰叶长35.4cm、宽18.6cm。移栽至现蕾46天，移栽至中心花开放49天，大田生育期133天。

抗 病 性 靶斑病免疫，中感TMV和白粉病，感黑胫病。

外观质量 原烟颜色浅棕红色，油分较少，身份中，光泽中，叶片结构较紧密。

化学成分 总糖18.11%，还原糖16.93%，两糖差1.18%，总氮2.33%，烟碱2.91%，氯1.57%，糖碱比6.22，氮碱比0.80，钾1.15%。

008 Begej 全国统一编号1207

Begej由中国农业科学院烟草研究所从国外引进保存。

特征特性 株式筒形，腰叶心形，叶尖渐尖，叶面稍皱，叶缘波浪，叶色绿色，有柄，主脉中等，叶片厚度中等，花序集中，花色淡红，蒴果长椭圆形。自然株高161.6cm，打顶株高101.0cm，自然叶数16.4片，有效叶数14.0片，茎围7.9cm，节距4.7cm，腰叶长57.7cm、宽29.4cm。移栽至现蕾54天，移栽至中心花开放60天，大田生育期126天。

抗 病 性 中感青枯病，感黑胫病和根结线虫病。

外观质量 原烟颜色棕红色，油分少，身份薄，光泽较暗，叶片结构较紧密。

化学成分 总糖4.23%，还原糖3.55%，两糖差0.68%，总氮1.88%，烟碱2.79%，氯0.43%，糖碱比1.52，氮碱比0.67，钾2.09%。

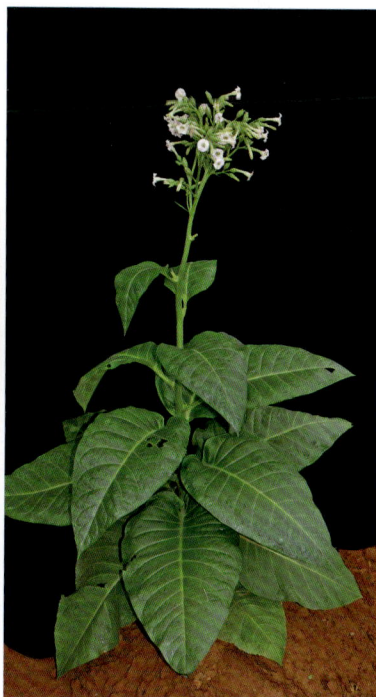

009 Beinhart 1000-1

Beinhart 1000-1由云南省烟草农业科学研究院从国外引进保存。

特征特性 株式塔形，腰叶宽椭圆形，叶尖钝尖，叶面较平，叶缘较平，叶色绿色，叶耳小，主脉粗，叶片厚，茎叶角度中，花序松散，花色淡红色，蒴果椭圆形。自然株高220.2cm，打顶株高129.8cm，自然叶数23.0片，有效叶数21.2片，茎围11.0cm，节距6.8cm，腰叶长64.9cm、宽27.1cm。移栽至现蕾79天，移栽至中心花开放89天，大田生育期142天。

抗病性 中抗靶斑病和赤星病，中感TMV。

外观质量 原烟颜色浅棕红色，油分多，身份适中，光泽暗，叶片结构较疏松。

化学成分 总糖10.63%，还原糖9.65%，两糖差0.98%，总氮2.30%，烟碱1.13%，氯0.15%，糖碱比9.41，氮碱比2.04，钾4.03%。

010 Catterton

Catterton由云南省烟草农业科学研究院从国外引进保存。

特征特性 株式塔形，腰叶长卵圆形，叶面较皱，叶尖渐尖，叶缘波浪状，叶色深绿色，叶耳较小，主脉中等，茎叶角度中，花序松散，花色红色。自然株高182.5cm，打顶株高154.0cm，自然叶数28.2片，有效叶数21.6片，茎围9.5cm，节距3.6cm，腰叶长83.0cm、宽28.4cm。移栽至现蕾55天，移栽至中心花开放63天，大田生育期133天。

抗病性 靶斑病免疫，中抗TMV，感黑胫病和赤星病。

外观质量 原烟颜色深棕色，油分较多，身份稍厚，光泽中，叶片结构较紧密。

化学成分 总糖20.97%，还原糖19.01%，两糖差1.96%，总氮2.03%，烟碱1.64%，氯1.27%，糖碱比12.79，氮碱比1.24，钾1.67%。

011 Conneticut Broad Leaf 全国统一编号 1210

Conneticut Broad Leaf 由中国农业科学院烟草研究所从国外引进保存。

特征特性 株式筒形,腰叶卵圆形,叶尖急尖,叶面稍皱,叶缘波浪,叶色绿色,叶耳中,主脉较细,叶片厚度中等,花序分散,花色淡红,蒴果长椭圆形。自然株高140.6cm,打顶株高85.0cm,自然叶数14.4片,有效叶数12.0片,茎围6.1cm,节距5.0cm,腰叶长32.8cm、宽13.5cm。移栽至现蕾51天,移栽至中心花开放58天,大田生育期126天。

抗病性 中抗根结线虫病,感黑胫病。

外观质量 原烟颜色棕红色,油分少,身份薄,光泽较暗,叶片结构较紧密。

化学成分 总糖1.20%,还原糖0.70%,两糖差0.50%,总氮2.17%,烟碱2.23%,氯0.28%,糖碱比0.54,氮碱比0.97,钾2.14%。

012 Copus Pobrecene No.1241 全国统一编号 1212

Copus Pobrecene No.1241 由中国农业科学院烟草研究所从国外引进保存。

特征特性 株式筒形,腰叶长椭圆形,叶尖渐尖,叶面较皱,叶缘波浪,叶色绿色,叶耳较大,主脉细,叶片厚度中等,花序分散,花色淡红,蒴果长椭圆形。自然株高176.8cm,打顶株高100.0cm,自然叶数19.6片,有效叶数17.5片,茎围9.3cm,节距4.6cm,腰叶长59.3cm、宽25.3cm。移栽至现蕾55天,移栽至中心花开放60天,大田生育期126天。

抗病性 感黑胫病、青枯病、根结线虫病。

外观质量 原烟颜色棕红色,油分少,身份中,光泽较亮,叶片结构较疏松。

化学成分 总糖5.11%,还原糖4.41%,两糖差0.70%,总氮2.65%,烟碱3.58%,氯0.55%,糖碱比1.43,氮碱比0.74,钾1.37%。

013　Criollo Salteno　全国统一编号1213

Criollo Salteno 由中国农业科学院烟草研究所从国外引进保存。

特征特性　株式塔形，腰叶椭圆形，叶尖渐尖，叶面较皱，叶缘波浪，叶色绿色，叶耳大，主脉细，叶片厚度中等，花序分散，花色淡红，蒴果长椭圆形。自然株高195.8cm，打顶株高103.5cm，自然叶数19.2片，有效叶数17.0片，茎围8.3cm，节距5.4cm，腰叶长60.4cm、宽31.2cm。移栽至现蕾61天，移栽至中心花开放65天，大田生育期126天。

抗病性　抗PVY，中抗青枯病、烟蚜，中感TMV、CMV，感黑胫病、根结线虫病、赤星病。

外观质量　原烟颜色棕红色，油分多，身份中，光泽中，叶片结构疏松。

化学成分　总糖10.36%，还原糖9.26%，两糖差1.10%，总氮2.87%，烟碱4.71%，氯0.36%，糖碱比2.20，氮碱比0.61，钾2.03%。

014　Dirojuio Fagues No.361　全国统一编号1214

Dirojuio Fagues No.361 由中国农业科学院烟草研究所从国外引进保存。

特征特性　株式筒形，腰叶椭圆形，叶尖渐尖，叶面较皱，叶缘波浪，叶色深绿色，叶耳大，主脉细，叶片厚度中等，花序集中，花色淡红色，蒴果长椭圆形。自然株高159.8cm，打顶株高94.5cm，自然叶数18.4片，有效叶数16.5片，茎围8.1cm，节距4.8cm，腰叶长57.8cm、宽27.3cm。移栽至现蕾59天，移栽至中心花开放65天，大田生育期126天。

抗病性　感黑胫病、青枯病、根结线虫病。

外观质量　原烟颜色棕红色，油分较多，身份稍厚，光泽中，叶片结构紧密。

化学成分　总糖7.75%，还原糖6.81%，两糖差0.94%，总氮2.23%，烟碱4.29%，氯0.43%，糖碱比1.81，氮碱比0.52，钾1.66%。

015　E18　全国统一编号1215

E18由中国农业科学院烟草研究所从国外引进保存。

特征特性　株式筒形，腰叶宽椭圆形，叶尖钝尖，叶面较平，叶缘波浪，叶色绿色，叶耳大，主脉细，叶片厚度中等，花序分散，花色红，蒴果长椭圆形。自然株高139.0cm，打顶株高78.5cm，自然叶数17.4片，有效叶数15.5片，茎围7.6cm，节距4.8cm，腰叶长42.3cm、宽22.5cm。移栽至现蕾51天，移栽至中心花开放59天，大田生育期126天。

抗病性　中感青枯病、根结线虫病，感黑胫病。

外观质量　原烟颜色棕红色，油分少，身份薄，光泽亮，叶片结构较紧密。

化学成分　总糖2.98%，还原糖2.47%，两糖差0.51%，总氮1.69%，烟碱1.18%，氯0.44%，糖碱比2.53，氮碱比1.43，钾2.01%。

016　Friedrichstaier　全国统一编号1217

Friedrichstaier由中国农业科学院烟草研究所从国外引进保存。

特征特性　株式筒形，腰叶椭圆形，叶尖急尖，叶面较皱，叶缘波浪，叶色绿色，叶耳较大，主脉中等，叶片厚度中等，花序分散，花色红，蒴果长椭圆形。自然株高160.0cm，打顶株高75.5cm，自然叶数22.0片，有效叶数19.0片，茎围8.2cm，节距3.5cm，腰叶长55.1cm、宽25.2cm。移栽至现蕾56天，移栽至中心花开放60天，大田生育期126天。

抗病性　感黑胫病、根结线虫病，中感青枯病。

外观质量　原烟颜色棕红色，油分少，身份薄，光泽亮，叶片结构较紧密。

化学成分　总糖6.50%，还原糖5.45%，两糖差1.05%，总氮2.13%，烟碱4.39%，氯0.29%，糖碱比1.48，氮碱比0.49，钾2.19%。

017 Geudetthelmex　全国统一编号1218

Geudetthelmex由中国农业科学院烟草研究所从国外引进保存。

特征特性　株式筒形，腰叶椭圆形，叶尖渐尖，叶面稍皱，叶缘波浪，叶色绿色，叶耳较大，主脉较细，叶片厚度中等，花序分散，花色红，蒴果椭圆形。自然株高133.0cm，打顶株高91.5cm，自然叶数17.0片，有效叶数14.5片，茎围7.6cm，节距3.9cm，腰叶长52.3cm、宽21.4cm。移栽至现蕾51天，移栽至中心花开放56天，大田生育期126天。

抗病性　感黑胫病、青枯病、根结线虫病。

外观质量　原烟颜色棕红色，油分少，身份中，光泽亮，叶片结构较紧密。

化学成分　总糖5.40%，还原糖4.53%，两糖差0.87%，总氮1.91%，烟碱1.08%，氯0.52%，糖碱比5.00，氮碱比1.77，钾2.31%。

018 Hanica　全国统一编号1226

Hanica由中国农业科学院烟草研究所从国外引进保存。

特征特性　株式塔形，腰叶宽椭圆形，叶尖钝尖，叶面较平，叶缘较平，叶色绿色，叶耳较大，主脉细，叶片厚度中等，花序集中，花色淡红，蒴果椭圆形。自然株高112.2cm，打顶株高72.0cm，自然叶数18.8片，有效叶数15.5片，茎围9.0cm，节距3.8cm，腰叶长51.1cm、宽23.8cm。移栽至现蕾45天，移栽至中心花开放49天，大田生育期126天。

抗病性　感黑胫病、青枯病、根结线虫病。

外观质量　原烟颜色棕红色，油分少，身份中，光泽中，叶片结构较疏松。

化学成分　总糖6.20%，还原糖5.33%，两糖差0.87%，总氮1.96%，烟碱1.83%，氯0.54%，糖碱比3.39，氮碱比1.07，钾1.54%。

019　Havana Connecticut　全国统一编号 1223

Havana Connecticut 由中国农业科学院烟草研究所从国外引进保存。

特征特性　株式筒形，腰叶椭圆形，叶尖急尖，叶面较平，叶缘平滑，叶色绿色，叶耳较大，主脉细，叶片厚度中等，花序分散，花色红，蒴果椭圆形。自然株高 134.2cm，打顶株高 78.5cm，自然叶数 24.6 片，有效叶数 21.0 片，茎围 8.3cm，节距 3.5cm，腰叶长 42.6cm、宽 19.9cm。移栽至现蕾 53 天，移栽至中心花开放 59 天，大田生育期 126 天。

抗病性　中感根结线虫病，感黑胫病、青枯病。

外观质量　原烟颜色棕红色，油分少，身份薄，光泽中，叶片结构较紧密。

化学成分　总糖 1.72%，还原糖 1.23%，两糖差 0.49%，总氮 1.92%，烟碱 1.41%，氯 0.72%，糖碱比 1.22，氮碱比 1.36，钾 3.09%。

020　Havana10　全国统一编号 1221

Havana10 由中国农业科学院烟草研究所从国外引进保存。

特征特性　株式筒形，腰叶椭圆形，叶尖渐尖，叶面较平，叶缘波浪，叶色绿色，叶耳较大，主脉较细，叶片厚度中等，花序集中，花色红，蒴果椭圆形。自然株高 128.8cm，打顶株高 77.5cm，自然叶数 19.4 片，有效叶数 18.0 片，茎围 8.4cm，节距 3.7cm，腰叶长 47.2cm、宽 19.8cm。移栽至现蕾 46 天，移栽至中心花开放 51 天，大田生育期 126 天。

抗病性　抗 PVY，中抗青枯病，中感 TMV，感黑胫病、根结线虫病、CMV、赤星病和烟蚜。

外观质量　原烟颜色棕红色，油分少，身份薄，光泽亮，叶片结构较紧密。

化学成分　总糖 3.88%，还原糖 2.25%，两糖差 1.63%，总氮 2.18%，烟碱 1.24%，糖碱比 3.13，氮碱比 1.76，钾 2.10%。

021 Havana Ⅱ 全国统一编号1219

Havana Ⅱ由中国农业科学院烟草研究所从国外引进保存。

特征特性 株式筒形，腰叶椭圆形，叶尖急尖，叶面较平，叶缘平滑，叶色绿色，叶耳较大，主脉中等，叶片厚度中等，花序集中，花色红，蒴果椭圆形。自然株高169.2cm，打顶株高105.0cm，自然叶数19.0片，有效叶数16.0片，茎围8.5cm，节距4.2cm，腰叶长56.0cm、宽22.5cm。移栽至现蕾57天，移栽至中心花开放62天，大田生育期126天。

抗病性 中抗青枯病，感黑胫病、根结线虫病。

外观质量 原烟颜色棕红色，油分少，身份中，光泽亮，叶片结构较紧密。

化学成分 总糖6.90%，还原糖5.97%，两糖差0.93%，总氮1.76%，烟碱1.59%，氯0.49%，糖碱比4.34，氮碱比1.11，钾2.01%。

022 Havana Ⅱc 全国统一编号1220

Havana Ⅱc由中国农业科学院烟草研究所从国外引进保存。

特征特性 株式筒形，腰叶宽椭圆形，叶尖急尖，叶面较平，叶缘波浪，叶色绿色，叶耳较大，主脉中等，叶片厚度中等，花序分散，花色红，蒴果椭圆形。自然株高131.6cm，打顶株高82.5cm，自然叶数22.2片，有效叶数18.0片，茎围8.6cm，节距3.6cm，腰叶长42.5cm、宽20.2cm。移栽至现蕾51天，移栽至中心花开放58天，大田生育期126天。

抗病性 感黑胫病、青枯病、根结线虫病。

外观质量 原烟颜色棕红色，油分少，身份薄，光泽亮，叶片结构较紧密。

化学成分 总糖2.61%，还原糖1.93%，两糖差0.68%，总氮2.29%，烟碱2.45%，氯0.45%，糖碱比1.07，氮碱比0.93，钾2.94%。

023 J20 全国统一编号1227

J20由中国农业科学院烟草研究所从国外引进保存。

特征特性 株式筒形，腰叶宽椭圆形，叶尖钝尖，叶面较平，叶缘波浪，叶色绿色，叶耳较大，主脉细，叶片厚度中等，花序集中，花色红，蒴果椭圆形。自然株高182.4cm，打顶株高111.5cm，自然叶数31.4片，有效叶数22.3片，茎围9.9cm，节距4.1cm，腰叶长60.6cm、宽29.7cm。移栽至现蕾72天，移栽至中心花开放77天，大田生育期126天。

抗病性 感根结线虫病。

外观质量 原烟颜色棕红色，油分较多，身份稍厚，光泽亮，叶片结构较疏松。

化学成分 总糖6.62%，还原糖5.75%，两糖差0.87%，总氮1.78%，烟碱1.95%，氯0.38%，糖碱比3.39，氮碱比0.91，钾1.53%。

024 KY 153

KY 153由云南省烟草农业科学研究院从美国引进保存。

特征特性 株式筒形，腰叶长椭圆形，叶尖渐尖，叶面较平，叶缘波浪，叶色绿色，叶耳小，主脉中等，叶片厚度中等，茎叶角度中等，花序密集，花色红色。自然株高114.2cm，打顶株高98.6cm，自然叶数21.2片，有效叶数19.8片，茎围6.4cm，节距4.4cm，腰叶长42.2cm、宽15.5cm。移栽至现蕾68天，移栽至中心花开放72天，大田生育期139天。

抗病性 感黑胫病。

外观质量 原烟颜色金黄色，油分有，身份中等，光泽较强，叶片结构较疏松。

化学成分 总糖3.15%，还原糖2.27%，两糖差0.88%，总氮2.73%，烟碱7.06%，氯0.33%，糖碱比0.45，氮碱比0.39，钾0.92%。

025　KY 160

KY 160由云南省烟草农业科学研究院从美国引进保存。

特征特性　株式橄榄形，腰叶披针形，叶尖渐尖，叶面较皱，叶缘皱折，叶色绿色，叶耳小，主脉中等，叶片厚度中等，茎叶角度中等，花序密集，花色红色。自然株高130.7cm，打顶株高82.5cm，自然叶数20.6片，有效叶数16.6片，茎围9.4cm，节距3.6cm，腰叶长51.4cm、宽14.5cm。移栽至现蕾66天，移栽至中心花开放73天，大田生育期126天。

抗病性　TMV免疫，感黑胫病、靶斑病。

外观质量　原烟颜色金黄色，油分有，身份中等，光泽较强，叶片结构较疏松。

化学成分　总糖2.97%，还原糖2.76%，两糖差0.21%，总氮2.24%，烟碱3.38%，氯0.35%，糖碱比0.88，氮碱比0.66，钾2.70%。

026　KY 171

KY 171由云南省烟草农业科学研究院从美国引进保存。

特征特性　株式塔形，腰叶长椭圆形，叶尖渐尖，叶面较平，叶缘波浪，叶色绿色，叶耳中等，主脉中等，叶片厚度中等，茎叶角度中等，花序集中，花色淡红色。自然株高110.8cm，打顶株高87.8cm，自然叶数20.2片，有效叶数17.5片，茎围9.6cm，节距3.1cm，腰叶长62.0cm、宽22.6cm。移栽至现蕾62天，移栽至中心花开放66天，大田生育期120天。

抗病性　TMV免疫，抗靶斑病，感黑胫病、TSWV。

外观质量　原烟颜色金黄色，油分有，身份中等，光泽较强，叶片结构较疏松。

化学成分　总糖2.92%，还原糖2.47%，两糖差0.45%，总氮2.93%，烟碱7.35%，氯0.37%，糖碱比0.40，氮碱比0.40，钾1.47%。

027 | Lanka23　全国统一编号 1229

Lanka23 由中国农业科学院烟草研究所从国外引进保存。

特征特性　株式塔形，腰叶椭圆形，叶尖急尖，叶面较皱，叶缘平滑，叶色绿色，叶耳较大，主脉较细，叶片厚度中等，花序集中，花色淡红，蒴果椭圆形。自然株高 101.0cm，打顶株高 76.0cm，自然叶数 20.6 片，有效叶数 17.5 片，茎围 7.2cm，节距 4.1cm，腰叶长 37.8cm、宽 17.3cm。移栽至现蕾 48 天，移栽至中心花开放 54 天，大田生育期 126 天。

抗 病 性　中抗青枯病，感黑胫病和根结线虫病。

外观质量　原烟颜色棕红色，油分有，身份薄，光泽亮，叶片结构较紧密。

化学成分　总糖 3.99%，还原糖 2.99%，两糖差 1.00%，总氮 1.98%，烟碱 0.97%，氯 0.85%，糖碱比 4.11，氮碱比 2.04，钾 2.26%。

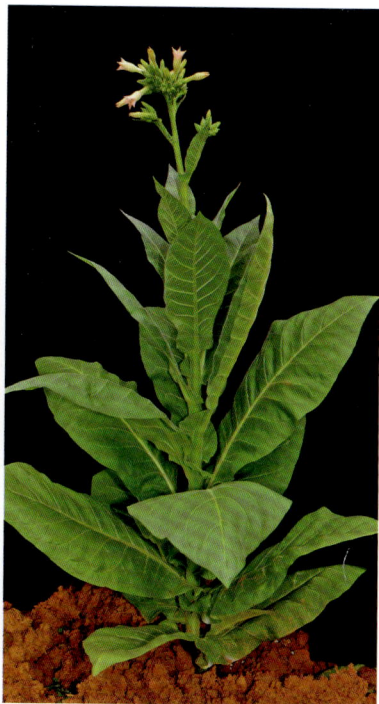

028 | Little Crittenden

Little Crittenden 由云南省烟草农业科学研究院从美国引进保存。

特征特性　株式塔形，腰叶长椭圆形，叶尖渐尖，叶面较平，叶缘皱折，叶色绿色，叶耳中等，主脉中等，叶片厚度中等，花序集中，花色淡红色，茎叶角度中等。自然株高 108.4cm，打顶株高 70.8cm，自然叶数 19.2 片，有效叶数 16.2 片，茎围 9.3cm，节距 2.9cm，腰叶长 54.0cm、宽 20.1cm。移栽至现蕾 61 天，移栽至中心花开放 66 天，大田生育期 126 天。

抗 病 性　中感 TMV 和赤星病，感黑胫病，高感靶斑病。

外观质量　原烟颜色金黄色，油分有，身份中等，光泽较强，叶片结构较疏松。

化学成分　总糖 0.64%，还原糖 0.47%，两糖差 0.17%，总氮 2.56%，烟碱 6.45%，氯 0.19%，糖碱比 0.10，氮碱比 0.40，钾 2.15%。

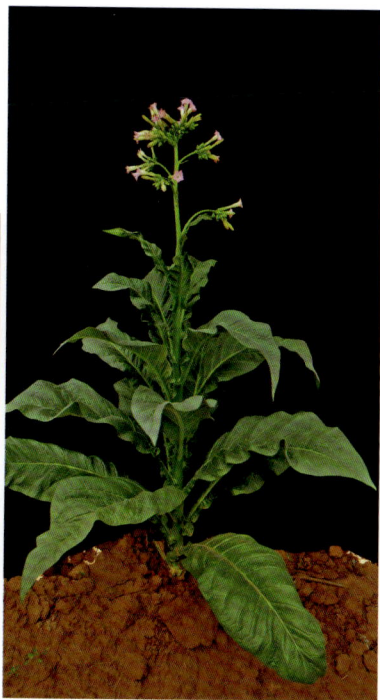

029 Manlia 全国统一编号1232

Manlia由中国农业科学院烟草研究所从国外引进保存。

特征特性 株式塔形，腰叶椭圆形，叶尖急尖，叶面较皱，叶缘平滑，叶色绿色，叶耳较大，主脉细，叶片厚度中等，花序集中，花色淡红，蒴果长椭圆形。自然株高115.8cm，打顶株高63.0cm，自然叶数20.3片，有效叶数16.0片，茎围6.2cm，节距4.3cm，腰叶长43.7cm、宽21.3cm。移栽至现蕾45天，移栽至中心花开放52天，大田生育期126天。

抗病性 抗青枯病，中感根结线虫病，感黑胫病。

外观质量 原烟颜色棕红、青黄色，油分有，身份薄，光泽亮，叶片结构较紧密。

化学成分 总糖1.73%，还原糖1.06%，两糖差0.67%，总氮2.16%，烟碱1.99%，氯1.26%，糖碱比0.87，氮碱比1.09，钾2.67%。

030 NL Madole LC

NL Madole LC由云南省烟草农业科学研究院从美国引进保存。

特征特性 株式塔形，腰叶长椭圆形，叶尖渐尖，叶面平，叶缘波浪，叶色绿色，叶耳大，主脉粗，叶片厚度中等，茎叶角度中等，花序集中，花色淡红色。自然株高107.2cm，打顶株高73.5cm，自然叶数21.0片，有效叶数16.7片，茎围8.6cm，节距3.9cm，腰叶长49.9cm、宽21.5cm。移栽至现蕾62天，移栽至中心花开放66天，大田生育期121天。

抗病性 中抗TMV，感黑胫病。

外观质量 原烟颜色金黄色，油分有，身份中等，光泽较强，叶片结构较疏松。

化学成分 总糖4.68%，还原糖4.09%，两糖差0.59%，总氮2.40%，烟碱4.02%，氯0.18%，糖碱比1.16，氮碱比0.60，钾1.87%。

031 Oosikappal 全国统一编号1233

Oosikappal由中国农业科学院烟草研究所从国外引进保存。

特征特性 株式筒形，腰叶长椭圆形，叶尖渐尖，叶面平滑，叶缘波浪，叶色绿色，叶耳较大，主脉细，叶片厚度中等，花序集中，花色红，蒴果长椭圆形。自然株高181.2cm，打顶株高117.0cm，自然叶数28.8片，有效叶数22.5片，茎围10.0cm，节距4.4cm，腰叶长57.2cm、宽29.8cm。移栽至现蕾62天，移栽至中心花开放67天，大田生育期126天。

抗 病 性 抗黑胫病，感青枯病和根结线虫病。

外观质量 原烟颜色棕红色，油分多，身份稍厚，光泽亮，叶片结构较紧密。

化学成分 总糖21.14%，还原糖19.63%，两糖差1.51%，总氮1.34%，烟碱0.96%，氯0.40%，糖碱比22.02，氮碱比1.40，钾1.74%。

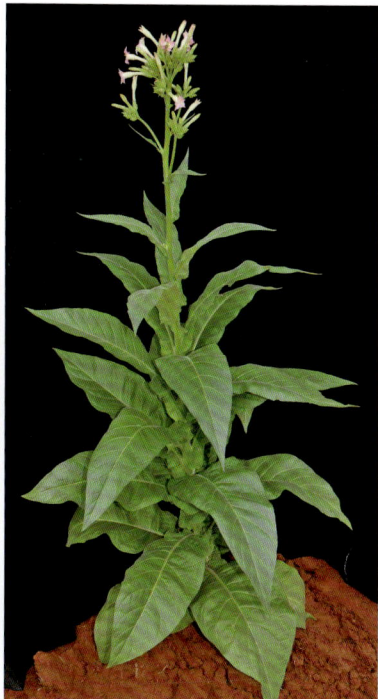

032 Pennsylvania Seed Leaf 全国统一编号1235

Pennsylvania Seed Leaf由中国农业科学院烟草研究所从国外引进保存。

特征特性 株式筒形，腰叶长椭圆形，叶尖渐尖，叶面较皱，叶缘皱折，叶色绿色，叶耳小，主脉较细，叶片厚度中等，花序集中，花色淡红，蒴果长椭圆形。自然株高122.8cm，打顶株高80.0cm，自然叶数24.4片，有效叶数21.5片，茎围9.1cm，节距3.9cm，腰叶长60.8cm、宽19.3cm。移栽至现蕾61天，移栽至中心花开放69天，大田生育期126天。

抗 病 性 抗黑胫病，感青枯病和根结线虫病。

外观质量 原烟颜色棕红色，油分有，身份稍厚，光泽中，叶片结构较紧密。

化学成分 总糖8.35%，还原糖7.62%，两糖差0.73%，总氮1.69%，烟碱1.63%，氯0.33%，糖碱比5.12，氮碱比1.04，钾1.56%。

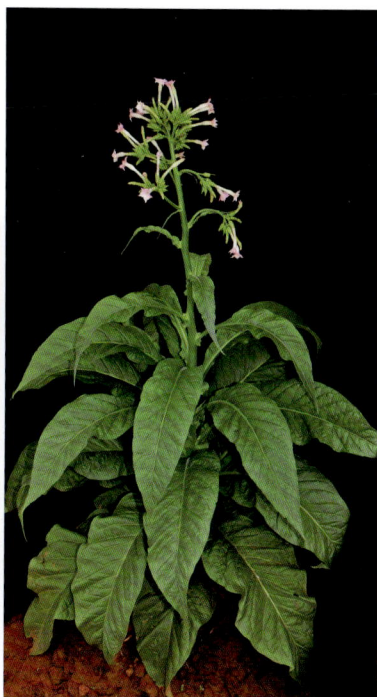

033　Philippin　全国统一编号1234

Philippin由中国农业科学院烟草研究所从国外引进保存。

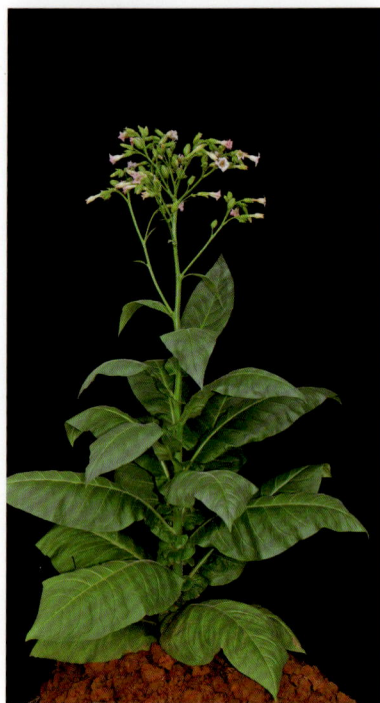

特征特性　株式筒形，腰叶椭圆形，叶尖急尖，叶面较皱，叶缘平滑，叶色绿色，叶耳较大，主脉较细，叶片厚度中等，花序集中，花色淡红，蒴果长椭圆形。自然株高121.0cm，打顶株高74.5cm，自然叶数16.6片，有效叶数15.5片，茎围6.9cm，节距4.4cm，腰叶长43.5cm、宽22.4cm。移栽至现蕾45天，移栽至中心花开放51天，大田生育期126天。

抗病性　中抗青枯病，中感根结线虫病，感黑胫病。

外观质量　原烟颜色青黄色，油分少，身份薄，光泽中，叶片结构紧密。

化学成分　总糖1.68%，还原糖1.25%，两糖差0.43%，总氮1.77%，烟碱1.38%，氯0.91%，糖碱比1.22，氮碱比1.28，钾2.52%。

034　Scafati　全国统一编号1237

Scafati由中国农业科学院烟草研究所从国外引进保存。

特征特性　株式筒形，腰叶宽椭圆形，叶尖急尖，叶面较皱，叶缘平滑，叶色绿色，叶耳大，主脉细，叶片厚度中等，花序分散，花色淡红，蒴果椭圆形。自然株高182.6cm，打顶株高127.0cm，自然叶数23.0片，有效叶数20.0片，茎围6.1cm，节距5.4cm，腰叶长21.8cm、宽15.6cm。移栽至现蕾58天，移栽至中心花开放65天，大田生育期126天。

抗病性　中抗青枯病，中感根结线虫病，感黑胫病。

外观质量　原烟颜色棕黄色，油分多，身份中，光泽亮，叶片结构较疏松。

化学成分　总糖7.52%，还原糖6.84%，两糖差0.68%，总氮3.50%，烟碱3.75%，氯0.92%，糖碱比2.01，氮碱比0.93，钾2.56%。

035 Segedinska Ruca 全国统一编号1238

Segedinska Ruca由中国农业科学院烟草研究所从国外引进保存。

特征特性 株式筒形，腰叶椭圆形，叶尖急尖，叶面较平，叶缘平滑，叶色浅绿色，叶耳大，主脉细，叶片厚度中等，花序分散，花色淡红，蒴果椭圆形。自然株高162.6cm，打顶株高99.5cm，自然叶数21.8片，有效叶数19.5片，茎围7.6cm，节距4.6cm，腰叶长28.8cm、宽16.0cm。移栽至现蕾51天，移栽至中心花开放60天，大田生育期126天。

抗病性 中感青枯病，感黑胫病和根结线虫病。

外观质量 原烟颜色棕红色，油分少，身份薄，光泽中，叶片结构较紧密。

化学成分 总糖3.94%，还原糖3.18%，两糖差0.76%，总氮1.78%，烟碱0.99%，氯0.74%，糖碱比3.98，氮碱比1.80，钾2.06%。

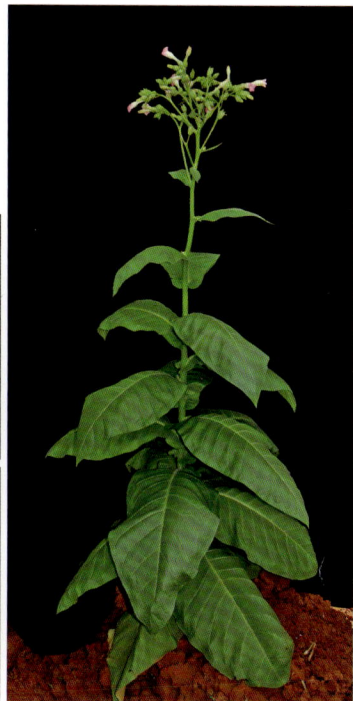

036 Sumatra Deil 全国统一编号1239

Sumatra Deil由中国农业科学院烟草研究所从国外引进保存。

特征特性 株式筒形，腰叶宽椭圆形，叶尖急尖，叶面较皱，叶缘平滑，叶色绿色，叶耳较大，主脉细，叶片厚度中等，花序集中，花色淡红，蒴果椭圆形。自然株高101.0cm，打顶株高70.5cm，自然叶数16.0片，有效叶数13.6片，茎围5.4cm，节距4.2cm，腰叶长29.8cm、宽20.9cm。移栽至现蕾40天，移栽至中心花开放46天，大田生育期126天。

抗病性 抗青枯病，中感根结线虫病，感黑胫病。

外观质量 原烟颜色棕红色，油分少，身份薄，光泽亮，叶片结构较疏松。

化学成分 总糖2.58%，还原糖2.04%，两糖差0.54%，总氮2.17%，烟碱3.34%，氯0.52%，糖碱比0.77，氮碱比0.65，钾1.71%。

037 Trapesond 288　全国统一编号1240

Trapesond 288由中国农业科学院烟草研究所从国外引进保存。

特征特性　株式塔形，腰叶宽椭圆形，叶尖渐尖，叶面较皱，叶缘波浪，叶色绿色，叶耳大，主脉细，叶片厚度中等，花序集中，花色淡红，蒴果椭圆形。自然株高119.4cm，打顶株高81.0cm，自然叶数20.1片，有效叶数15.4片，茎围6.7cm，节距3.6cm，腰叶长50.8cm、宽32.1cm。移栽至现蕾60天，移栽至中心花开放65天，大田生育期126天。

抗病性　中抗青枯病，中感根结线虫病，感黑胫病。

外观质量　原烟颜色棕红色，油分有，身份薄，光泽亮，叶片结构较疏松。

化学成分　总糖5.59%，还原糖4.53%，两糖差1.06%，总氮2.38%，烟碱2.05%，氯0.57%，糖碱比2.73，氮碱比1.16，钾1.11%。

038 Trapezund 610　全国统一编号1241

Trapezund 610由中国农业科学院烟草研究所从国外引进保存。

特征特性　株式筒形，腰叶椭圆形，叶尖渐尖，叶面较平，叶缘平滑，叶色绿色，叶耳较大，主脉较细，叶片厚度中等，花序集中，花色红，蒴果卵圆形。自然株高127.6cm，打顶株高72.5cm，自然叶数23.0片，有效叶数19.6片，茎围8.4cm，节距3.3cm，腰叶长36.5cm、宽18.9cm。移栽至现蕾60天，移栽至中心花开放63天，大田生育期126天。

抗病性　感黑胫病、青枯病和根结线虫病。

外观质量　原烟颜色棕红色，油分少，身份中，光泽亮，叶片结构较疏松。

化学成分　总糖2.66%，还原糖2.07%，两糖差0.59%，总氮1.87%，烟碱2.24%，氯0.40%，糖碱比1.19，氮碱比0.83，钾2.52%。

039 | **Va 359**

Va 359由云南省烟草农业科学研究院从美国引进保存。

特征特性 株式塔形，腰叶长椭圆形，叶尖渐尖，叶面平，叶缘波浪，叶色较绿色，叶耳大，主脉粗，叶片厚度中等，花序集中，茎叶角度较大，花色淡红色。自然株高118.8cm，打顶株高85.2cm，自然叶数23.8片，有效叶数18.4片，茎围10.6cm，节距3.1cm，腰叶长63.5cm、宽25.2cm。移栽至现蕾60天，移栽至中心花开放66天，大田生育期121天。

抗病性 抗TMV和靶斑病，感黑胫病、根结线虫病、PVY和赤星病。

外观质量 原烟颜色金黄色，油分有，身份中等，光泽较强，叶片结构较疏松。

化学成分 总糖3.08%，还原糖2.60%，两糖差0.48%，总氮2.55%，烟碱6.35%，氯0.18%，糖碱比0.49，氮碱比0.40，钾1.33%。

040 | **Zimmer Spanish　全国统一编号1242**

Zimmer Spanish由中国农业科学院烟草研究所从国外引进保存。

特征特性 株式塔形，腰叶椭圆形，叶尖渐尖，叶面较平，叶缘波浪，叶色绿色，叶耳较大，主脉细，叶片厚度中等，花序集中，花色淡红，蒴果椭圆形。自然株高175.3cm，打顶株高114.4cm，自然叶数19.8片，有效叶数16.0片，茎围8.1cm，节距3.9cm，腰叶长60.7cm、宽26.6cm。移栽至现蕾64天，移栽至中心花开放71天，大田生育期126天。

抗病性 中抗黑胫病和TMV，感青枯病、根结线虫病和靶斑病。

外观质量 原烟颜色棕黄色，油分少，身份中，光泽亮，叶片结构疏松。

化学成分 总糖7.63%，还原糖6.85%，两糖差0.78%，总氮2.73%，烟碱5.65%，氯0.34%，糖碱比1.35，氮碱比0.48，钾1.16%。

041 Zrenjanin 全国统一编号1243

Zrenjanin由中国农业科学院烟草研究所从国外引进保存。

特征特性 株式筒形，腰叶宽椭圆形，叶尖急尖，叶面稍皱，叶缘波浪，叶色绿色，叶耳大，主脉细，叶片厚度中等，花序分散，花色红，蒴果椭圆形。自然株高148.6cm，打顶株高103.5cm，自然叶数16.0片，有效叶数14.0片，茎围8.0cm，节距4.3cm，腰叶长52.6cm、宽32.0cm。移栽至现蕾51天，移栽至中心花开放59天，大田生育期126天。

抗病性 中抗黑胫病，感青枯病和根结线虫病。

外观质量 原烟颜色棕红、棕黄色，油分有，身份稍薄，光泽亮，叶片结构较疏松。

化学成分 总糖7.61%，还原糖6.89%，两糖差0.72%，总氮2.21%，烟碱4.59%，氯0.55%，糖碱比1.66，氮碱比0.48，钾1.64%。

六、黄花烟种质资源

001 | 定襄小叶烟

定襄小叶烟是由中国农业科学院烟草研究所从山西省定襄县收集保存的地方品种。

特征特性 株式筒形，腰叶卵圆形，叶尖钝，叶面较平，叶缘波浪，叶色深绿色，有叶柄，主脉较粗，叶片厚，花序集中，花色淡黄色。自然株高65.2cm，自然叶数8.8片，茎围4.4cm，节距4.4cm，腰叶长22.1cm、宽12.1cm，叶柄长3.9cm。移栽至现蕾37天，移栽至中心花开放41天，大田生育期126天。

抗病性 TMV免疫，抗PVY，中抗CMV，感青枯病。

外观质量 原烟颜色青黄色，油分有，身份稍厚，光泽暗，叶片结构紧密。

化学成分 总糖2.36%，还原糖1.55%，两糖差0.81%，总氮2.78%，烟碱6.64%，氯0.69%，糖碱比0.36，氮碱比0.42，钾2.66%。

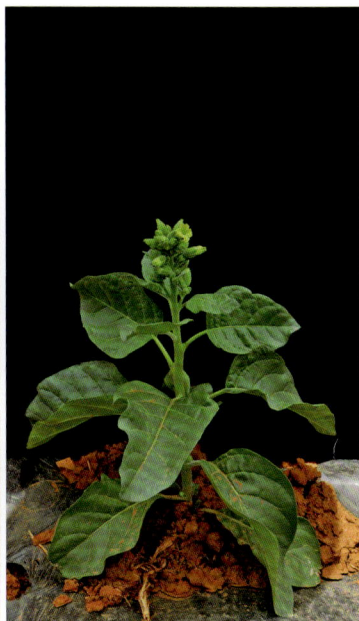

002 | 工布爬路丁　全国统一编号949

工布爬路丁是由中国农业科学院烟草研究所从内蒙古自治区收集保存的地方品种。

特征特性 株式筒形，腰叶卵圆形，叶尖钝，叶面较平，叶缘平滑，叶色深绿色，有叶柄，主脉中等，叶片厚，花序集中，花色淡黄色。自然株高62.2cm，自然叶数7.6片，茎围4.1cm，节距4.4cm，腰叶长22.2cm、宽13.6cm，叶柄长3.4cm。移栽至现蕾30天，移栽至中心花开放34天，大田生育期117天。

抗病性 TMV免疫，高抗烟蚜，中感PVY，感青枯病和CMV。

外观质量 原烟颜色青黄色，油分有，身份适中，光泽暗，叶片结构较紧密。

化学成分 总糖0.44%，还原糖0.22%，两糖差0.22%，总氮3.23%，烟碱6.65%，氯1.02%，糖碱比0.07，氮碱比0.49，钾3.10%。

003　蛤蟆烟 1488

蛤蟆烟1488是由辽宁省丹东农业科学院从辽宁省沈阳市辽中区收集保存的地方品种。

特征特性　株式筒形，腰叶卵圆形，叶尖钝，叶面较平，叶缘平滑，叶色深绿色，有叶柄，主脉中等，叶片厚，花序集中，花色淡黄色。自然株高66.8cm，自然叶数9.0片，茎围4.3cm，节距4.0cm，腰叶长24.1cm、宽13.4cm，叶柄长3.5cm。移栽至现蕾36天，移栽至中心花开放40天，大田生育期126天。

抗病性　TMV免疫，抗PVY，中抗CMV，感青枯病。

外观质量　原烟颜色青黄色，油分有，身份适中，光泽暗，叶片结构较紧密。

化学成分　总糖0.37%，还原糖0.19%，两糖差0.18%，总氮2.21%，烟碱2.06%，氯1.24%，糖碱比0.18，氮碱比1.07，钾4.09%。

004　黄达子烟　全国统一编号935

黄达子烟是由中国农业科学院烟草研究所从辽宁省收集保存的地方品种。

特征特性　株式筒形，腰叶卵圆形，叶尖钝，叶面平，叶缘平滑，叶色深绿色，有叶柄，主脉较粗，叶片厚度中等，花序集中，花色淡黄色。自然株高71.6cm，自然叶数9.0片，茎围4.8cm，节距3.7cm，腰叶长25.3cm、宽14.2cm，叶柄长3.1cm。移栽至现蕾36天，移栽至中心花开放40天，大田生育期117天。

抗病性　感青枯病和TMV。

外观质量　烟叶颜色棕红、青黄色，油分少，身份稍厚，光泽亮，叶片结构紧密。

化学成分　总糖0.15%，还原糖0.01%，两糖差0.14%，总氮1.98%，烟碱1.71%，氯2.03%，糖碱比0.09，氮碱比1.16，钾3.48%。

005 黄花2338

黄花2338是由云南省烟草农业科学研究院收集保存的地方品种。

特征特性 株式筒形，腰叶椭圆形，叶尖渐尖，叶面较平，叶缘波浪，叶色绿色，叶耳小，主脉较细，叶片较厚，茎叶角度大，花序分散，花色淡黄色。自然株高91.5cm，自然叶数10.2片，茎围9.2cm，节距2.6cm，腰叶长66.2cm、宽20.0cm，叶柄长3.8cm。移栽至现蕾74天，移栽至中心花开放80天，大田生育期119天。

抗病性 TMV免疫，感黑胫病。

外观质量 原烟颜色金黄色，油分有，身份适中，光泽较强，叶片结构较疏松。

化学成分 总糖4.35%，还原糖3.36%，两糖差0.99%，总氮3.87%，烟碱4.78%，氯0.18%，糖碱比0.91，氮碱比0.81，钾2.26%。

006 黄花长戈条

黄花长戈条是由云南省烟草农业科学研究院收集保存的地方品种。

特征特性 株式筒形，腰叶椭圆形，叶尖急尖，叶面较平，叶缘微波，叶色绿色，有叶柄，主脉细，茎叶角度大，花序集中，花色淡黄色。自然株高147.9cm，自然叶数10.0片，茎围7.5cm，节距2.7cm，腰叶长53.5cm、宽20.9cm，叶柄长2.5cm。移栽至现蕾13天，移栽至中心花开放21天，大田生育期110天。

抗病性 感黑胫病。

外观质量 原烟颜色金黄色，油分多，身份适中，光泽强，叶片结构疏松。

化学成分 总糖1.27%，还原糖0.92%，两糖差0.35%，总氮3.72%，烟碱7.06%，氯1.40%，糖碱比0.18，氮碱比0.53，钾3.05%。

007 黄花自来红

黄花自来红是由云南省烟草农业科学研究院收集保存的地方品种。

特征特性 株式筒形，腰叶卵圆形，叶尖钝，叶面较皱，叶缘波浪，叶色绿色，有叶柄，主脉较细，叶片厚，花序分散，花色淡黄色。自然株高96.2cm，自然叶数10.4片，茎围5.2cm，节距4.4cm，腰叶长18.8cm、宽9.0cm，叶柄长4.3cm。移栽至现蕾36天，移栽至中心花开放40天，大田生育期126天。

抗病性 抗黑胫病。

外观质量 原烟颜色棕红色，油分有，身份稍厚，光泽中，叶片结构较紧密。

化学成分 总糖0.34%，还原糖0.12%，两糖差0.22%，总氮2.34%，烟碱2.57%，氯1.25%，糖碱比0.13，氮碱比0.91，钾3.65%。

008 老达子烟

老达子烟是由中国农业科学院烟草研究所从辽宁省收集保存的地方品种。

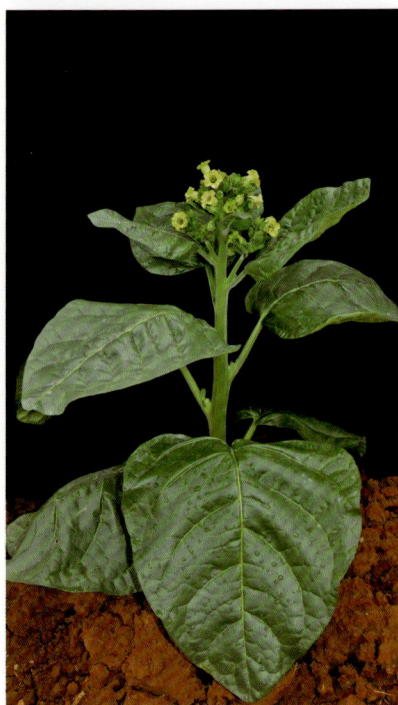

特征特性 株式筒形，腰叶卵圆形，叶尖钝，叶面较平，叶缘波浪，叶色深绿色，有叶柄，主脉较细，叶片厚，花序集中，花色淡黄色。自然株高84.8cm，自然叶数9.8片，茎围5.3cm，节距4.5cm，腰叶长35.0cm、宽24.7cm，叶柄长7.5cm。移栽至现蕾36天，移栽至中心花开放40天，大田生育期126天。

抗病性 感青枯病。

外观质量 原烟颜色青黄色，油分有，身份稍厚，光泽亮，叶片结构较松。

化学成分 总糖0.42%，还原糖0.19%，两糖差0.23%，总氮2.27%，烟碱0.99%，氯0.73%，糖碱比0.42，氮碱比2.29，钾4.55%。

009 木里黄花烟

木里黄花烟是由云南省烟草农业科学研究院从四川省凉山州收集保存的地方品种。

特征特性　株式筒形，腰叶卵圆形，叶尖钝，叶面皱，叶缘波浪，叶色深绿色，有叶柄，主脉细，叶片厚，花序集中，花色淡黄色。自然株高80.6cm，自然叶数13.0片，茎围7.8cm，节距3.5cm，腰叶长42.3cm、宽24.1cm，叶柄长7.2cm。移栽至现蕾40天，移栽至中心花开放43天，大田生育期126天。

抗病性　抗黑胫病。

外观质量　原烟颜色金黄色，油分有，身份中，光泽较强，叶片结构较疏松。

化学成分　总糖0.47%，还原糖0.29%，两糖差0.18%，总氮2.55%，烟碱3.92%，氯0.40%，糖碱比0.12，氮碱比0.65，钾3.38%。

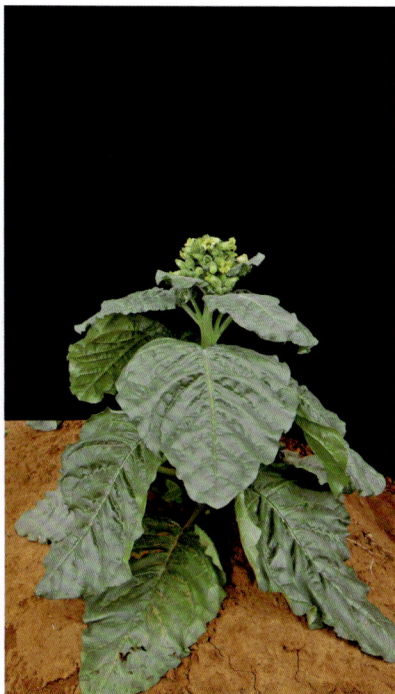

010 牛耳烟

牛耳烟是由中国农业科学院烟草研究所从山东省冠县收集保存的地方品种。

特征特性　株式筒形，腰叶卵圆形，叶尖钝，叶面较皱，叶缘波浪，叶色深绿色，有叶柄，主脉细，叶片厚，花序集中，花色淡黄色。自然株高81.2cm，自然叶数12.0片，茎围7.3cm，节距4.0cm，腰叶长41.4cm、宽23.2cm，叶柄长7.4cm。移栽至现蕾43天，移栽至中心花开放46天，大田生育期126天。

抗病性　TMV免疫，抗PVY，中抗CMV，感青枯病，高感烟蚜。

外观质量　原烟颜色青黄、褐色，油分有，身份稍厚，光泽较亮，叶片结构较疏松。

化学成分　总糖0.40%，还原糖0.19%，两糖差0.21%，总氮2.40%，烟碱3.71%，氯0.76%，糖碱比0.11，氮碱比0.65，钾3.38%。

011 普格黄花烟1

普格黄花烟1是由云南省烟草农业科学研究院从四川省凉山州收集保存的地方品种。

特征特性 株式筒形，腰叶卵圆形，叶尖钝，叶面皱，叶缘波浪，叶色深绿色，有叶柄，主脉细，叶片厚，花序集中，花色淡黄色。自然株高88.3cm，自然叶数13.0片，茎围7.9cm，节距4.4cm，腰叶长41.5cm、宽23.8cm，叶柄长7.5cm。移栽至现蕾50天，移栽至中心花开放55天，大田生育期126天。

抗病性 抗TMV。

外观质量 原烟颜色青黄、褐色，油分有，身份稍厚，光泽较亮，叶片结构较疏松。

化学成分 总糖0.80%，还原糖0.54%，两糖差0.26%，总氮2.20%，烟碱3.63%，氯0.44%，糖碱比0.22，氮碱比0.61，钾3.42%。

012 烟叶

烟叶是由云南省烟草农业科学研究院收集保存的地方品种。

特征特性 株式筒形，腰叶卵圆形，叶尖钝，叶面较皱，叶缘波浪，叶色绿色，有叶柄，主脉较细，叶片厚，花序分散，花色淡黄色。自然株高79.5cm，自然叶数14.1片，茎围4.8cm，节距3.5cm，腰叶长20.0cm、宽15.8cm，叶柄长4.2cm。移栽至现蕾24天，移栽至中心花开放30天，大田生育期109天。

抗病性 抗TMV。

外观质量 原烟颜色青黄、褐色，油分有，身份稍厚，光泽较亮，叶片结构较疏松。

化学成分 总糖2.21%，还原糖1.87%，两糖差0.34%，总氮3.41%，烟碱6.15%，氯4.02%，糖碱比0.36，氮碱比0.55，钾1.86%。

013 羊耳朵

羊耳朵是由中国农业科学院烟草研究所从山东省冠县收集保存的地方品种。

特征特性 株式筒形，腰叶卵圆形，叶尖钝，叶面较皱，叶缘波浪，叶色深绿色，有叶柄，主脉较粗，叶片厚，花序集中，花色淡黄色。自然株高57.6cm，自然叶数9.6片，茎围4.4cm，节距3.8cm，腰叶长17.3cm、宽12.2cm，叶柄长3.3cm。移栽至现蕾47天，移栽至中心花开放53天，大田生育期126天。

抗病性 抗黑胫病、TMV，感白粉病。

外观质量 原烟颜色青黄、褐色，油分少，身份厚，光泽暗，叶片结构紧密。

化学成分 总糖0.28%，还原糖0.13%，两糖差0.15%，总氮2.56%，烟碱4.61%，氯1.02%，糖碱比0.06，氮碱比0.56，钾1.69%。

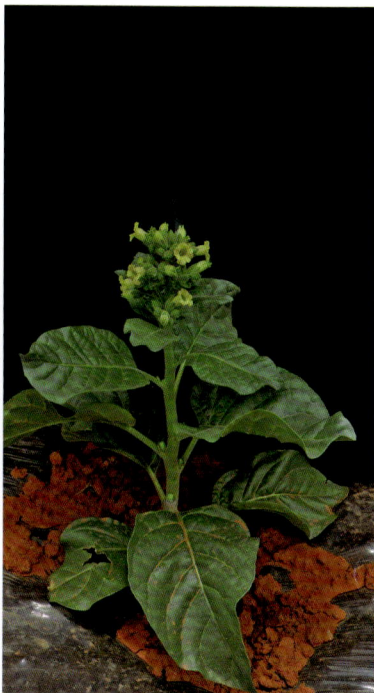

014 阳高小兰花

阳高小兰花是由山西农业大学从山西省阳高县收集保存的地方品种。

特征特性 株式筒形，腰叶卵圆形，叶尖钝，叶面较皱，叶缘波浪，叶色深绿色，有叶柄，主脉细，叶片厚，花序分散，花色淡黄色。自然株高79.6cm，自然叶数10.0片，茎围5.6cm，节距4.2cm，腰叶长32.3cm、宽19.4cm，叶柄长6.5cm。移栽至现蕾36天，移栽至中心花开放53天，大田生育期126天。

抗病性 TMV免疫，中抗PVY、CMV，感黑胫病。

外观质量 原烟颜色微青黄、褐色，油分少，身份厚，光泽暗，叶片结构紧密。

化学成分 总糖0.47%，还原糖0.17%，两糖差0.30%，总氮2.28%，烟碱2.80%，氯1.01%，糖碱比0.17，氮碱比0.81，钾3.07%。

015　云南黄花烟

云南黄花烟是由云南省烟草农业科学研究院从四川省凉山州收集保存的地方品种。

特征特性　株式筒形，腰叶卵圆形，叶尖钝，叶面较皱，叶缘波浪，叶色深绿色，有叶柄，主脉细，叶片较厚，花序集中，花色淡黄色。自然株高101.6cm，自然叶数20.0片，茎围7.6cm，节距3.5cm，腰叶长42.5cm、宽21.3cm，叶柄长6.5cm。移栽至现蕾56天，移栽至中心花开放58天，大田生育期126天。

抗病性　TMV免疫，抗黑胫病，中抗PVY、CMV。

外观质量　原烟颜色褐色，油分有，身份厚，光泽暗，叶片结构紧密。

化学成分　总糖3.77%，还原糖3.69%，两糖差0.08%，总氮2.44%，烟碱2.40%，氯0.16%，糖碱比1.57，氮碱比1.02，钾1.68%。

016　昭觉黄花烟

昭觉黄花烟是由云南省烟草农业科学研究院从四川省凉山州收集保存的地方品种。

特征特性　株式筒形，腰叶卵圆形，叶尖钝，叶面皱，叶缘波浪，叶色深绿色，有叶柄，主脉细，叶片厚，花序集中，花色淡黄色。自然株高81.6cm，自然叶数13.0片，茎围7.9cm，节距3.6cm，腰叶长41.3cm、宽24.6cm，叶柄长7.0cm。移栽至现蕾40天，移栽至中心花开放43天，大田生育期126天。

抗病性　抗黑胫病、TMV。

外观质量　原烟颜色褐色，油分有，身份厚，光泽暗，叶片结构紧密。

化学成分　总糖0.47%~1.56%，还原糖0.29%~1.24%，两糖差0.18%~0.32%，总氮2.40%~2.55%，烟碱3.92%~5.39%，氯0.40%~0.45%，糖碱比0.12~0.29，氮碱比0.44~0.65，钾1.48%~2.27%。

017 14 No. 23057

14 No. 23057 由云南省烟草农业科学研究院从国外引进保存。

特征特性　株式筒形，腰叶椭圆形，叶尖渐尖，叶面皱，叶缘波浪，叶色深绿色，叶片厚，主脉中等，有叶柄，茎叶角度中，花序紧密，花色淡黄色。自然株高65.2cm，自然叶数25.2片，茎围6.4cm，节距1.9cm，腰叶长20.6cm、宽9cm，叶柄长3.5cm。移栽至现蕾33天，移栽至中心花开放40天，大田生育期114天。

抗病性　TMV免疫，中感黑胫病和赤星病，感TSWV。

外观质量　原烟颜色褐色，油分有，身份厚，光泽暗，叶片结构较紧密。

化学成分　总糖1.05%，还原糖0.76%，两糖差0.29%，总氮2.65%，烟碱4.27%，氯1.57%，糖碱比0.25，氮碱比0.62，钾3.91%。

018 Acutiflora

Acutiflora由云南省烟草农业科学研究院从国外引进保存。

特征特性　株式筒形，腰叶宽椭圆形，叶尖钝，叶色绿色，主脉细，茎叶角度大，花序紧密，花色淡黄色。自然株高62.0cm，自然叶数6.0片，茎围6.0cm，节距1.8cm，腰叶长18cm、宽12.5cm，叶柄长2.2cm。移栽至现蕾13天，移栽至中心花开放19天，大田生育期110天。

抗病性　抗PVY，中抗TMV，感黑胫病、赤星病和TSWV，高感靶斑病。

外观质量　原烟颜色棕红、褐色，油分有，身份适中，光泽较弱，叶片结构较疏松。

化学成分　总糖1.52%，还原糖1.20%，两糖差0.32%，总氮2.71%，烟碱4.51%，氯1.24%，糖碱比0.34，氮碱比0.60，钾2.86%。

019 Bak # 46

Bak # 46由云南省烟草农业科学研究院从国外引进保存。

特征特性　株式筒形，腰叶心形，叶尖钝，叶面皱，叶缘波浪，叶色深绿色，有叶柄，主脉细，叶片较厚，茎叶角度中，花序集中，花色淡黄色。自然株高89.6cm，自然叶数14.8片，茎围9.6cm，节距5.3cm，腰叶长34.4cm、宽20.7cm，叶柄长4.2cm。移栽至现蕾38天，移栽至中心花开放42天，大田生育期110天。

抗病性　抗TMV，中感黑胫病、白粉病、赤星病和TSWV。

外观质量　原烟颜色棕红、褐色，油分较多，身份适中，光泽较弱，叶片结构较疏松。

化学成分　总糖1.17%，还原糖0.79%，两糖差0.38%，总氮3.28%，烟碱6.25%，氯1.25%，糖碱比0.19，氮碱比0.52，钾2.85%。

020 Buni Field

Buni Field由云南省烟草农业科学研究院从国外引进保存。

特征特性　株式筒形，腰叶心形，叶尖急尖，叶面皱，叶缘波浪，叶色深绿色，有叶柄，主脉细，叶片较厚，茎叶角度大，花序集中，花色淡黄色。自然株高40.3cm，自然叶数10.1片，茎围7.0cm，节距3.1cm，腰叶长22cm、宽17.3cm，叶柄长4.5cm。移栽至现蕾24天，移栽至中心花开放29天，大田生育期110天。

抗病性　TMV免疫，中感PVY，感黑胫病和TSWV，高感靶斑病。

外观质量　原烟颜色棕红色，油分较多，身份适中，光泽较弱，叶片结构较疏松。

化学成分　总糖1.74%，还原糖1.39%，两糖差0.35%，总氮3.53%，烟碱6.35%，氯1.89%，糖碱比0.27，氮碱比0.56，钾2.62%。

021 Campanulata

Campanulata由云南省烟草农业科学研究院从国外引进保存。

特征特性 株式筒形，腰叶心形，叶尖急尖，叶面皱，叶缘波浪，叶色深绿色，有叶柄，主脉细，叶片较厚，茎叶角度中，花序集中，花色淡黄色。自然株高39.4cm，自然叶数7.0片，茎围6.5cm，节距3.8cm，腰叶长17.5cm、宽11.5cm，叶柄长3.1cm。移栽至现蕾23天，移栽至中心花开放29天，大田生育期110天。

抗 病 性 感TMV、白粉病、赤星病和TSWV。

外观质量 原烟颜色棕红，油分较多，身份适中，光泽中，叶片结构较疏松。

化学成分 总糖0.84%，还原糖0.74%，两糖差0.10%，总氮3.18%，烟碱4.70%，氯0.27%，糖碱比0.18，氮碱比0.68，钾2.42%。

022 Chinensis

Chinensis由云南省烟草农业科学研究院从国外引进保存。

特征特性 株式筒形，腰叶心形，叶尖急尖，叶面皱，叶缘波浪，叶色深绿色，有叶柄，主脉细，叶片较厚，茎叶角度大，花序集中，花色淡黄色。自然株高45.0cm，自然叶数10.0片，茎围6.0cm，节距3.9cm，腰叶长22.5cm、宽19cm，叶柄长2.3cm。移栽至现蕾27天，移栽至中心花开放33天，大田生育期110天。

抗 病 性 中抗TMV，感PVY、黑胫病和TSWV，高感靶斑病。

外观质量 原烟颜色棕红色，油分有，身份适中，光泽暗，叶片结构较疏松。

化学成分 总糖1.14%，还原糖0.80%，两糖差0.34%，总氮3.29%，烟碱6.03%，氯1.84%，糖碱比0.19，氮碱比0.55，钾2.53%。

023 Drosgi Black-blue # 45

Drosgi Black-blue # 45由云南省烟草农业科学研究院从国外引进保存。

特征特性　株式筒形，腰叶心形，叶尖急尖，叶面较平，叶缘较平，叶色深绿色，有叶柄，主脉细，叶片较厚，花序集中，花色淡黄色。自然株高60.0cm，自然叶数7.9片，茎围7.0cm，节距2.1cm，腰叶长20.6cm、宽15cm，叶柄长2.2cm。移栽至现蕾33天，移栽至中心花开放40天，大田生育期110天。

抗病性　TMV免疫，感黑胫病、白粉病和TSWV，高感靶斑病。

化学成分　总糖0.98%，还原糖0.55%，两糖差0.43%，总氮3.30%，烟碱5.28%，氯2.52%，糖碱比0.19，氮碱比0.63，钾4.22%。

024 Dumont

Dumont由云南省烟草农业科学研究院从国外引进保存。

特征特性　株式筒形，腰叶心形，叶尖急尖，叶面皱，叶缘波浪，叶色深绿色，有叶柄，主脉细，叶片较厚，茎叶角度大，花序集中，花色淡黄色。自然株高64.5cm，自然叶数10.2片，茎围5.8cm，节距3.2cm，腰叶长34.6cm、宽21cm，叶柄长2.4cm。移栽至现蕾25天，移栽至中心花开放31天，大田生育期110天。

抗病性　TMV免疫，感黑胫病、白粉病、赤星病和TSWV，高感靶斑病。

外观质量　原烟颜色棕红色，油分有，身份适中，光泽暗，叶片结构紧密。

化学成分　总糖1.68%，还原糖1.30%，两糖差0.38%，总氮3.00%，烟碱6.40%，氯0.96%，糖碱比0.26，氮碱比0.47，钾1.95%。

025　Edinburg # 25

Edinburg # 25由云南省烟草农业科学研究院从国外引进保存。

特征特性　株式筒形，腰叶椭圆形，叶尖渐尖，叶面皱，叶缘波浪，叶色较绿，有叶柄，主脉中等，叶片厚，茎叶角度大，花序集中，花色淡黄色。自然株高69.0cm，自然叶数11.8片，茎围5.8cm，节距2.1cm，腰叶长26.6cm、宽20.0cm，叶柄长2.6cm。移栽至现蕾33天，移栽至中心花开放40天，大田生育期110天。

抗病性　中抗TMV，感黑胫病和TSWV，高感靶斑病。

外观质量　原烟颜色棕红色，油分较多，身份适中，光泽较弱，叶片结构较疏松。

化学成分　总糖1.52%，还原糖1.20%，两糖差0.32%，总氮2.71%，烟碱4.51%，氯1.24%，糖碱比0.34，氮碱比0.60，钾2.86%。

026　Erbasanta

Erbasanta由云南省烟草农业科学研究院从国外引进保存。

特征特性　株式筒形，腰叶椭圆形，叶尖渐尖，叶面皱，叶缘波浪，叶色较绿，有叶柄，主脉中等，叶片厚，茎叶角度大，花序集中，花色淡黄色。自然株高93.8cm，自然叶数10.4片，茎围6.0cm，节距5.3cm，腰叶长34.4cm、宽21.0cm，叶柄长3.6cm。移栽至现蕾35天，移栽至中心花开放40天，大田生育期110天。

抗病性　中抗TMV，感黑胫病、白粉病、赤星病和TSWV，高感靶斑病。

外观质量　原烟颜色棕红色，油分有，身份适中，光泽暗，叶片结构较紧密。

化学成分　总糖0.66%，还原糖0.37%，两糖差0.29%，总氮3.08%，烟碱6.96%，氯1.36%，糖碱比0.09，氮碱比0.44，钾2.74%。

027 Fructicora

Fructicora由云南省烟草农业科学研究院从国外引进保存。

特征特性 株式筒形，腰叶心形，叶尖急尖，叶面较平，叶缘较平，叶色深绿色，有叶柄，主脉细，叶片较厚，茎叶角度大，花序集中，花色淡黄色。自然株高70.0cm，自然叶数7.5片，茎围5.8cm，节距2.5cm，腰叶长32.4cm、宽22.3cm，叶柄长3.3cm。移栽至现蕾15天，移栽至中心花开放20天，大田生育期110天。

抗病性 抗PVY，中抗TMV，中感黑胫病、白粉病、赤星病和TSWV，高感靶斑病。

外观质量 原烟颜色棕红色，油分较多，身份适中，光泽较暗，叶片结构较疏松。

化学成分 总糖1.48%，还原糖1.08%，两糖差0.40%，总氮3.02%，烟碱5.42%，氯1.84%，糖碱比0.27，氮碱比0.56，钾2.49%。

028 GC-1

GC-1由云南省烟草农业科学研究院从国外引进保存。

特征特性 株式筒形，腰叶心形，叶尖急尖，叶面皱，叶缘波浪，叶色深绿色，有叶柄，主脉细，叶片较厚，茎叶角度大，花序集中，花色淡黄色。自然株高34.2cm，自然叶数12.0片，茎围6.0cm，节距2.8cm，腰叶长33cm、宽29.6cm，叶柄长3.6cm。移栽至现蕾35天，移栽至中心花开放39天，大田生育期110天。

抗病性 TMV免疫，感黑胫病、白粉病、赤星病和TSWV。

外观质量 原烟颜色棕红色，油分较多，身份适中，光泽暗，叶片结构较疏松。

化学成分 总糖0.67%，还原糖0.43%，两糖差0.24%，总氮3.27%，烟碱5.06%，氯1.52%，糖碱比0.13，氮碱比0.65，钾3.34%。

029

Harbin # 6

Harbin # 6由云南省烟草农业科学研究院从国外引进保存。

特征特性　株式筒形，腰叶心形，叶尖钝，叶面稍皱，叶缘波浪，叶色深绿色，有叶柄，主脉细，叶片较厚，茎叶角度大，花序集中，花色淡黄色。自然株高61.4cm，自然叶数14.2片，茎围5.8cm，节距1.9cm，腰叶长25.8cm、宽18.6cm，叶柄长3.3cm。移栽至现蕾33天，移栽至中心花开放40天，大田生育期114天。

抗 病 性　TMV免疫，感黑胫病和TSWV。

外观质量　原烟颜色棕红色，油分有，身份适中，光泽暗，叶片结构较紧密。

化学成分　总糖0.89%，还原糖0.65%，两糖差0.24%，总氮3.50%，烟碱5.43%，氯0.82%，糖碱比0.16，氮碱比0.64，钾3.09%。

030

Hasankeyf

Hasankeyf由云南省烟草农业科学研究院从国外引进保存。

特征特性　株式筒形，腰叶宽椭圆形，叶尖渐尖，叶面较平，叶缘较平，叶色绿色，叶耳小，主脉细，叶片较厚，茎叶角度小，花序集中，花色黄色。自然株高79.8cm，自然叶数15.8片，茎围5.7cm，节距3.5cm，腰叶长14.1cm、宽15.8cm，叶柄长2.5cm。移栽至现蕾24天，移栽至中心花开放31天，大田生育期114天。

抗 病 性　TMV免疫，中抗PVY，感白粉病、赤星病和TSWV。

外观质量　原烟颜色棕红色，油分有，身份适中，光泽较暗，叶片结构较紧密。

化学成分　总糖3.51%，还原糖3.02%，两糖差0.49%，总氮2.67%，烟碱8.75%，氯0.29%，糖碱比0.40，氮碱比0.31，钾3.07%。

031

Ja.Bot.Car. # 30

Ja.Bot.Car. # 30 由云南省烟草农业科学研究院从国外引进保存。

特征特性 株式筒形，腰叶心形，叶尖急尖，叶面皱，叶缘波浪，叶色深绿色，有叶柄，主脉细，叶片较厚，茎叶角度大，花序集中，花色淡黄色。自然株高52.0cm，自然叶数18.2片，茎围5.8cm，节距2.4cm，腰叶长22.0cm、宽18.0cm，叶柄长2.7cm。移栽至现蕾33天，移栽至中心花开放40天，大田生育期114天。

抗病性 中抗TMV，感黑胫病、白粉病、赤星病和TSWV，高感靶斑病。

外观质量 原烟颜色棕红、褪色，油分有，身份适中，光泽暗，叶片结构紧密。

化学成分 总糖1.19%，还原糖0.82%，两糖差0.37%，总氮4.95%，烟碱5.47%，糖碱比0.22，氮碱比0.90，钾2.86%。

032

Jainkaya Soldata

Jainkaya Soldata 由云南省烟草农业科学研究院从国外引进保存。

特征特性 株式筒形，腰叶心形，叶尖急尖，叶面皱，叶缘波浪，叶色深绿色，有叶柄，主脉细，叶片较厚，花序集中，花色淡黄色。自然株高53.4cm，自然叶数17.4片，茎围6.0cm，节距2.6cm，腰叶长23.0cm、宽14.2cm，叶柄长2.7cm。移栽至现蕾33天，移栽至中心花开放40天，大田生育期114天。

抗病性 感黑胫病、TMV、赤星病和TSWV，高感靶斑病。

外观质量 原烟颜色棕红色，油分较多，身份适中，光泽暗，叶片结构较疏松。

化学成分 总糖1.28%，还原糖0.90%，两糖差0.38%，总氮3.09%，烟碱7.88%，糖碱比0.16，氮碱比0.39，钾1.63%。

033 | **KoriotesDark-blue**

KoriotesDark-blue由云南省烟草农业科学研究院从国外引进保存。

特征特性 株式筒形，腰叶心形，叶尖急尖，叶面皱，叶缘波浪，叶色深绿色，有叶柄，主脉细，叶片较厚，茎叶角度大，花序集中，花色淡黄色。自然株高77.2cm，自然叶数13.3片，茎围7.0cm，节距3.6cm，腰叶长35.0cm、宽29.5cm，叶柄长3.3cm。移栽至现蕾34天，移栽至中心花开放40天，大田生育期110天。

抗病性 TMV免疫，感黑胫病和TSWV。

外观质量 原烟颜色棕红色，油分较多，身份适中，光泽较暗，叶片结构较疏松。

化学成分 总糖1.08%，还原糖0.82%，两糖差0.26%，总氮3.46%，烟碱6.64%，氯1.21%，糖碱比0.16，氮碱比0.52，钾2.80%。

034 | **Kostoff White Seed # 14**

Kostoff White Seed # 14由云南省烟草农业科学研究院从国外引进保存。

特征特性 株式筒形，腰叶心形，叶尖急尖，叶面皱，叶缘波浪，叶色深绿色，有叶柄，主脉细，叶片较厚，茎叶角度大，花序集中，花色淡黄色。自然株高54.4cm，自然叶数14.0片，茎围8.4cm，节距2.1cm，腰叶长26.4cm、宽17.0cm，叶柄长3.1cm。移栽至现蕾33天，移栽至中心花开放40天，大田生育期110天。

抗病性 感黑胫病、TMV、白粉病、赤星病和TSWV，高感靶斑病。

外观质量 原烟颜色棕红色，油分少，身份适中，光泽暗，叶片结构紧密。

化学成分 总糖1.04%，还原糖0.70%，两糖差0.34%，总氮3.33%，烟碱5.01%，氯1.47%，糖碱比0.21，氮碱比0.66，钾2.92%。

035 Mahorka # 1 AC 18/7

Mahorka # 1 AC 18/7 由云南省烟草农业科学研究院从国外引进保存。

特征特性　株式筒形，腰叶椭圆形，叶尖渐尖，叶面皱，叶缘波浪，叶色较绿，有叶柄，主脉中等，叶片厚，茎叶角度大，花序集中，花色淡黄色。自然株高58.0cm，自然叶数13.2片，茎围8.8cm，节距2.1cm，腰叶长28.6cm、宽23.4cm，叶柄长3.4cm。移栽至现蕾33天，移栽至中心花开放40天，大田生育期110天。

抗病性　中抗TMV，感黑胫病、白粉病、赤星病和TSWV，高感靶斑病。

外观质量　原烟颜色棕色，油分有，身份适中，光泽暗，叶片结构较疏松。

化学成分　总糖1.15%，还原糖0.84%，两糖差0.30%，总氮3.15%，烟碱3.86%，氯1.02%，糖碱比0.30，氮碱比0.82，钾2.27%。

036 Maras

Maras 由云南省烟草农业科学研究院从国外引进保存。

特征特性　株式筒形，腰叶心形，叶尖急尖，叶面皱，叶缘波浪，叶色深绿色，有叶柄，主脉细，叶片较厚，茎叶角度大，花序集中，花色淡黄色。自然株高75.0cm，自然叶数8.2片，茎围6.0cm，节距2.6cm，腰叶长23.6cm、宽17.7cm，叶柄长3.7cm。移栽至现蕾31天，移栽至中心花开放38天，大田生育期114天。

抗病性　TMV免疫，感黑胫病、赤星病和TSWV，高感靶斑病。

外观质量　原烟颜色棕红色，油分有，身份适中，光泽暗，叶片结构紧密。

化学成分　总糖0.97%，还原糖0.66%，两糖差0.31%，总氮3.74%，烟碱8.27%，氯1.89%，糖碱比0.12，氮碱比0.45，钾3.14%。

037   Matsuj Field

Matsuj Field 由云南省烟草农业科学研究院从国外引进保存。

特征特性   株式筒形，腰叶心形，叶尖急尖，叶面皱，叶缘波浪，叶色深绿色，有叶柄，主脉细，叶片较厚，茎叶角度大，花序集中，花色淡黄色。自然株高95.0cm，自然叶数8.8片，茎围8.8cm，节距2.4cm，腰叶长30.2cm、宽23.9cm，叶柄长3.5cm。移栽至现蕾36天，移栽至中心花开放41天，大田生育期114天。

抗 病 性   中抗TMV，感靶斑病、黑胫病和TSWV。

外观质量   原烟颜色棕红色，油分有，身份适中，光泽暗，叶片结构紧密。

化学成分   总糖1.54%，还原糖1.23%，两糖差0.31%，总氮3.75%，烟碱6.78%，氯1.21%，糖碱比0.23，氮碱比0.55，钾2.94%。

038   Nordugel

Nordugel 由云南省烟草农业科学研究院从国外引进保存。

特征特性   株式筒形，腰叶卵圆形，叶尖急尖，叶面皱，叶缘波浪，叶色深绿色，有叶柄，主脉细，叶片厚，花序集中，花色淡黄色。自然株高69.0cm，自然叶数15.2片，茎围6.4cm，节距2.4cm，腰叶长30.8cm、宽8.0cm，叶柄长3.0cm。移栽至现蕾27天，移栽至中心花开放33天，大田生育期110天。

抗 病 性   TMV免疫，中感PVY，感黑胫病和TSWV，高感靶斑病。

外观质量   原烟颜色棕红、褐色，油分有，身份适中，光泽暗，叶片结构紧密。

化学成分   总糖2.44%，还原糖2.05%，两糖差0.39%，总氮3.49%，烟碱7.82%，氯1.51%，糖碱比0.31，氮碱比0.45，钾1.82%。

039 Normal

Normal由云南省烟草农业科学研究院从国外引进保存。

特征特性　株式筒形，腰叶心形，叶尖急尖，叶面皱，叶缘波浪，叶色深绿色，有叶柄，主脉细，叶片厚，茎叶角度大，花序集中，花色淡黄色。自然株高100.0cm，自然叶数15.8片，茎围6.4cm，节距2.4cm，腰叶长30.8cm、宽20.4cm，叶柄长2.5cm。移栽至现蕾33天，移栽至中心花开放40天，大田生育期110天。

抗 病 性　感黑胫病和TSWV。

外观质量　原烟颜色棕红色，油分较多，身份适中，光泽较弱，叶片结构较疏松。

化学成分　总糖2.35%，还原糖1.95%，两糖差0.40%，总氮3.54%，烟碱6.59%，氯0.93%，糖碱比0.36，氮碱比0.54，钾2.37%。

040 PNE 241-5

PNE 241-5由云南省烟草农业科学研究院从国外引进保存。

特征特性　株式筒形，腰叶心形，叶尖急尖，叶面皱，叶缘波浪，叶色深绿色，有叶柄，主脉细，叶片较厚，茎叶角度大，花序集中，花色淡黄色。自然株高88.8cm，自然叶数14.0片，茎围6.5cm，节距3.6cm，腰叶长33.0cm、宽23.0cm，叶柄长2.5cm。移栽至现蕾27天，移栽至中心花开放33天，大田生育期110天。

抗 病 性　TMV免疫，中感赤星病，感黑胫病、PVY、白粉病、TSWV。

外观质量　原烟颜色棕红、褐色，油分有，身份适中，光泽暗，叶片结构较紧密。

化学成分　总糖0.97%，还原糖0.7%，两糖差0.27%，总氮3.31%，烟碱5.74%，氯1.32%，糖碱比0.17，氮碱比0.58，钾2.94%。

041 PNE 427-4

PNE 427-4由云南省烟草农业科学研究院从国外引进保存。

特征特性 株式筒形，腰叶心形，叶尖急尖，叶面皱，叶缘波浪，叶色深绿色，有叶柄，主脉细，叶片较厚，茎叶角度大，花序集中，花色淡黄色。自然株高78.8cm，自然叶数11.5片，茎围5.2cm，节距3.8cm，腰叶长32.8cm、宽10.26cm，叶柄长3.5cm。移栽至现蕾36天，移栽至中心花开放41天，大田生育期110天。

抗病性 中感TMV、PVY、赤星病和TSWV，感靶斑病和黑胫病。

外观质量 原烟颜色棕红、褐色，油分较多，身份适中，光泽较弱，叶片结构较疏松。

化学成分 总糖0.86%，还原糖0.59%，两糖差0.27%，总氮3.44%，烟碱5.77%，氯1.12%，糖碱比0.15，氮碱比0.60，钾2.65%。

042 R.Bot.Car. # 29

R.Bot.Car. # 29由云南省烟草农业科学研究院从国外引进保存。

特征特性 株式筒形，腰叶心形，叶尖急尖，叶面皱，叶缘波浪，叶色深绿色，有叶柄，主脉细，叶片较厚，茎叶角度大，花序集中，花色淡黄色。自然株高60.6cm，自然叶数21.8片，茎围6.4cm，节距2.0cm，腰叶长22.8cm、宽17.0cm，叶柄长2.4cm。移栽至现蕾33天，移栽至中心花开放40天，大田生育期110天。

抗病性 中抗TMV，感黑胫病、白粉病、赤星病和TSWV，高感靶斑病。

外观质量 原烟颜色棕红色，油分较多，身份适中，光泽暗，叶片结构较疏松。

化学成分 总糖0.67%，还原糖0.43%，两糖差0.24%，总氮3.27%，烟碱5.06%，氯1.52%，糖碱比0.13，氮碱比0.65，钾3.34%。

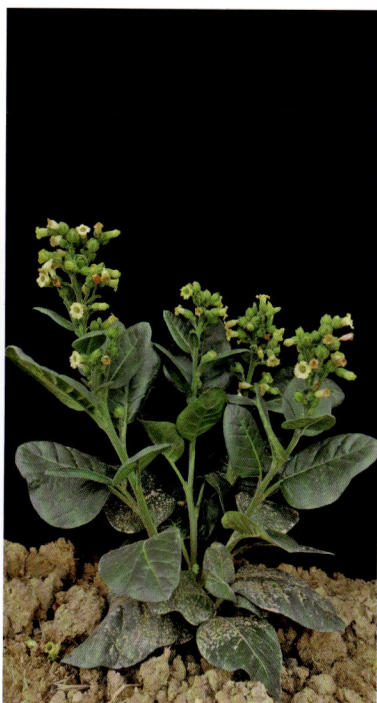

主要参考文献

陈俊标. 2014. 广东烟草种质资源. 卷一. 广州：南方出版传媒，广东科技出版社.

陈荣平，冯春才，王春军，等. 2009. 部分烟草种质资源的PVY抗性鉴定. 中国烟草科学，30（增刊）：56-58.

陈学平，王彦亭. 2002. 烟草育种学. 合肥：中国科学技术大学出版社.

丁巨波. 1976. 烟草育种. 北京：农业出版社.

蒋予恩. 1997. 中国烟草品种资源. 北京：中国农业出版社.

雷丽萍，柴家荣. 2015. 晒烟品种农艺性状及烟叶质量鉴定. 安徽农业科学，43（12）：68-71，116.

雷永和，许美玲，黄学跃. 1999. 云南烟草品种志. 昆明：云南科技出版社.

李梅云，许美玲，焦芳婵，等. 2016. 不同类型烟草种质资源对TMV的抗性鉴定. 烟草科技，49（11）：7-13.

李艳. 2009. 地方晒烟种质资源对烟草黑胫病抗性研究. 湖南农业大学硕士学位论文.

李永平，许美玲. 2020. 烟草导入系亲本资源图谱. 北京：科学出版社.

刘勇，秦西云，李文正，等. 2010. 抗青枯病烟草种质资源在云南省的评价. 植物遗传资源学报，11（1）：10-16.

刘勇，许美玲，黄昌军，等. 2016. 高抗烟草花叶病毒的烟草种质资源筛选. 种子，35（12）：51-54.

曲振明. 2006. 烟草在我国的传入与传播. 湖南烟草，21（4）：60-61.

任民，王志德，牟建民，等. 2009. 我国烟草种质资源的种类与分布概况. 中国烟草科学，30（增刊）：8-14.

史宏志，张建勋. 2004. 烟草生物碱. 北京：中国农业出版社.

佟道儒. 1997. 烟草育种学. 北京：中国农业出版社.

佟道儒，邵进翚. 1996. 烟草属植物. 北京：中国农业出版社.

王瑞新. 2003. 烟草化学. 北京：中国农业出版社.

王志德，王元英，牟建民. 2006. 烟草种质资源描述规范和数据标准. 北京：中国农业出版社.

王志德，张兴伟，刘艳华. 2014. 中国烟草核心种质图谱. 北京：科学技术文献出版社.

王志德，张兴伟，王元英，等. 2018. 中国烟草种质资源目录［续编一］. 北京：中国农业科学技术出版社.

肖协忠. 1997. 烟草化学. 北京：中国农业科技出版社.

许美玲. 2020. 不同类型晾晒烟种质资源的化学成分和几种致香成分分析. 中国烟草学报，26（4）：56-66.

许美玲，贺晓辉，宋玉川，等. 2017. 72份雪茄烟种质资源的鉴定评价和聚类分析. 中国烟草学报，23（5）：41-58.

许美玲，贺晓辉，宋玉川，等. 2018. 76份雪茄烟资源鉴定评价. 中国烟草学报，24（5）：14-22.

许美玲，贺晓辉，宋玉川，等. 2019. 雪茄烟种质常规化学成分、多酚与感官质量的相关性分析. 中国农业科技导报，
 21（6）：124-134.

许美玲，贺晓辉，张晨东，等. 2017. 新收集香料烟种质资源鉴定评价. 热带作物学报，38（1）：12-18.

许美玲，焦芳婵. 2019. 52份烤烟种质资源常规化学成分、多元酸和高级脂肪酸分析. 中国烟草学报，25（4）：20-28.

许美玲，焦芳婵，刘慧慧. 2017. 30份云南地方晒烟品种资源的鉴定评价. 种子，37（5）：61-66.

许美玲，焦芳婵，张晨东，等. 2015. 44份晒烟种质资源的鉴定评价. 种子，34（11）：62-67.

许美玲，李永平. 2009. 烟草种质资源图鉴（上、下册）. 北京：科学出版社.

许美玲，肖炳光. 2013. 24份入国家种质库新编目烤烟种质资源的特征特性研究. 安徽农业科学，41（17）：7429-7434.

许美玲，肖炳光. 2014. 80份晒烟种质资源特征特性的鉴定及繁种. 中国农学通报，30（4）：62-71.

许美玲，肖炳光，李祥. 2011. 20份新编目入国家烟草种质库的烤烟种质的鉴定和分析. 植物遗传资源学报，12（5）：

671-678.

杨春元，任学良，吴春．2008．贵州烟草种质资源．卷一．贵阳：贵州科技出版社．

杨春元，吴春，任学良．2009．贵州烟草种质资源．卷二．贵阳：贵州科技出版社．

杨麒永．2020．雪茄烟种质资源评价与鉴定．四川农业大学硕士学位论文．

杨铁钊．2003．烟草育种学．北京：中国农业出版社．

杨铁钊，丁家乐．1996．烟草育种原理．北京：中国科技出版社．

张雪廷，童治军，焦芳婵，等．2013．38份晾晒烟种质资源遗传关系的SSR分析．植物遗传资源学报，14（4）：653-658.

赵晓丹，鲁喜梅，史宏志，等．2012．不同烟草类型烟叶中性致香成分和生物碱含量差异．中国烟草科学，33（2）：7-11.

附录1 烟草种质资源调查记载标准

一、植 株

（一）株型 于现蕾期上午10时前观察，一般分塔形、筒形、橄榄形3种。

1. 塔形 叶片自下而上逐渐缩小。

2. 筒形 上、中、下三部分叶片大小近似。

3. 橄榄形 上、下部叶片较小，中部较大。

（二）株高 自然株高（简称"株高"）在第一青果期测量，自垄背或地表量至第一青果柄基部的长度。打顶株高，自垄背或地表量至茎顶端。单位为cm。

（三）茎围 于第一青果期调查，测量株高1/3处茎的圆周。单位为cm。

（四）节距 于第一青果期调查，株高1/3处测量上下5个叶位（共10个节）的平均长度。单位为cm。

（五）茎叶角度 在现蕾期间于上午10时前，测定中部叶片在茎上的着生角度，分甚大、大、中、小四级，各级标准如下：

1. 30°以内小。　　　　　2. 30°～60°中。

3. 60°～90°大。　　　　　4. ＞90°甚大。

二、叶 片

（一）叶数 自然叶数于中部叶工艺成熟期调查，计数植株基部至第五花枝处以下着生叶片数；有效叶数为打顶后的可采收叶片数，于第一次采收前调查，计数植株上基部至顶部的叶片数。单位为片。

（二）叶片大小 包括叶长和叶宽，于中部叶工艺成熟期调查，分别测量茎叶连接处至叶尖的直线长度及与主脉垂直的叶面最宽处的长度。单位为cm。

（三）叶形 根据叶片最宽处的位置和长宽比而定，一般以成熟叶为准。

1. 宽椭圆形（叶片最宽处在中部，1.6～1.9∶1）；

2. 椭圆形（叶片最宽处在中部，1.9～2.2∶1）；

3. 长椭圆形（叶片最宽处在中部，2.2～3∶1）；

4. 宽卵圆形（叶片最宽处在基部，1.2～1.6∶1）；

5. 卵圆形（叶片最宽处在基部，1.6～2∶1）；

6. 长卵圆形（叶片最宽处在基部，2～3∶1）；

7. 披针形（叶片最宽处在基部，长宽比3倍以上）；

8. 心形（叶片最宽处在基部，叶基近中脉处呈凹陷状，1～1.5∶1）。

（四）叶片性状描述

1. 叶柄 分有、无两种，有柄的加注叶柄长度。单位为cm。

2．叶色　分浓绿、深绿、绿、浅绿、黄绿5种。

3．叶面　分平、较平、较皱、皱4种。

4．叶尖　分钝、渐尖、急尖、尾状4种。

5．叶缘　分平滑、微波、波浪、皱折及皱5种。

6．主脉粗细　分粗、中、细3种。

7．叶耳　分大、中、小、无4种。

8．叶肉组织　分粗糙、中等、细致3种。

9．叶片厚度　分薄、较薄、中等、较厚、厚5种。

三、花 与 蒴 果

（一）花序密度　于群体50%植株盛花时期，记载花序的松散或密集程度。

（二）花序形状　分球形、扁球形、倒圆锥形及菱形4种。

（三）花色　分深红、红、淡红、白、黄5种。

（四）花冠尖　分无、有2种。

（五）花冠长度　测量第一中心花的花冠基部至花冠口的长度。单位为cm。

（六）花冠直径　测量第一中心花的花冠口外圈最大处的距离。单位为cm。

（七）花萼长度　测量第一中心花的萼片着生的基部到萼片尖端距离。单位为cm。

（八）蒴果形状　在蒴果成熟时观察，分圆形、卵圆形及长卵圆形3种。

（九）种子形状　在种子收获时观察，分卵圆形、椭圆形及肾形3种。

（十）种子颜色　在种子收获时观察，分浅褐色、褐色及深褐色3种。

四、生 育 期

（一）播种期　播种的日期。

（二）出苗期　全区50%幼苗的子叶完全平展的日期。

（三）移栽期　实际移栽的日期。

（四）移栽至现蕾天数　移栽至现蕾的天数，单位为天。

（五）移栽至中心花开放天数　移栽至中心花开放的天数，单位为天。

（六）第一青果期　全区50%植株的第一蒴果完全长大而尚呈青色的日期。

（七）叶片成熟期　以一般工艺成熟为标准。烤烟分别记载脚叶成熟期（第一次采收）和顶叶成熟期（最后一次采收）；晒烟和晾烟分别记载开始采收和采收结束的日期。

五、抗 逆 性

（一）抗病性　分诱发鉴定与自然发病情况两种，前者分高抗、中抗、微抗与感染；后者分轻、较轻、中、较重、重。

1. 黑胫病　分高抗、抗、中抗、中感、感5级。
2. 青枯病　分高抗、抗、中抗、中感、感5级。
3. 根结线虫病　分高抗、抗、中抗、中感、感5级。
4. 赤星病　分高抗、抗、中抗、中感、感5级。
5. TMV　分免疫、高抗、抗、中抗、中感、感6级。
6. CMV　分高抗、中抗、中感、感4级。
7. PVY　分高抗、中抗、中感、感4级。
8. 烟蚜　分高抗、抗、中抗、感、高感5级。
9. 烟青虫　分高抗、抗、中抗、感、高感5级。
10. 靶斑病　分高抗、抗、中抗、中感、感5级。

六、产　　量

以每亩生产调制后干烟叶的重量计算，一般亩产量用kg数表示。

七、质　　量

（一）原烟外观质量鉴定

1. 原烟颜色　原烟的相关色彩、色泽饱和度和色值的状态，分柠檬黄、橘黄、微带青、青黄色、棕色、红棕色、褐色。
2. 原烟色度　原烟表面颜色的饱和度、均匀度和光泽强度，分浓、强、中、弱、淡。晒烟光泽分鲜明、尚鲜明、暗。
3. 叶片结构　原烟细胞排列的疏密程度，分疏松、尚疏松、稍密、紧密。
4. 原烟身份　观察原烟烟叶厚度、细胞密度或单位面积的重量，以厚度表示，分薄、稍薄、中等、稍厚、厚。
5. 油分　原烟内含有的一种柔软半液体或液体物质，分多、有、稍有、少。
6. 百叶重　以100片原烟的重量计算，以g表示。
7. 原烟叶片长度　从叶片主脉柄端至尖端间的距离，以cm表示。
8. 成熟度　原烟成熟的程度，分完熟、成熟、尚熟、欠熟。

（二）化验分析

1. 总糖　烟叶中水溶性总糖（以葡萄糖计）的含量，以%表示。
2. 还原糖　烟叶中还原糖（以葡萄糖计）的含量，以%表示。
3. 蛋白质　烟叶中蛋白质的含量，以%表示。
4. 总氮　烟叶中总氮的含量，以%表示。
5. 烟碱　烟叶中总植物碱（以烟碱计）的含量，以%表示。
6. 焦油　烟支主流烟气中焦油的含量，单位为mg/支。
7. 氯　烟叶中氯离子的含量，以%表示。
8. 钾　烟叶中氧化钾的含量，以%表示。

9. 施木克值　计算得到。

（三）评吸鉴定

1. 香型风格　卷烟烟气所具有的香型风格，分清、清偏中、中偏清、中间香、中偏浓、浓偏中、浓香、特香型、皮丝香型（即莫合烟）、雪茄香型（即雪茄烟）、香料香型（即香料烟）、白肋香型（即白肋烟）、晒黄香型（即晒黄烟）、似烤烟型（即晒黄烟）、调味香型（即晒黄烟）、晒红香型（即晒红烟）、亚雪茄香型（即晒红烟）、半香料香型（即晒红烟）、似白肋烟香型（即晒红烟）、马里兰香型（即马里兰烟）。

2. 香型程度　卷烟烟气香型风格的显露程度，分显著、较显著、有、微有、缺乏。

3. 劲头　烟气入喉时产生刺激喉部收缩的反应，同时使吸烟者在生理上感到兴奋，分大、较大、中等、较小、小。

4. 浓度　卷烟烟气的香气浓度，分浓、较浓、中等、较淡、淡。

5. 香气质　卷烟烟气的香气质量，分好、较好、中偏上、中等、中偏下、较差、差。

6. 香气量　卷烟烟气中香气量的程度，分充足、足、较足、尚足、有、较少。

7. 余味　烟气从口腔、鼻腔呼出后，遗留下来的味觉感受，分舒适、较舒适、尚舒适、欠适。

8. 杂气　不具有卷烟本身气味的，轻微的和明显的不良气息。如青草气、枯焦气、土腥气、松脂气、花粉气、地方性杂气及呛人的气息等，分微有、较轻、有、略重、重。

9. 刺激性　烟气对感官所造成的，轻微和明显的不适感受。如对鼻腔、口腔、喉部的冲刺，毛棘火燎等，分轻、微有、有、略大、大。

10. 燃烧性　烟支均匀点燃后，在自由燃烧状态下，烟支燃烧性能的好坏，分强、较强、中等、较差、熄火。

11. 灰色　烟支自由燃烧后烟灰的颜色，分白、灰白、灰、黑灰。

12. 评吸得分　各感官质量单项计分的总和，最大值为100。

13. 质量档次　依据评吸得分结合单项指标综合评价确定质量档次，分好、较好、中偏上、中等、中偏下、较差、差。

附录2 各类烟草种质资源检索目录

一、烤烟种质资源

▶（一）烤烟国内种质资源

序号	名称	页码	序号	名称	页码
001	云烟97	1	032	变异K326	21
002	云烟98	2	033	变异云烟97	21
003	云烟99	3	034	卜城柳	22
004	云烟100	4	035	糙烟叶	22
005	云烟105	5	036	长把子烟	23
006	云烟110	6	037	长葛柳叶	23
007	云烟116	7	038	长烟叶子	24
008	云烟119	8	039	朝鲜大叶	24
009	云烟121	9	040	春雷2号	25
010	云烟300	10	041	春雷4号	25
011	云烟301	10	042	搭拉筋0636	26
012	云烟302	11	043	搭拉筋0638	26
013	安选1号	11	044	大白尖	27
014	安选2号	12	045	大白筋0522	27
015	白骨烟	12	046	大白筋0532	28
016	白花 Subsample of Tl80	13	047	大白筋0534	28
017	白花云烟87	13	048	大白筋0551	29
018	白尖糙2488	14	049	大白筋2503	29
019	白尖糙2489	14	050	大白筋2510	30
020	白筋2501	15	051	大白筋2512	30
021	白筋2513	15	052	大白筋2519	31
022	白筋2520	16	053	大白筋2522	31
023	白筋烟2504	16	054	大白筋2523	32
024	白筋烟2508	17	055	大黄金0329	32
025	白筋烟2521	17	056	大黄金0336	33
026	保险黄0764	18	057	大黄金0437	33
027	保险烟2424	18	058	大黄金0934	34
028	保险烟2425	19	059	大黄金5210	34
029	北流2号	19	060	大黄苗2216	35
030	扁黄金	20	061	大黄苗2232	35
031	变异红花大金元	20	062	大黄苗2236	36

序号	名称	页码	序号	名称	页码
063	大黄苗2238	36	103	核桃纹2475	56
064	大筋黑苗烟	37	104	黑柳子	57
065	大柳叶2005	37	105	黑苗2306	57
066	大柳叶2012	38	106	黑苗2308	58
067	大柳叶2013	38	107	黑苗2318	58
068	大柳叶2016	39	108	黑苗2319	59
069	大柳叶2018	39	109	黑苗2321	59
070	大柳叶2020	40	110	黑苗2322	60
071	大柳叶2024	40	111	黑苗2327	60
072	大柳叶2036	41	112	黑苗2340	61
073	大青筋	41	113	黑苗2341	61
074	大青叶	42	114	黑苗2344	62
075	大竖把（直把）	42	115	黑苗2345	62
076	大竖把2106	43	116	黑苗白筋2311	63
077	大竖把2114	43	117	黑苗核桃纹	63
078	大竖把2115	44	118	黑苗宽柳叶尖	64
079	大竖把2117	44	119	黑苗柳叶	64
080	大竖把2141	45	120	黑苗毛烟	65
081	大松边0912	45	121	黑苗烟2343	65
082	大型黄金	46	122	黑苗烟2347	66
083	单选G-28	46	123	红坊7208	66
084	定远平板	47	124	红花云烟85	67
085	多叶大黄金	47	125	湖里种	67
086	二苯烟	48	126	黄杆烟	68
087	二糙子小烟	48	127	黄毛籽	68
088	二性子	49	128	黄苗2211	69
089	反帝3号-丙	49	129	黄苗2218	69
090	坊子小黄金	50	130	黄苗2220	70
091	伏市小片孜	50	131	黄苗2224	70
092	福泉朝天立	51	132	黄苗保险2225	71
093	福泉团叶折烟	51	133	黄苗保险2228	71
094	福泉窝鸡叶烟	52	134	黄苗二苯烟2245	72
095	福泉永兴2号	52	135	黄苗码子稠	72
096	福泉折烟	53	136	黄苗竖把2219	73
097	高大烟	53	137	黄苗竖把2240	73
098	高干青	54	138	黄苗榆2227	74
099	高棵白筋	54	139	黄苗榆2234	74
100	固镇小黄金	55	140	黄平大柳叶	75
101	核桃纹2417	55	141	黄叶烟	75
102	核桃纹2427	56	142	尖烟洋苗	76

序号	名称	页码	序号	名称	页码
143	尖叶美种子	76	186	柳叶尖 2017	98
144	金烟 6 号	77	187	柳叶尖 2034	98
145	晋太 12-3	77	188	柳叶尖小白筋	99
146	晋太 125-11	78	189	柳叶烟 2028	99
147	晋太 18-6	78	190	龙里小黄烟	100
148	晋太 1 号	79	191	龙烟 1 号	100
149	晋太 207	79	192	隆安春	101
150	晋太 29-0	80	193	炉山大莴笋叶	101
151	晋太 309	80	194	麻江立烟	102
152	晋太 309-5	81	195	麻江柳叶烟	102
153	晋太 309-8	81	196	毛烟 2434	103
154	晋太 38	82	197	湄潭黑团壳	103
155	晋太 3 号	82	198	湄潭龙坪多叶	104
156	晋太 49	83	199	湄潭枇杷黄	104
157	晋太 49-9	83	200	湄潭平板柳叶	105
158	晋太 6-21	84	201	湄潭铁杆烟	105
159	晋太 66-3	84	202	牡单 79-2	106
160	晋太 66-4	85	203	牡单 82-11-2	106
161	晋太 66-15	85	204	牡交 7716-13-5-5	107
162	晋太 66-20	86	205	泥匙板子	107
163	晋太 6 号	86	206	偏筋黄 1036	108
164	晋太 75	87	207	平板柳叶	108
165	晋太 75-1	87	208	泼拉机	109
166	晋太 76-2	88	209	黔南 1 号	109
167	晋太 76-3	88	210	黔南 2 号	110
168	晋太 766	89	211	黔南 3 号	110
169	晋太 88	89	212	黔南 5 号	111
170	晋太 8 号	90	213	黔南 7 号	111
171	晋太 9 号	90	214	黔南 9 号	112
172	晋烟 1 号	91	215	黔南 10 号	112
173	巨香 73	91	216	曲沃柳叶烟	113
174	巨香 102	92	217	三八烟	113
175	烤烟	92	218	三保险 2440	114
176	宽叶 Virginia	93	219	色烟 1063	114
177	葵花烟 2437	93	220	杓把 2467	115
178	葵花烟 2480	94	221	神烟	115
179	莲花墩密目	94	222	竖把 2129	116
180	莲花盆 2481	95	223	竖把 2135	116
181	辽烟 11 号	95	224	竖把大柳叶 2131	117
182	灵农二号	96	225	竖把大柳叶 2133	117
183	柳叶尖 0694	96	226	竖把老母鸡 2113	118
184	柳叶尖 0695	97	227	竖把柳叶 2110	118
185	柳叶尖 0695（窄叶）	97	228	竖把柳叶 2116	119

续表

序号	名称	页码	序号	名称	页码
229	竖把小柳叶	119	272	小老母鸡	141
230	竖叶子0982	120	273	小柳叶2006	141
231	竖叶子0987	120	274	小柳叶2027	142
232	水头选	121	275	小竖把2137	142
233	松边	121	276	小竖把2146	143
234	松边黄苗榆2202	122	277	新农3-1号	143
235	胎里富1060	122	278	新铺1号	144
236	胎里富1061	123	279	新铺2号	144
237	太空K326	123	280	掩心烟2441	145
238	太空红大	124	281	一丈青	145
239	特字8号	124	282	原黑苗	146
240	滕县金星	125	283	圆叶稠码	146
241	弯梗子	125	284	云80-1	147
242	王坡二	126	285	云选1号	147
243	未岗小白筋	126	286	云选2号	148
244	瓮安大毛叶	127	287	自来黄2243	148
245	窝里黄0774	127	288	4-4	149
246	窝罗心	128	289	520	149
247	无名烟	128	290	6103	150
248	梧桐白1068	129	291	6110	150
249	梧桐白1069	129	292	6401	151
250	武鸣4号	130	293	7202	151
251	小白筋0948	130	294	731-1	152
252	小白筋2507	131	295	73A-1	152
253	小白筋2514	131	296	7417	153
254	小白筋2515	132	297	7505	153
255	小白筋2516	132	298	7514	154
256	小白筋变种	133	299	75D-3	154
257	小黑柳	133	300	7813	155
258	小黄金0003	134	301	78-20	155
259	小黄金0007	134	302	78-3012	156
260	小黄金0008	135	303	7900-3	156
261	小黄金0009	135	304	82-77	157
262	小黄金0019	136	305	83-9	157
263	小黄金0022	136	306	84-3117	158
264	小黄金0029	137	307	86-2	158
265	小黄金0091	137	308	Cd74191	159
266	小黄金0137	138	309	G-28-46	159
267	小黄金0138	138	310	H83007	160
268	小黄金0203	139	311	K抗1	160
269	小黄金0644	139	312	K抗2	161
270	小黄金5209	140	313	r72（4）E-2	161
271	小尖梢	140			

▶（二）烤烟国外种质资源

序号	名称	页码	序号	名称	页码
001	安南	162	026	No. 12	174
002	白色种	162	027	NOD 8	175
003	韩国1号	163	028	NOD 119	175
004	卡瓦	163	029	Persian Type 2	176
005	索马里4号	164	030	S. Guacolo	176
006	347	164	031	SB Burley 1	177
007	Ba Sma Vovina	165	032	Subsample of Tl80	177
008	Banau	165	033	Taba	178
009	Bell 29	166	034	Telahloid	178
010	C6160	166	035	TI 1223	179
011	Canadel	167	036	Tobacco Rabo de Gallo	179
012	Carolla	167	037	Trapezund 161	180
013	Delcrest	168	038	Virginia Yellow	180
014	Delhi 61	168	039	Virginia（1）	181
015	D H Currin	169	040	Volunteer Plant	181
016	FC 2	169	041	VPI 102	182
017	G. H.	170	042	Warllow（1）	182
018	Kentucky Ml 425	170	043	White John	183
019	KM 10	171	044	Willow	183
020	LAFC 53	171	045	Yellow Special（1）	184
021	LMAFC 34	172	046	Yoka derris	184
022	llopango	172	047	Yoka Rioce	185
023	Italian 2b Resistant 142	173	048	Zihina dance	185
024	MAFC 5	173	049	Zihina Ruruna	186
025	Mountain	174			

二、晒烟种质资源

▶（一）晒烟审定品种及国内种质资源

序号	名称	页码	序号	名称	页码
001	云晒1号	187	003	安岳烟1	188
002	矮杆晒烟	187	004	安岳烟2	188

序号	名称	页码	序号	名称	页码
005	八朵香	189	042	东庄大柳叶	207
006	八里香	189	043	垛烟（泗水）	208
007	把儿烟	190	044	二糙烟	208
008	白骨细尾牛利	190	045	二发早-1	209
009	白花铁杆毛烟	191	046	二发早-2	209
010	白花烟2169	191	047	二毛烟	210
011	白花Robertson	192	048	付耳子	210
012	白颈丫头大种	192	049	高杆晒烟	211
013	白颈丫头细种	193	050	光把柳烟	211
014	半铁泡	193	051	广红5624	212
015	笨烟子	194	052	广红61-10	212
016	弊叶烟	194	053	贵阳	213
017	仓边烟	195	054	韩城烟	213
018	茶山烟	195	055	旱烟（陕西）	214
019	长治小叶烟	196	056	鹤山牛利	214
020	城固毛烟	196	057	黑骨小湖	215
021	达州晾烟1	197	058	黑苗金丝尾	215
022	大虎耳	197	059	黑牛皮烟1	216
023	大护脖香	198	060	黑牛皮烟2	216
024	大鸡尾	198	061	红花铁杆	217
025	大涧槽	199	062	洪雅晾烟2	217
026	大柳叶（岫岩）	199	063	胡叶把	218
027	大明烟	200	064	护脖香1368	218
028	大青筋	200	065	护脖香1382	219
029	大秋根	201	066	桦川小叶子	219
030	大筒烟	201	067	黄善烟	220
031	大旭烟-1	202	068	黄烟	220
032	大烟2112	202	069	鸡毛烟	221
033	大烟2128	203	070	吉县大烟叶子	221
034	大叶旱烟	203	071	简阳晾烟1	222
035	大叶烟2082	204	072	金菜定	222
036	大叶烟草	204	073	金县大柳叶	223
037	大寨山2号	205	074	金英	223
038	大寨山3号	205	075	宽叶Vatta Kakkal	224
039	倒挂皮	206	076	葵烟	224
040	刁翎懒汉烟	206	077	阔叶牛利	225
041	定番	207	078	来凤大纽子	225

序号	名称	页码	序号	名称	页码
153	细叶疏节烟	263	166	宜川香烟	269
154	细种秋根	263	167	永安晒烟	270
155	仙游密节企叶	264	168	永济大叶笨烟	270
156	小伏秸	264	169	永济千斤塔	271
157	小尖叶	265	170	有柄Prliep	271
158	小柳叶烟	265	171	岳池柳叶	272
159	兴山旱烟	266	172	云南晒烟	272
160	星子皱叶-1	266	173	枝子花	273
161	烟草	267	174	中杆晒烟	273
162	烟叶2122	267	175	竹溪大柳条-2	274
163	盐源烟草	268	176	转角楼2119	274
164	阳城大叶烟	268	177	子州羊角大烟	275
165	沂南柳叶尖	269			

（二）晒烟国外种质资源

序号	名称	页码	序号	名称	页码
001	马来西亚晒烟	275	012	Natie	281
002	索马里五号	276	013	Prliep	281
003	紫烟	276	014	Pryor Big	282
004	"109"	277	015	Robertsom	282
005	1121 W.F	277	016	Robertson	283
006	D.B.R.2	278	017	Taka Kirecier	283
007	D.B.R.34	278	018	Tance	284
008	Drak Kentucky	279	019	Therkit	284
009	GAT-2	279	020	Va 310	285
010	GAT-4	280	021	Vatta Kakkal	285
011	German Low Nicotine	280			

三、白肋烟种质资源

序号	名称	页码	序号	名称	页码
001	Afritz	286	004	Mississippi Heirloom	287
002	Hyco Ruce	286	005	Shiroenshu 202	288
003	Mll109	287			

四、香料烟种质资源

序号	名称	页码	序号	名称	页码
001	云香2号	289	014	Kavala	295
002	单株5	289	015	Kavala No 15A	296
003	Ambalema 1	290	016	Mutki	296
004	Ambalema 2	290	017	NM006	297
005	Ayasolouk No 23	291	018	Okso	297
006	Bursa	291	019	Perustza Gigante	298
007	Cola de Gallo.Pinar del Rio	292	020	Remedios	298
008	F5-3-2-3	292	021	Samsun No 15	299
009	F5-3-2-5	293	022	Samsun（nn）	299
010	F6-2-7-2-4	293	023	Smyrna No 9	300
011	F6-3-1-5	294	024	Tykulak	300
012	F7-3-1-2	294	025	Xanthi Yaka No 18A	301
013	Harmanliiska Basma # 163	295			

五、其他晾烟种质资源

序号	名称	页码	序号	名称	页码
001	变异 Dirojuio Fagues No.361	302	022	Havana Ⅱ c	312
002	世纪一号	302	023	J20	313
003	土耳其雪茄	303	024	KY 153	313
004	无名雪茄	303	025	KY 160	314
005	422（Kedce Hybrid 43）	304	026	KY 171	314
006	Bad Geudertheimer Landsc	304	027	Lanka23	315
007	Baur	305	028	Little Crittenden	315
008	Begej	305	029	Manlia	316
009	Beinhart 1000-1	306	030	NL Madole LC	316
010	Catterton	306	031	Oosikappal	317
011	Conneticut Broad Leaf	307	032	Pennsylvania Seed Leaf	317
012	Copus Pobrecene No.1241	307	033	Philippin	318
013	Criollo Salteno	308	034	Scafati	318
014	Dirojuio Fagues No.361	308	035	Segedinska Ruca	319
015	E18	309	036	Sumatra Deil	319
016	Friedrichstaier	309	037	Trapesond 288	320
017	Geudetthelmex	310	038	Trapezund 610	320
018	Hanica	310	039	Va 359	321
019	Havana Connecticut	311	040	Zimmer Spanish	321
020	Havana10	311	041	Zrenjanin	322
021	Havana Ⅱ	312			

六、黄花烟种质资源

序号	名称	页码	序号	名称	页码
001	定襄小叶烟	323	022	Chinensis	333
002	工布爬路丁	323	023	Drosgi Black-blue # 45	334
003	蛤蟆烟1488	324	024	Dumont	334
004	黄达子烟	324	025	Edinburg # 25	335
005	黄花2338	325	026	Erbasanta	335
006	黄花长戈条	325	027	Fructicora	336
007	黄花自来红	326	028	GC-1	336
008	老达子烟	326	029	Harbin # 6	337
009	木里黄花烟	327	030	Hasankeyf	337
010	牛耳烟	327	031	Ja.Bot.Car. # 30	338
011	普格黄花烟1	328	032	Jainkaya Soldata	338
012	烟叶	328	033	KoriotesDark-blue	339
013	羊耳朵	329	034	Kostoff White Seed # 14	339
014	阳高小兰花	329	035	Mahorka # 1 AC 18/7	340
015	云南黄花烟	330	036	Maras	340
016	昭觉黄花烟	330	037	Matsuj Field	341
017	14 No. 23057	331	038	Nordugel	341
018	Acutiflora	331	039	Normal	342
019	Bak # 46	332	040	PNE 241-5	342
020	Buni Field	332	041	PNE 427-4	343
021	Campanulata	333	042	R.Bot.Car. # 29	343